Word / Excel / PPT / PS / 移动办公Office

5合1
无师自通

郭绍义　田予诗 著

天津出版传媒集团
天津科学技术出版社

图书在版编目（CIP）数据

Word/Excel/PPT/PS/移动办公Office 5合1无师自通 / 郭绍义，田予诗著. -- 天津 : 天津科学技术出版社，2021.10

ISBN 978-7-5576-9726-6

Ⅰ. ①W… Ⅱ. ①郭… ②田… Ⅲ. ①办公自动化－应用软件 Ⅳ. ①TP317.1

中国版本图书馆CIP数据核字(2021)第206126号

Word/Excel/PPT/PS/移动办公Office 5合1无师自通

Word/Excel/PPT/PS/YIDONG BANGONG Office 5 HE 1 WUSHI ZITONG

责任编辑：刘 磊

出 版：天津出版传媒集团
天津科学技术出版社

地 址：天津市西康路35号

邮 编：300051

电 话：（022）23332695

发 行：新华书店经销

印 刷：众鑫旺（天津）印务有限公司

开本 787×1092 1/16 印张 10.5 字数 150 000

2021年10月第1版第1次印刷

定价：49.80元

前言
PREFACE

本书由6章组成，除第1章的概述以外，其余5章分别讲解了5款常用的办公软件，包括Microsoft Word 2020、Microsoft Excel 2020、Microsoft PowerPoint 2020、Photoshop和手机移动办公软件。

Microsoft Word是一款文档编辑软件，也是一款很实用的办公软件。利用Word 2020，用户不仅可以创建和共享美观的文档，对文档进行审阅、批注，还可以快速美化图片和表格，甚至可以创建书法字帖。Word 2020扁平化的设计风格深受用户的好评与喜爱。Word 2020重新定义了与他人一起处理文档的方式。

Microsoft Excel是一款表格数据编辑软件，经常用于数据计算、数据分析等操作，可以说是Office中对表格数据计算与分析最精确且技术含量最高的软件。Microsoft Excel被广泛地用于财务统计、金融和管理等领域，可以快速计算和处理繁复的数据，带给用户轻松的使用体验。Excel 2020在大数据时代发挥的最大作用就是进一步强化数据分析。

Microsoft PowerPoint主要用于创建和编辑演示文稿，我们进行产品演示、授课或做专题报告时都会用到它。清晰、有条理的演示文稿能增强演示效果，便捷的操作方式便于演讲者顺利地完成演示工作，并且能够吸引观众的注意力，营造良好的互动氛围。在数字化飞速发展的今天，我们能在不同地点、多种设备上访问并编辑演示文稿，轻松实现高效办公。

Photoshop是Adobe公司旗下最为出名的图像处理软件之一，可跨平台操作使用。通过专业的设备，图像自电脑直接输出，精度和美观程度几乎可以同照片媲美，某些方面甚至远远超出照片的效果。Photoshop的特点有：操作简单；感知内容去填充；能够形成出众的高动态范围（HDR）成像；高效、无损地处理原始图像；将照片轻松地转换为出众的绘图效果；对于任何图像元素进行变形操控、重新定位；提高工作效率和创意；等等。

移动办公是互联网时代远程化办公之后的最新办公模式，它是通信业与IT产业的融合体，实现了无纸化办公。这种新潮办公模式可以摆脱用固定设备在固定场所办公所带来的局限性，我们可以随时随地拿出手机或平板电脑进行办公。

总而言之，本书不仅能为高效办公提供强有力的帮助，还介绍了全新的办公模式，可以让办公人员摆脱时间和空间的束缚，令办公更加轻松。

目录
Contents

第3章 Excel工作表的应用

第4章 PowerPoint幻灯片演示文稿的应用

第5章 Photoshop的应用

第6章 手机移动办公软件概述

第1章 5合1办公软件概述

1.1 Microsoft Word 2020软件功能介绍

1.1.1 软件介绍

Microsoft Word是一款非常实用的文档编辑软件，我们会经常使用它来编辑论文、报告、信函等。Microsoft Word文档的功能有很多，不仅可以创建和共享Word文档，还能对我们所编辑的文档进行审阅、批注，还可以快速美化图片和表格，甚至可以创建书法字帖。

Microsoft Word 2020（以下简称Word 2020）是一款非常出色的办公工具。从Windows 10系统的显示来看，Word 2020正式版简约美观的扁平化设计风格深受广大用户的喜爱与好评。同时，Word 2020在使用上也有一些改变，给用户带来了更多便利，提升了用户体验。

1.1.2 软件特色与新功能

Word 2020是一款常用的文字处理软件，通过它，用户可以轻松地输入和编辑文档，并进行排版。除了文档编辑和排版功能，Word 2020还有其他的一些特点。

快捷的搜索功能可以让用户快速地查找信息，如可以直接根据图形、表格、脚注和注解对内容进行查找。直观的导航表现形式也可以让用户直接对所需要的内容进行快速浏览、排序和查找。

Word 2020重新定义了与他人一起处理文档的方式。可以与他人一同创作、编辑文档，还可以与他人一同分享自己编辑的文档。联机发布文档功能也给用户带来了极大的便利，用户几乎可以在任何地点访问和共享文档，这是现代社会流行的办公体验。

Word 2020还可以将文本转化为引人注目的图表。可以从新增的“SmartArt”图形中选择适宜的对象，这样就可以在很短的时间内构建出令人印象深刻的图表。

1.2 Microsoft Excel 2020软件功能介绍

1.2.1 软件介绍

Microsoft Excel是一款表格数据编辑软件，它可以编辑表格，也可以对表格中的数据进行处理。在数据处理的应用程序中，Microsoft Excel主要用于执行计算、分析信息及可视化电子表格中的数据等操作，应该说它对表格数据的分析与计算是Office所有组件中技术含量最高的一个。新版本更是增添了多个函数与表格，可极大地提升工作效率。

Microsoft Excel之所以被广泛地用于财务统计、金融和管理等领域，是因为它不仅能够处理各种数据，并且有统计、分析、辅助决策的功能。

而Excel 2020可以快速计算繁复的数据，带给人们轻松的使用体验，因此，它是金融、财经、统计领域中重要且必备的软件。

Excel 2020支持很多平台系统，在保留经典的同时，在细节方面也有了一些新的改进，更加人性化。

1.2.2 软件特色

用户可以利用全新的Office助手“tell me”来查找需要的命令进行操作，以此来强化学习与Excel相关的功能与操作。

在大数据时代，人们常常利用各种图表来体现数据之间的相互关系。Excel 2020增添了很多图表功能，可以便于用户创建数据关系。

微软公司的软件现在已经基本实现了PC（电脑）端与手机移动端的相互协作，可以实现方便快捷的移动办公，Excel 2020的跨平台应用功能使用户可以在很多电子设备上进行编辑与审阅。

1.2.3 新增功能

Excel 2020在用户此前熟悉的功能的基础上增加了函数、地图图表、翻译等新功能，最常用到的应该是一键生成漏斗图，它能用地图直观地分析出各地区的销售数据。Excel 2020还增强了视觉效果，改进了墨迹。

1.3 Microsoft PowerPoint 2020软件功能介绍

1.3.1 软件介绍

Microsoft PowerPoint主要用于创建和编辑演示文稿，当我们进行产品演示、授课或做专题报告时都会用到。PowerPoint 2020拥有清晰的界面，除了用于工作汇报、产品推广等，还可以用于教育培训，甚至用于婚礼庆典。

1.3.2 软件特色

PowerPoint 2020在主体上有了一些新的变化，同时增添了视频、自定义图标等功能。新的改进使视图能更加吸引观众，使演示文稿变得清晰、有条理，使整体演示效果增强。便捷的操作便于演讲者顺利地完成演讲工作，紧紧吸引观众的注意力，营造良好的互动氛围。

PowerPoint 2020增添了协作工具，这样，用户就可以与其他人在不同的电脑上协作，对演示文稿进行编辑、修改等。PowerPoint 2020可以直接在浏览器中使用，不仅便于分享、编辑文档，还能在所讨论的话题上添加注释，实现最简化的共享。

1.3.3 新增功能

PowerPoint 2020最显著的新功能是：提升了兼容性；增添了演示文稿样式，使文档更加丰富灵动，为演示文稿带来新的视觉冲击力；增添了个性化的视频体验；同时还能与他人分享文档，享受与他人同步工作的乐趣。

在数字化飞速发展的今天，用户能够在不同地点、在多种设备上访问并编辑演示文稿，不被工作环境束缚，随时都可以实现高效办公。

1.4 Adobe Photoshop软件概述

1.4.1 软件介绍

Adobe Photoshop是一款功能强大的图像处理软件，用户借助它对图像的处理——主要是通过对已有的位图图像进行编辑加工，以及运用一些特殊效果，从而创作出自己想要的图像。这是Adobe Photoshop带给我们的惊喜与魅力。

1.4.2 软件特色

Adobe Photoshop软件的众多特点就是：操作简单；感知内容填充；能够形成出众的HDR高动态范围成像；高效无损地处理原始图像；能够将照片轻松地转变为出众的绘图效果；可对任何图像元素进行变形操控、重新定位；提高用户的工作效率和创意。

运用Adobe Photoshop软件，能够让我们更轻松、更快捷地获得绚丽的图像，提高办公质量。

移动办公概述与特色

移动办公是互联网时代一种最新远程化办公模式，它是通信业与IT产业的融合体，实现了无纸化办公。

移动办公改变了在固定场所使用固定设备办公的局限性，只要你身边有手机、平板电脑，就能实现与在办公室用电脑办公一样的效果。这不仅给企业管理者和商务人士提供了极大便利，更是为企业和政府的信息化建设提供了全新的思路和方向。特别是对于突发性事件的处理、应急性事件的部署具有极为重要的意义。

但是，一般来说，在固定地点办公使用的是公司内部网络，而我们在移动办公的时候就要注意网络安全问题，因为网络安全问题会直接影响移动办公系统是否安全。因此，公司可以采购移动应用安全防护软件来确保移动办公系统的安全。这样，这种全新的办公模式会让办公人员体验到真正的随时随地办公的高效、便捷。

第 2 章 Word 文档的应用

第一部分　Word文档入门

2.1 编辑与输入文本

在所有文档中，应该说文本的内容是必不可少的，所以，在进行编辑操作前要先输入文本。

2.1.1　输入文本内容

输入文本内容的步骤很简单。首先，打开文档，按"Ctrl+Shift"快捷键切换到所需的输入法并选中自己习惯用的输入法，或单击工具栏进行输入法的选择，如图2-1和图2-2所示。

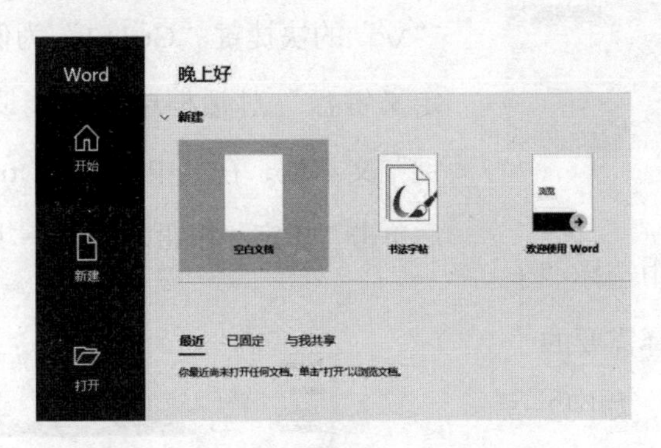

图2-1

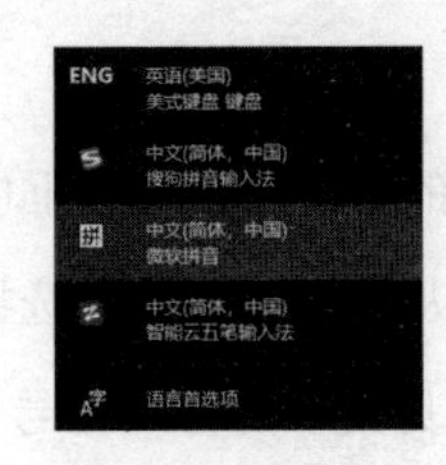

图2-2

其次输入所需文本，如图2-3所示。

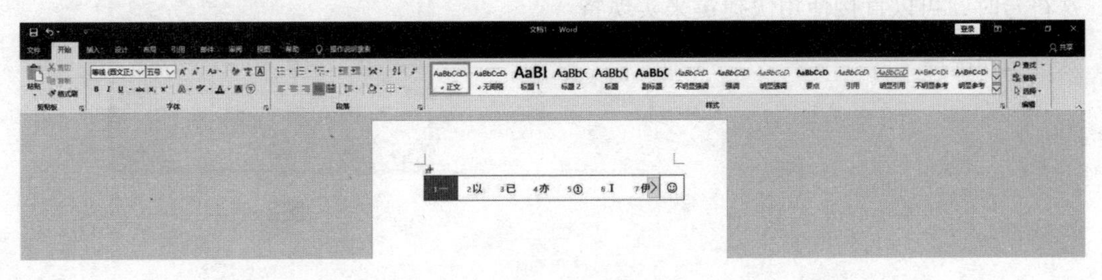

图2-3

2.1.2 怎样输入特殊符号

在编辑文档的过程中，不仅只是输入文字，很多时候也需要输入一些特殊的符号，例如，在编辑条例或规定时会用到数字序号，在编辑带有拼音的内容时需要用到拼音符号等。

那么，如何在Word文档中输入特殊符号呢？

1. 功能区命令法

直接将光标放在需要插入符号的位置，单击“插入”选项卡，从“符号”下拉列表中选择“其他符号”选项即可插入所需要的特殊符号，如图2-4所示。

图2-4

在打开的“符号”对话框中选择“子集”选项，从展开的列表中选择需要的子集，便会看见更多的特殊符号，如图2-5和图2-6所示。

当编辑的文档需要多次用到需要的特殊符号时，可以直接使用快捷键来实现特殊符号的选择。

图2-5

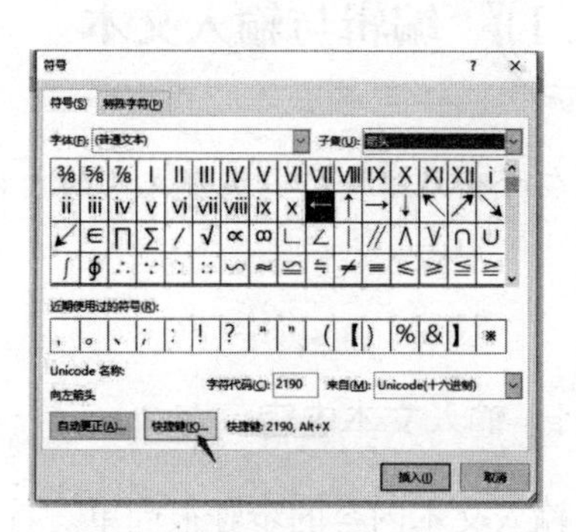

图2-6

如何设置快捷键呢？以设置特殊符号“√”的快捷键“Ctrl+1”为例。在“自定义键盘”对话框中找到“请按新快捷键”文本框，在其中输入“Ctrl+1”，最后单击“指定”按钮，如图2-7所示。

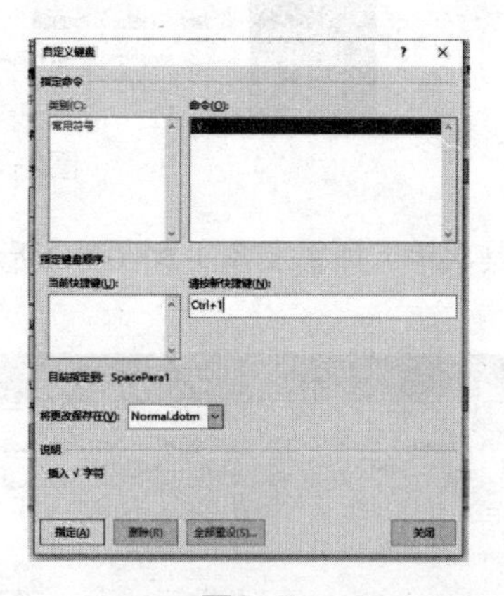

图2-7

这样，以后在编辑文档时，如果需要插入特殊符号“√”，就既可以在“符号”对话框中选择“√”符号插入（见图2-8），也可以直接按快捷键“Ctrl+1”。

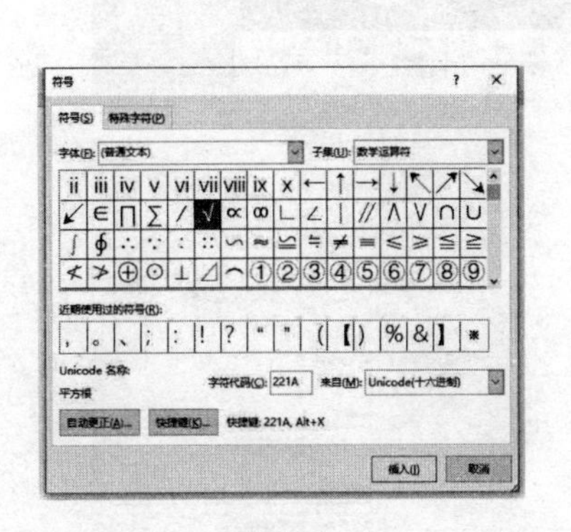

图2-8

2. 输入法插入法

很多输入法都具有插入符号的功能，以我们熟悉的搜狗输入法为例，直接利用搜狗输入法中的符号功能在文档中插入符号。首先将光标定位在要插入符号的位置，然后在搜狗输入法的工具栏中选择“表情＆符号”→“符号大全”命令，如图2-9所示。

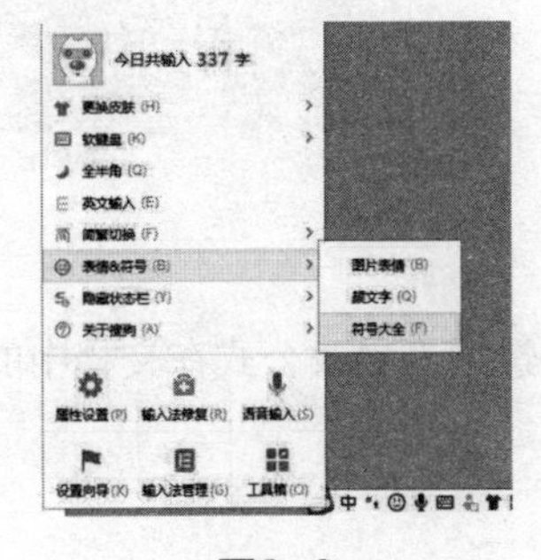

图2-9

打开“符号大全”对话框后，会看见很多符号分类，我们可以根据需要，根据符号分类，选择符号插入文档中即可，如图2-10所示。

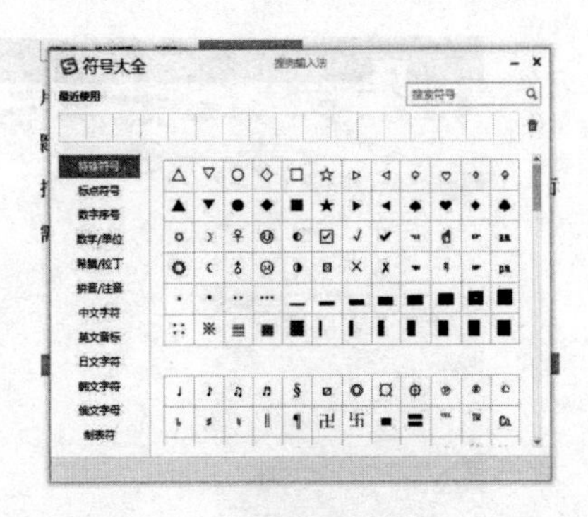

图2-10

如果我们要以最快的速度找到所需的符号，则可以直接在“符号大全”对话框右上角的搜索框中输入关键字进行搜索，然后在搜索结果中选择符号插入文档即可，如图2-11所示。

图2-11

2.1.3 怎样输入公式

公式输入功能经常在数学试卷、论文等文档中用到，下面将对常见的公式输入方式进行介绍。

1. **插入内置公式**

首先在需要插入公式的位置单击，然后单击“插入”选项卡，在“公式”下拉列表中选择所需要的公式即可，如图2-12所示。

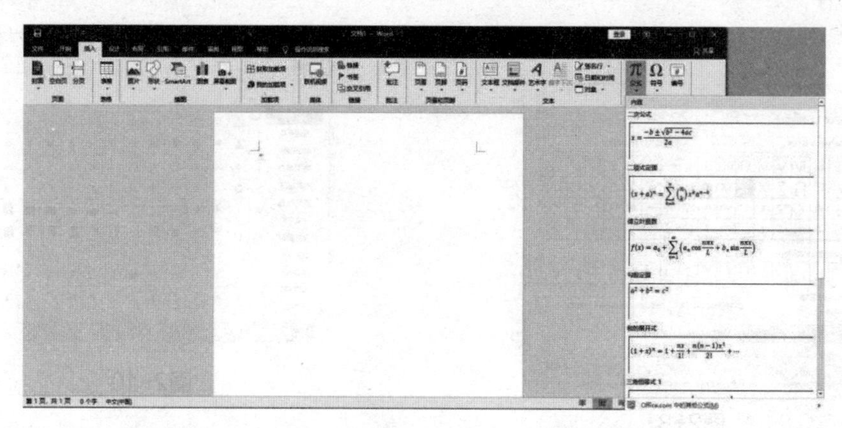

图2-12

也可以自己设计并更改公式系数、符号和增减项等，直接在“公式工具—设计”选项卡进行操作即可，如图2-13所示。

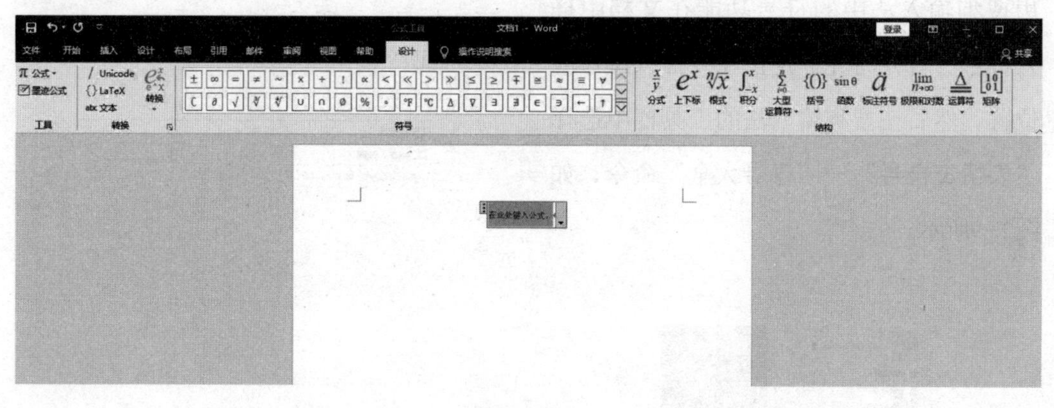

图2-13

为了美化文档的整体效果，可以通过“对齐方式”选项来更改公式在文档中的对齐方式，如图2-14所示。

2. **插入Office.com中的其他公式**

还可以在“插入”选项卡的“公式”下拉列表中选择“Office.com中的其他公式”选项，然后在子列表中选择合适的公式选项，即可将所选公式插入文档中，如图2-15所示。

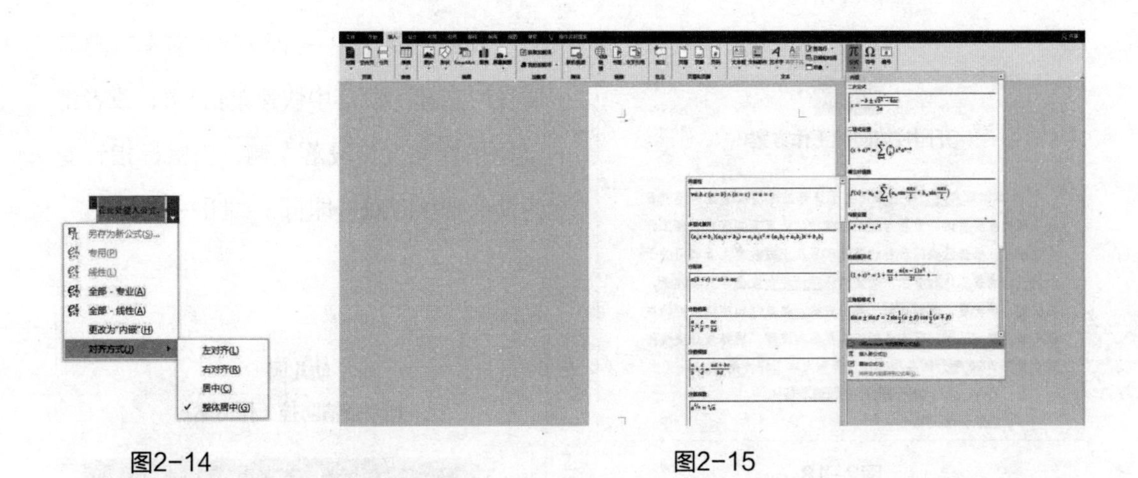

图2-14　　　　　　　　　　　　　　　　图2-15

3. 插入自定义公式

首先单击“插入”选项卡中的“公式”按钮，即可插入一个“在此处键入公式”窗格；然后单击“公式工具—设计”选项卡中的“分式”按钮，从下拉列表中选择合适的分式样式，如图2-16所示。

把光标定位至虚线框中，输入数字即可。我们可以按照同样的方法，插入对数、分式等，如图2-17所示。

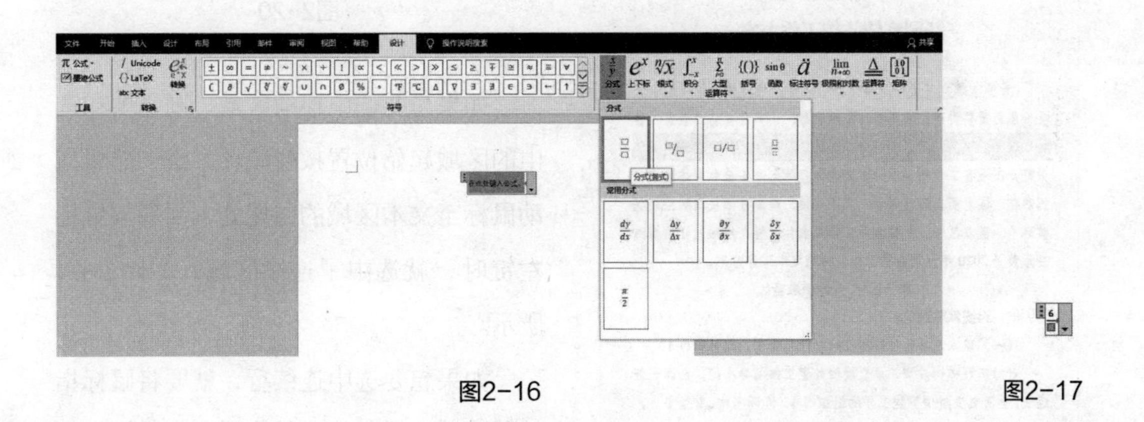

图2-16　　　　　　　　　　　　　　　　图2-17

2.1.4 如何选择文本

在进行文本编辑时，都要进行选择文本的操作。那么，该如何选择文本呢？下面将对常见的选择文本的方法进行介绍。

如果想要选择一个词语，则可以直接将鼠标指针放在该词语中间并双击，即可将其选中，如图2-18所示。

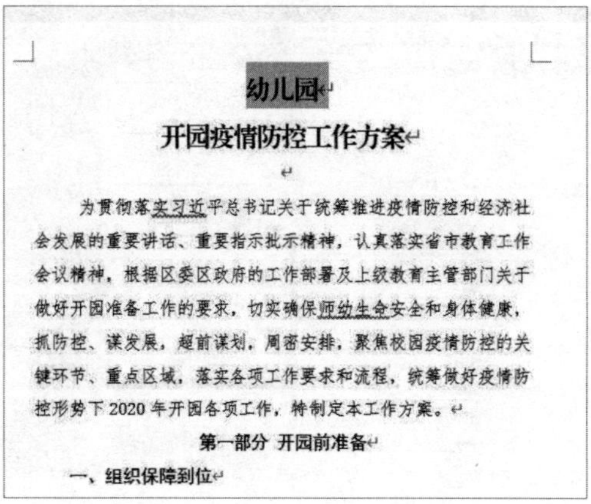

幼儿园

开园疫情防控工作方案

为贯彻落实习近平总书记关于统筹推进疫情防控和经济社会发展的重要讲话、重要指示批示精神，认真落实省市教育工作会议精神，根据区委区政府的工作部署及上级教育主管部门关于做好开园准备工作的要求，切实确保师幼生命安全和身体健康，抓防控、谋发展，超前谋划，周密安排，聚焦校园疫情防控的关键环节、重点区域，落实各项工作要求和流程，统筹做好疫情防控形势下2020年开园各项工作，特制定本工作方案。

第一部分 开园前准备

一、组织保障到位

图2-18

如果想要选择一行文本，则将鼠标指针放在要选择的那一行文字左侧，当鼠标指针变为箭头形状时，只需要单击，就可以选中该行文本，如图2-19所示。

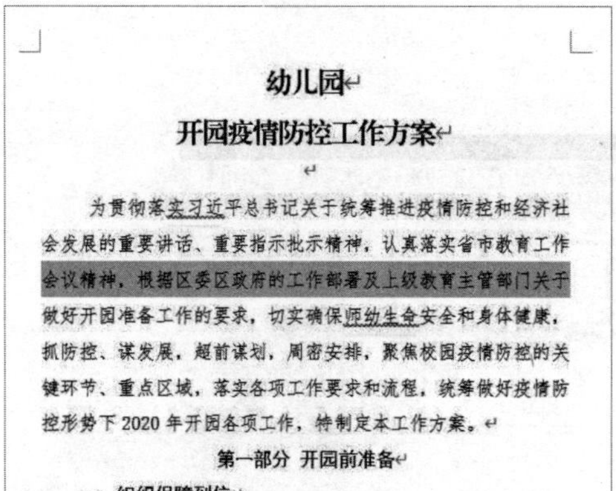

幼儿园

开园疫情防控工作方案

为贯彻落实习近平总书记关于统筹推进疫情防控和经济社会发展的重要讲话、重要指示批示精神，认真落实省市教育工作会议精神，根据区委区政府的工作部署及上级教育主管部门关于做好开园准备工作的要求，切实确保师幼生命安全和身体健康，抓防控、谋发展，超前谋划，周密安排，聚焦校园疫情防控的关键环节、重点区域，落实各项工作要求和流程，统筹做好疫情防控形势下2020年开园各项工作，特制定本工作方案。

第一部分 开园前准备

一、组织保障到位

（一）建立完善的疫情防控组织领导体系。（见附件1）

针对新冠肺炎疫情，成立疫情处置工作领导小组，由园长任组长，全面负责疫情防控工作的组织领导、协调实施、督查督办，下设信息联络组、安全后勤保障组、医疗保障组、环境消毒组、防控和心理疏导组，各小组职责分工明确，疫情防控措施到位。

图2-19

如果想要选中一个段落的文本，则需要在所选择的段落中快速单击3次；或者将鼠标指针移至该段落左侧，当鼠标指针变为箭头形状时双击即可，如图2-20所示。

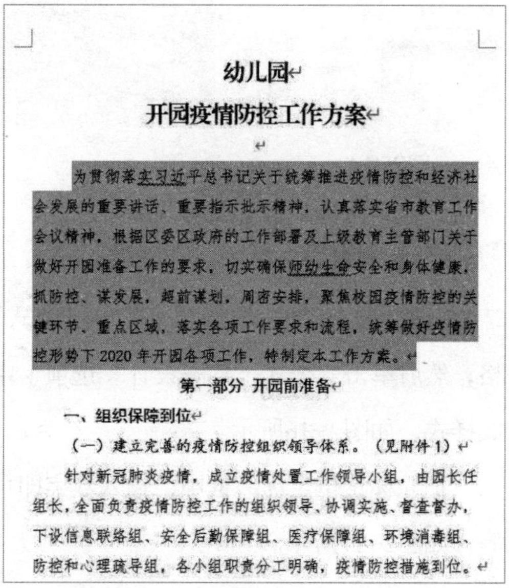

幼儿园

开园疫情防控工作方案

为贯彻落实习近平总书记关于统筹推进疫情防控和经济社会发展的重要讲话、重要指示批示精神，认真落实省市教育工作会议精神，根据区委区政府的工作部署及上级教育主管部门关于做好开园准备工作的要求，切实确保师幼生命安全和身体健康，抓防控、谋发展，超前谋划，周密安排，聚焦校园疫情防控的关键环节、重点区域，落实各项工作要求和流程，统筹做好疫情防控形势下2020年开园各项工作，特制定本工作方案。

第一部分 开园前准备

一、组织保障到位

（一）建立完善的疫情防控组织领导体系。（见附件1）

针对新冠肺炎疫情，成立疫情处置工作领导小组，由园长任组长，全面负责疫情防控工作的组织领导、协调实施、督查督办，下设信息联络组、安全后勤保障组、医疗保障组、环境消毒组、防控和心理疏导组，各小组职责分工明确，疫情防控措施到位。

图2-20

如果想要选中连续区域，则需要在选中的区域起始位置按住鼠标左键，然后拖动鼠标至文本区域的结尾处，当释放鼠标左键时，就选中了连续区域，如图2-21所示。

如果想要选中连续行，就要将鼠标指针移至需选择行的起始位置，当鼠标指针变为箭头形状时，按住鼠标左键向下拖动至尾行即可，如图2-22所示。

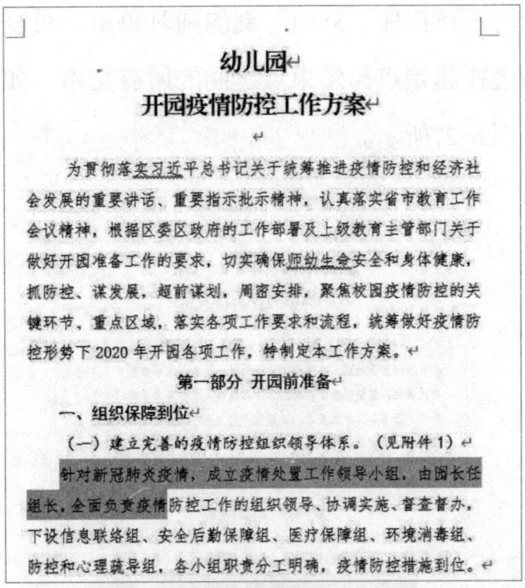

幼儿园
开园疫情防控工作方案

为贯彻落实习近平总书记关于统筹推进疫情防控和经济社会发展的重要讲话、重要指示批示精神，认真落实省市教育工作会议精神，根据区委区政府的工作部署及上级教育主管部门关于做好开园准备工作的要求，切实确保师幼生命安全和身体健康，抓防控、谋发展，超前谋划，周密安排，聚焦校园疫情防控的关键环节、重点区域，落实各项工作要求和流程，统筹做好疫情防控形势下2020年开园各项工作，特制定本工作方案。

第一部分 开园前准备

一、组织保障到位

（一）建立完善的疫情防控组织领导体系。（见附件1）

针对新冠肺炎疫情，成立疫情处置工作领导小组，由园长任组长，全面负责疫情防控工作的组织领导、协调实施、督查督办，下设信息联络组、安全后勤保障组、医疗保障组、环境消毒组、防控和心理疏导组，各小组职责分工明确，疫情防控措施到位。

图2-21

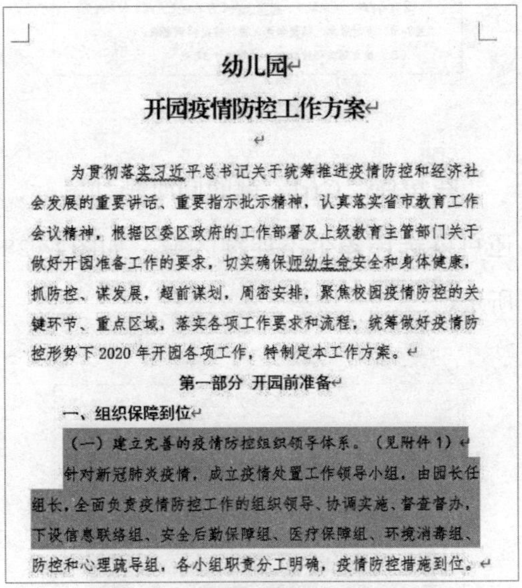

幼儿园
开园疫情防控工作方案

为贯彻落实习近平总书记关于统筹推进疫情防控和经济社会发展的重要讲话、重要指示批示精神，认真落实省市教育工作会议精神，根据区委区政府的工作部署及上级教育主管部门关于做好开园准备工作的要求，切实确保师幼生命安全和身体健康，抓防控、谋发展，超前谋划，周密安排，聚焦校园疫情防控的关键环节、重点区域，落实各项工作要求和流程，统筹做好疫情防控形势下2020年开园各项工作，特制定本工作方案。

第一部分 开园前准备

一、组织保障到位

（一）建立完善的疫情防控组织领导体系。（见附件1）

针对新冠肺炎疫情，成立疫情处置工作领导小组，由园长任组长，全面负责疫情防控工作的组织领导、协调实施、督查督办，下设信息联络组、安全后勤保障组、医疗保障组、环境消毒组、防控和心理疏导组，各小组职责分工明确，疫情防控措施到位。

图2-22

如果想要选中全文，则可以选择最简单的方式，即直接按下“Ctrl+A”快捷键；也可以将鼠标指针移至文档左侧的空白处，当鼠标指针变为箭头形状时，快速单击3次即可，如图2-23所示。

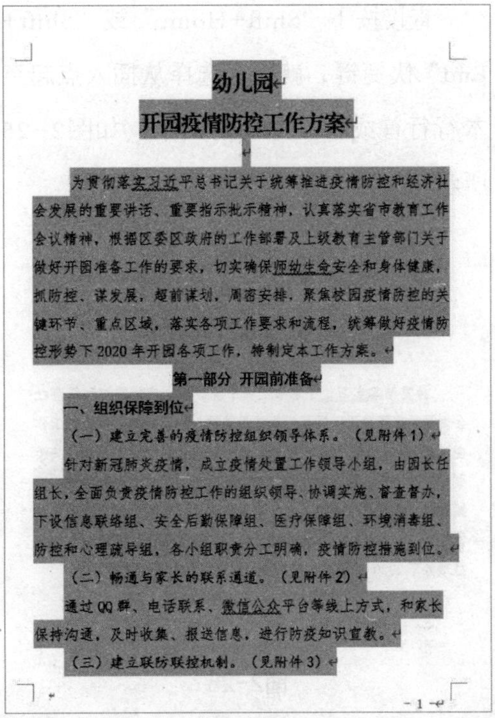

幼儿园
开园疫情防控工作方案

为贯彻落实习近平总书记关于统筹推进疫情防控和经济社会发展的重要讲话、重要指示批示精神，认真落实省市教育工作会议精神，根据区委区政府的工作部署及上级教育主管部门关于做好开园准备工作的要求，切实确保师幼生命安全和身体健康，抓防控、谋发展，超前谋划，周密安排，聚焦校园疫情防控的关键环节、重点区域，落实各项工作要求和流程，统筹做好疫情防控形势下2020年开园各项工作，特制定本工作方案。

第一部分 开园前准备

一、组织保障到位

（一）建立完善的疫情防控组织领导体系。（见附件1）

针对新冠肺炎疫情，成立疫情处置工作领导小组，由园长任组长，全面负责疫情防控工作的组织领导、协调实施、督查督办，下设信息联络组、安全后勤保障组、医疗保障组、环境消毒组、防控和心理疏导组，各小组职责分工明确，疫情防控措施到位。

（二）畅通与家长的联系通道。（见附件2）

通过QQ群、电话联系、微信公众平台等线上方式，和家长保持沟通，及时收集、报送信息，进行防疫知识宣教。

（三）建立联防联控机制。（见附件3）

- 1 -

图2-23

还有一种选择方式就是直接按下“Shift+↑”或“Shift+↓”快捷键，选中从插入点向上或向下的一整句，如图2-24所示。

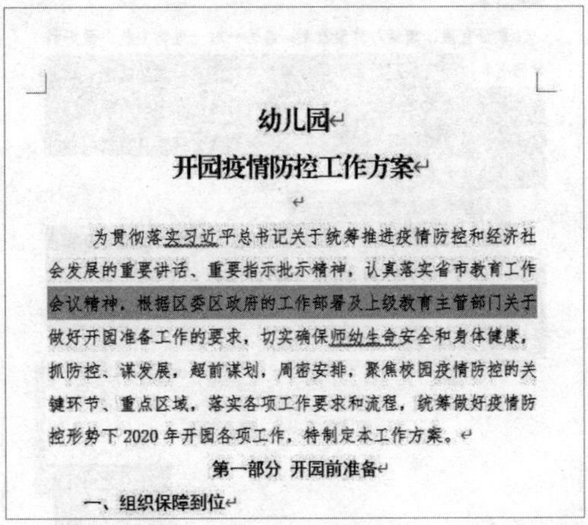

幼儿园
开园疫情防控工作方案

为贯彻落实习近平总书记关于统筹推进疫情防控和经济社会发展的重要讲话、重要指示批示精神，认真落实省市教育工作会议精神，根据区委区政府的工作部署及上级教育主管部门关于做好开园准备工作的要求，切实确保师幼生命安全和身体健康，抓防控、谋发展，超前谋划，周密安排，聚焦校园疫情防控的关键环节、重点区域，落实各项工作要求和流程，统筹做好疫情防控形势下2020年开园各项工作，特制定本工作方案。

第一部分 开园前准备

一、组织保障到位

图2-24

直接按下“Shift+Home”或“Shift+End”快捷键，就可以选择从插入点起至本行行首或行尾之间的文本，如图2-25所示。

幼儿园

开园疫情防控工作方案

为贯彻落实习近平总书记关于统筹推进疫情防控和经济社会发展的重要讲话、重要指示批示精神，认真落实省市教育工作会议精神，根据区委区政府的工作部署及上级教育主管部门关于做好开园准备工作的要求，切实确保师幼生命安全和身体健康，抓防控、谋发展，超前谋划，周密安排，聚焦校园疫情防控的关键环节、重点区域，落实各项工作要求和流程，统筹做好疫情防控形势下2020年开园各项工作，特制定本工作方案。

第一部分 开园前准备

一、组织保障到位

图2-25

直接按下“Ctrl+Shift+Home”或“Ctrl+Shift+End”快捷键，就选择了从插入点起至文档开始或结尾处的文本，如图2-26所示。

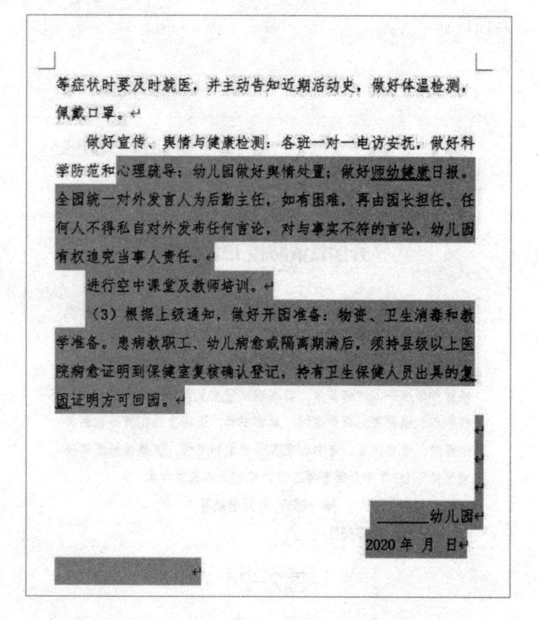

等症状时要及时就医，并主动告知近期活动史，做好体温检测，佩戴口罩。

做好宣传、舆情与健康检测：各班一对一电访安抚，做好科学防范和心理疏导；幼儿园做好舆情处置；做好师幼健康日报。全园统一对外发言人为后勤主任，如有困难，再由园长担任。任何人不得私自对外发布任何言论，对与事实不符的言论，幼儿园有权追究当事人责任。

进行空中课堂及教师培训。

（3）根据上级通知，做好开园准备：物资、卫生消毒和教学准备。患病教职工、幼儿痊愈或隔离期满后，须持县级以上医院病愈证明到保健室复核确认登记，持有卫生保健人员出具的复园证明方可回园。

______幼儿园

2020年 月 日

图2-26

在按住“Shift”键的同时单击，可以选择起始点与结束点之间的所有文本，如图2-27所示。

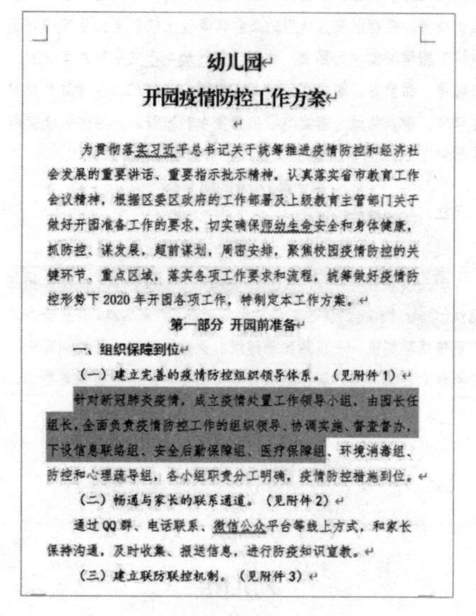

幼儿园

开园疫情防控工作方案

为贯彻落实习近平总书记关于统筹推进疫情防控和经济社会发展的重要讲话、重要指示批示精神，认真落实省市教育工作会议精神，根据区委区政府的工作部署及上级教育主管部门关于做好开园准备工作的要求，切实确保师幼生命安全和身体健康，抓防控、谋发展，超前谋划，周密安排，聚焦校园疫情防控的关键环节、重点区域，落实各项工作要求和流程，统筹做好疫情防控形势下2020年开园各项工作，特制定本工作方案。

第一部分 开园前准备

一、组织保障到位

（一）建立完善的疫情防控组织领导体系。（见附件1）

针对新冠肺炎疫情，成立疫情处置工作领导小组，由园长任组长，全面负责疫情防控工作的组织领导、协调实施、督查督办，下设信息联络组、安全后勤保障组、医疗保障组、环境消毒组、防控和心理疏导组，各小组职责分工明确，疫情防控措施到位。

（二）畅通与家长的联系通道。（见附件2）

通过QQ群、电话联系、微信公众平台等线上方式，和家长保持沟通，及时收集、报送信息，进行防疫知识宣教。

（三）建立联防联控机制。（见附件3）

图2-27

在按住“Ctrl”键的同时拖动鼠标，还可以选择多个不连续区域，如图2-28所示。

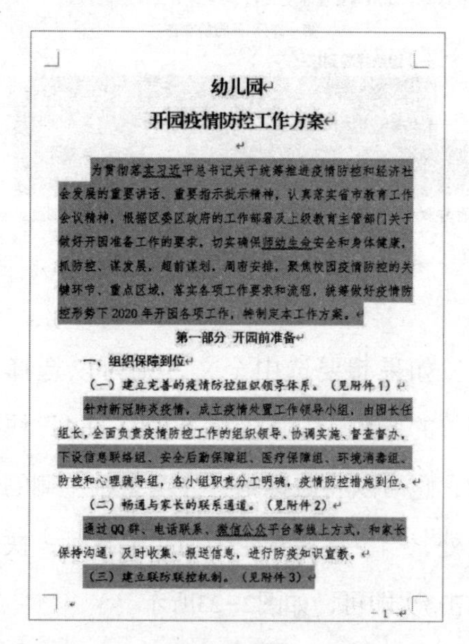

幼儿园

开园疫情防控工作方案

为贯彻落实习近平总书记关于统筹推进疫情防控和经济社会发展的重要讲话、重要指示批示精神，认真落实省市教育工作会议精神，根据区委区政府的工作部署及上级教育主管部门关于做好开园准备工作的要求，切实确保师幼生命安全和身体健康，抓防控、谋发展，超前谋划，周密安排，聚焦校园疫情防控的关键环节、重点区域，落实各项工作要求和流程，统筹做好疫情防控形势下2020年开园各项工作，特制定本工作方案。

第一部分 开园前准备

一、组织保障到位

（一）建立完善的疫情防控组织领导体系。（见附件1）

针对新冠肺炎疫情，成立疫情处置工作领导小组，由园长任组长，全面负责疫情防控工作的组织领导、协调实施、督查督办，下设信息联络组、安全后勤保障组、医疗保障组、环境消毒组、防控和心理疏导组，各小组职责分工明确，疫情防控措施到位。

（二）畅通与家长的联系通道。（见附件2）

通过QQ群、电话联系、微信公众平台等线上方式，和家长保持沟通，及时收集、报送信息，进行防疫知识宣教。

（三）建立联防联控机制。（见附件3）

- 1 -

图2-28

2.2 设置文本格式

通常我们在编辑活动方案或活动通知等文档时，都会将标题或者重点的地方突显出来，无论是文本还是段落，在具体操作中都要进行相应的设置。

2.2.1 文档编辑的必要技能之字符格式设置

字符格式的设置包括很多，例如，字体、字号、字体颜色的更改、加粗、倾斜、阴影等设置，还有为字符添加底纹和边框、为文字添加拼音等调整，接下来进行详细的介绍。

1. 如何设置字体、字号、字体颜色

设置字体、字号及字体颜色通常是文本格式设置的第一步，也可以说是文本格式设置的起点。直接单击“开始”选项卡“字体”中的下拉按钮，在展开的“字体”下拉列表中找到“宋体”选项，如图2-29所示。

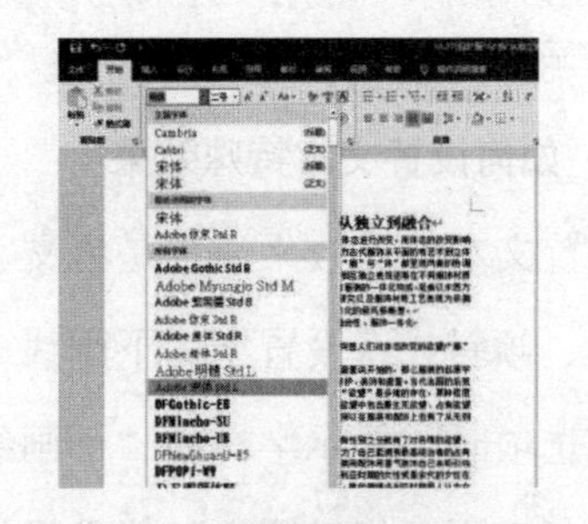

图2-29

接下来就是设置字号。通常我们会把标题的字号设置得大一些来突显题目，一般情况下会选择“二号”，正文通常会选择“四号”。但是，如果是对文档字号进行微调，则可以直接单击“字号”右侧的“增大字号”或者“减小字号”按钮，直接增大或者减小字号，如图2-30所示。

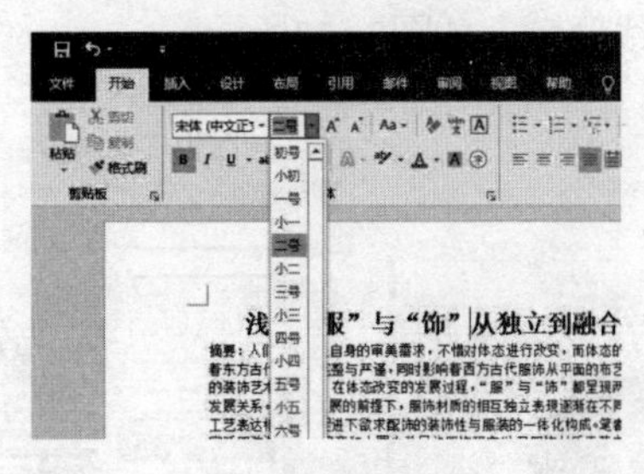

图2-30

字体颜色一般默认为红色，我们可以根据需要进行修改。直接单击“字体颜色”下拉按钮，在展开的下拉列表中选择需要的颜色即可，如图2-31所示。

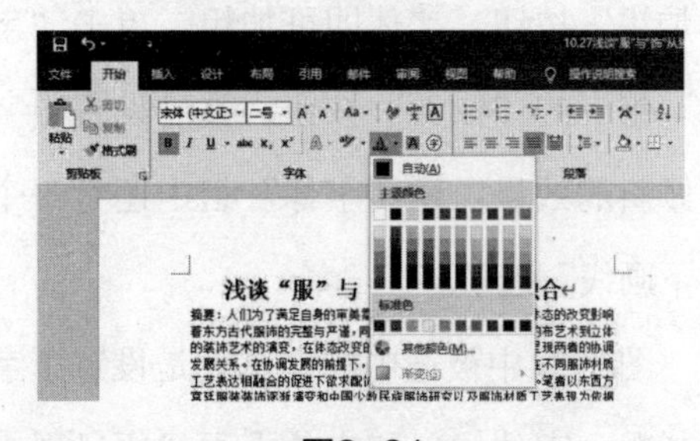

图2-31

如果在“字体颜色”下拉列表中没有找到自己需要的颜色，则可以在“字体颜色”下拉列表中选择“其他颜色”选项进行颜色的选择。这时会弹出“颜色”对话框，其中包括“标准”与“自定义”两个选项卡，当我们确认选择某种字体颜色时，直接单击“确定”按钮即可，如图2-32所示。

2. 如何设置文本特殊效果

设置文本特殊效果通常是将文字的字体加粗、倾斜或者设置字体下画线（光标处于该选项时，显示字样为“下画线”，后同），在下画线设置中还能选择线型和下画线颜色，如图2-33所示。

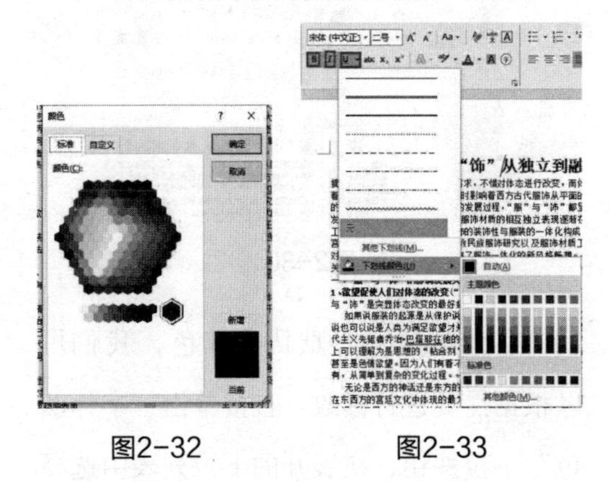

图2-32　　图2-33

单击“开始”选项卡“字体”组中的“加粗”按钮，字体即可加粗。单击“字体”组中的“倾斜”按钮，就能设置出字体倾斜的效果。在“字体”组中还有一个“下画线”选项。

图2-34中被选中的文本就是设置了字体加粗、字体倾斜和字体下画线所呈现出来的效果。

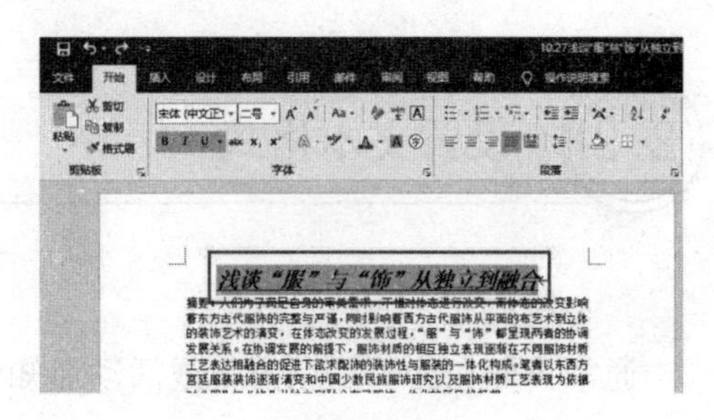

图2-34

如果在添加下画线时还想要使用其他线型，则可以直接单击“下画线”下拉按钮，然后从展开的下拉列表中选择一种合适的线型作为下画线即可，如图2-35所示。还可以对下画线的颜色进行更改。

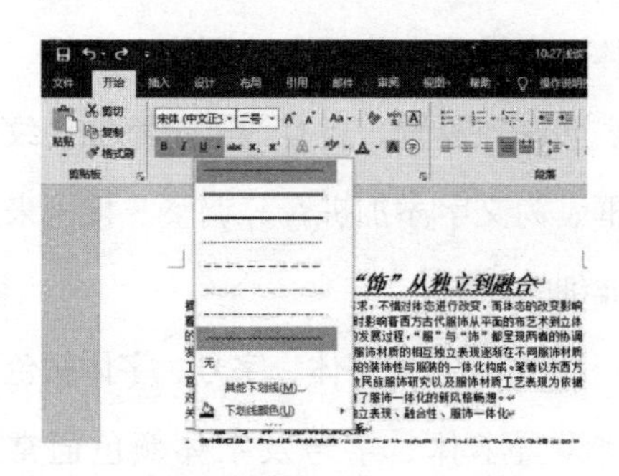

图2-35

还可以单击“字符边框”按钮为所选的文本添加边框；同理，单击“字符底纹”按钮便可以为所选的文本添加底纹，如图2-36和图2-37所示。

图2-36

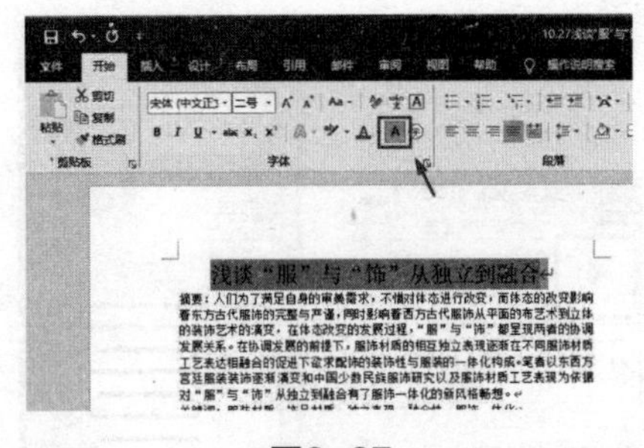

图2-37

3. 遇到生僻字该如何注音

当需要给文本标注拼音时，可以单击“拼音指南”按钮，这个功能特别适合当我们发现文本中有生僻字时使用。在“拼音指南”对话框中还可以进行“对齐方式”“偏移量”“字体”“字号”等的调整，如图2-38所示。

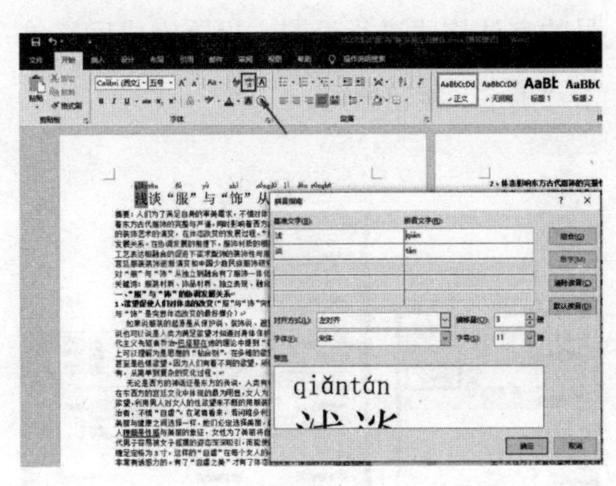

图2-38

2.2.2 文档编辑的必要技能之段落格式设置

在编辑长文档时，可以利用设置段落格式的方法让文本一目了然地呈现出来。

1. 对文本添加项目符号的设置

要想对文本进行添加项目符号的设置，可以单击“开始”选项卡“段落”组中的“项目符号”下拉按钮，在下拉列表中找到想要的项目符号样式就可以了，如图2-39所示。

图2-39

如果还想添加除符号样式以外的符号，则可以在“项目符号”下拉列表中选择“定义新项目符号”选项，如图2-40所示。在弹出的“定义新项目符号”对话框中单击“符号”按钮，就会看见很多其他样式的符号，只需要单击喜欢的符号，再单击“确定”按钮即可，如图2-41所示。

图2-40

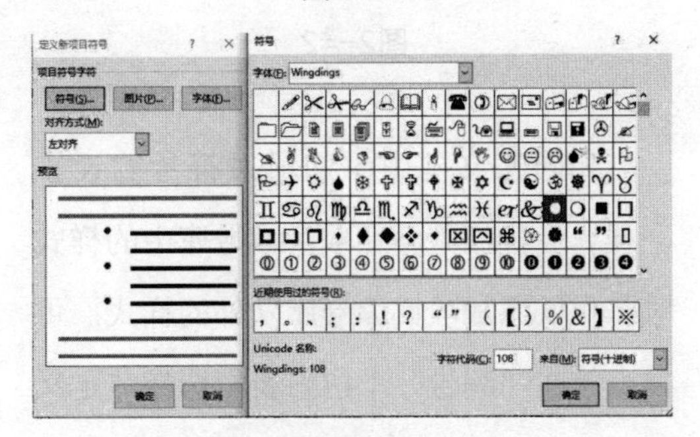

图2-41

另外，还可以使用同样的方法，在“定义新项目符号”对话框中找到“图片”和“字体”按钮，如果需要添加图片或字体，直接单击这两个按钮即可。

最后返回上一级对话框，设置符号对齐方式，这里保持默认的左对齐方式，单击“确定”按钮就完成了对文本添加项目符号的设置。

2. 对文本添加项目编号的设置

如果需要给文本添加项目编号，那么就要从单击“开始”选项卡开始。

首先选择需要添加项目编号的文本，然后单击“开始”选项卡“段落”组中的“编号”下拉按钮，从展开的下拉列表中选择合适的编号样式即可，如图2-42所示。

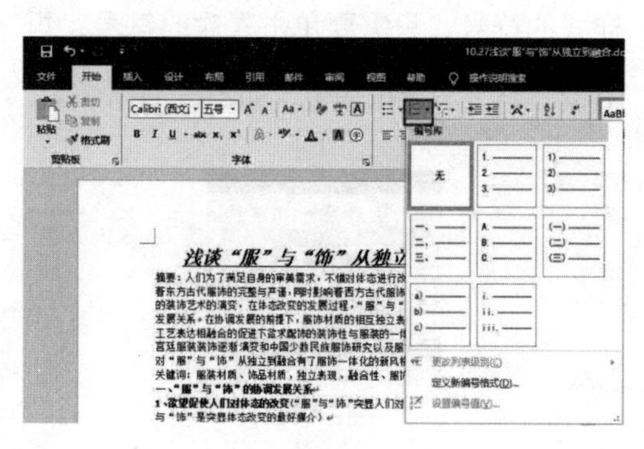

图2-42

如同在文本中添加项目符号的设置一样，当我们不满意项目编号库中的样式时，可以添加项目编号库以外的样式。可以直接在“编号”下拉列表中选择“定义新编号格式”选项（见图2-43），弹出“定义新编号格式”对话框，单击“编号样式”右侧的下拉按钮，在展开的下拉列表中会有很多的编号样式可供选择，选好后单击“确定”按钮即可，如图2-44所示。

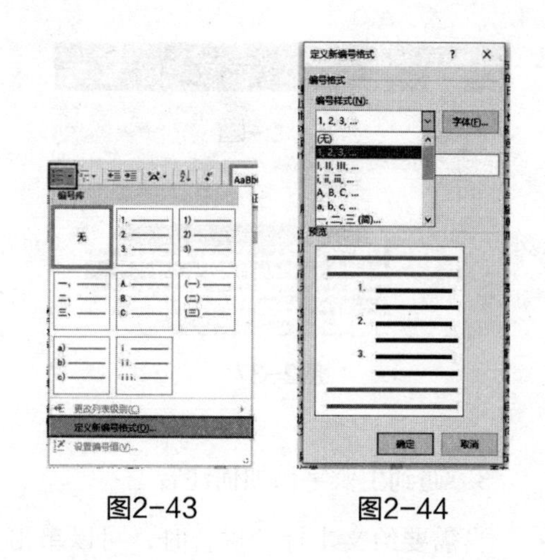

图2-43　　图2-44

另外，还可以在“定义新编号格式”对话框中设置编号字体格式。只需要单击对话框中的“字体”按钮（见图2-45），就可以看到对编号字体进行设置的选项（见图2-46），可以根据自己的喜好对编号的字体格式进行设置，设置完成后，单击“确定”按钮即可。

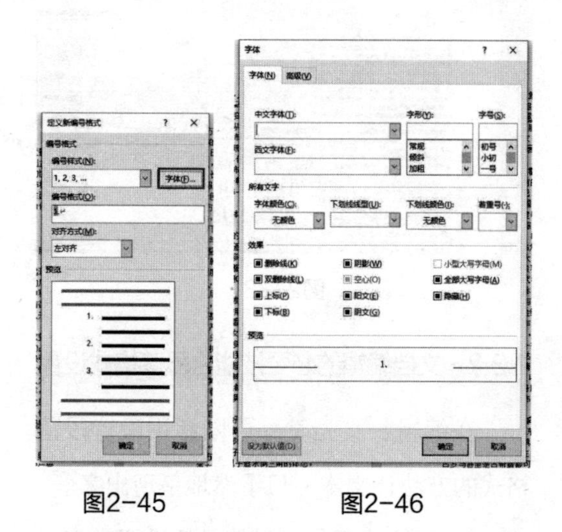

图2-45　　图2-46

3. 如何使用多级列表

当我们编辑大型文档时，可能会遇到多个需要进行排列的条目，这时，Word的多级列表功能就派上了用场。

首先选择文本，然后单击“开始”选项卡“段落”组中的“多级列表”的下拉按钮，从展开的下拉列表中选择合适的列表样式即可，如图2-47所示。

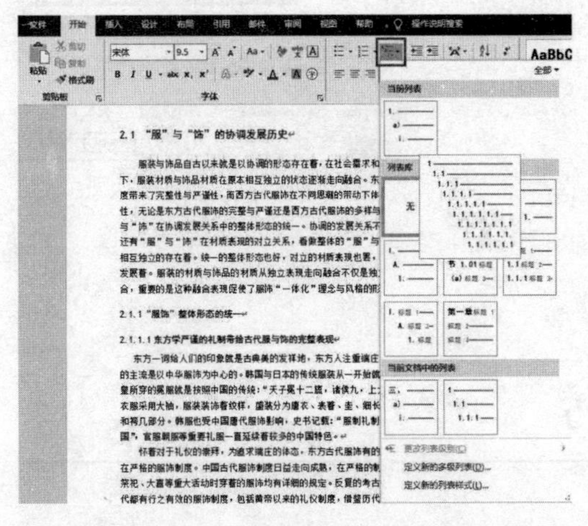

图2-47

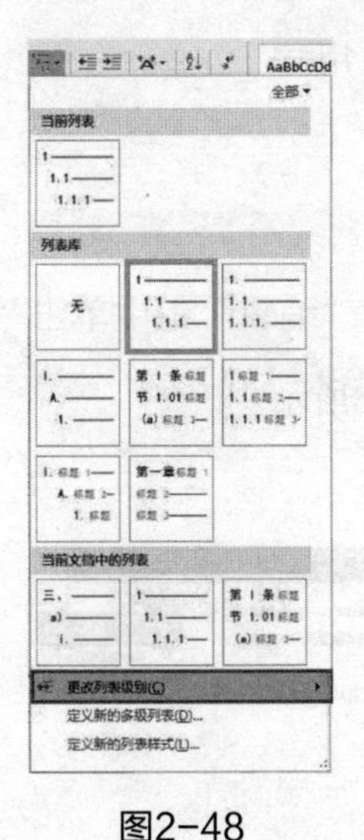

图2-48

标题的级别也可以通过在“多级列表”的下拉列表中选择“更改列表级别”选项进行更改。同样，还可以更改其他标题的级别，如图2-48所示。

此外，还可以定义新的多级列表和定义新的列表样式。首先选择设置的编号，然后在“多级列表”的下拉列表中选择“定义新的多级列表”选项，可以在弹出的对话框中选择我们需要的多级列表，如图2-49所示。同样，选择设置的编号，在“多级列表”的下拉列表中选择“定义新的列表样式”选项，可以在弹出的对话框中选择我们需要的列表样式，如图2-50所示。

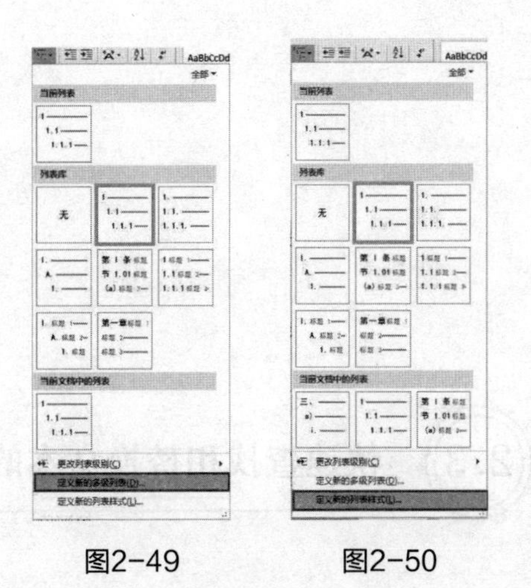

图2-49　　图2-50

在“定义新的多级列表”对话框中，在“输入编号的格式”文本框中可以直接输入编号的格式，也可以单击右侧的“字体”按钮更换字体样式，还可以在“此级别的编号样式”“编号对齐方式”“文本缩进位置”等选项中进行调整，以满足我们的需要，如图2-51所示。

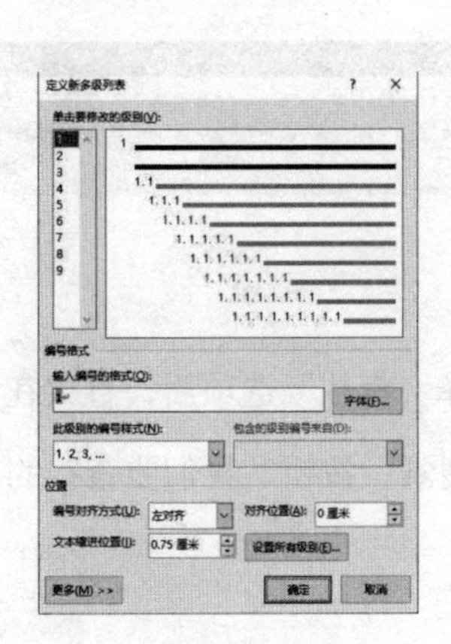

图2-51

在“定义新列表样式”对话框中，在“名称”文本框中输入的命名就是新列表样式的命名；在“格式”选项区域中，用户可以对编号级别、编号格式进行相应的设置，设置完成后单击“确定”按钮即可，如图2-52所示。

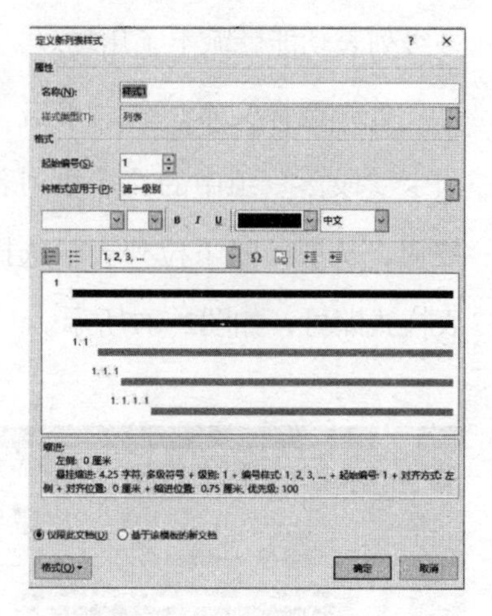

图2-52

2.3 快速查找和替换文本的技巧

查找功能可以帮助我们在编辑文档时快速找到指定的文本，如果需要替换指定的文本，则使用文本替换功能。接下来就分别介绍一下查找和替换功能的应用。

2.3.1 如何快速查找文本

为了查找指定文本，首先要打开文档，然后在“开始”选项卡的“编辑”组中单击“查找”下拉按钮，在展开的下拉列表中选择“查找”选项，如图2-53所示。

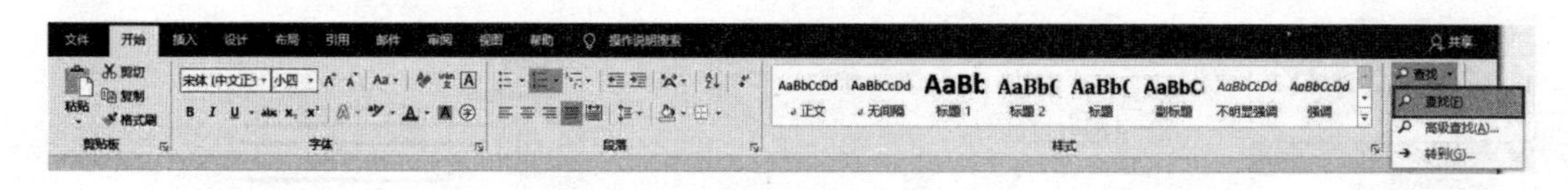

图2-53

选择“查找”选项后，直接在文档左侧的“导航”窗格中输入要查找的文本，单击右侧的“搜索”按钮，我们要查找的文本内容就会突显出来，如图2-54所示。

图2-54

如果需要进行精确查找，就直接在“查找”下拉列表中选择“高级查找”选项即可。在弹出的对话框单击“更多”按钮，在这里可以根据字体的格式查找文本，还可以根据段落、符号等格式查找文本，只需单击“格式”或“特殊格式”下拉按钮即可，如图2-55和图2-56所示。

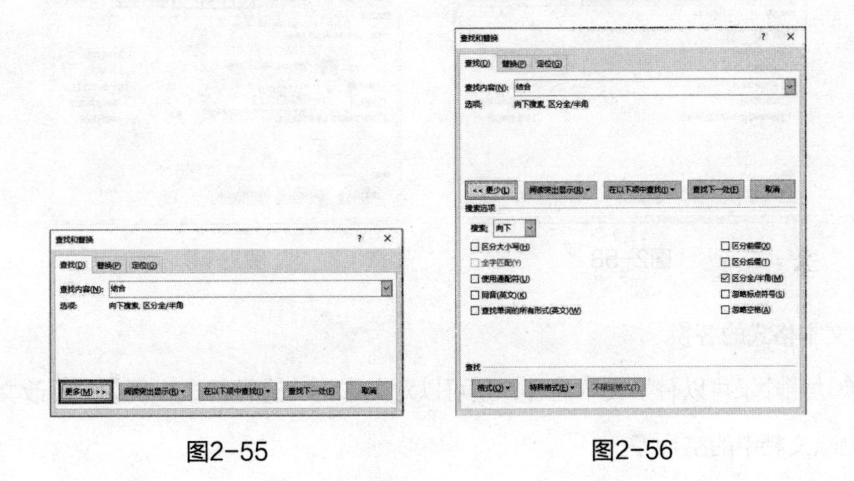

图2-55　　　　图2-56

此外，还可以通过“特殊格式”查找文档中的空白区域，只需单击“特殊格式”下拉按钮，从展开的下拉列表中选择“空白区域”选项即可。

2.3.2 如何替换文本

在编辑文档的过程中需要修改文本内容时，就需要用到替换功能。替换功能主要有两种形式，一种是批量替换指定文本，另一种是文本格式的替换，其中文本格式的替换还包括文本字体的替换和将文字替换为图片的替换。

1. 批量替换指定文本

打开文档，单击“开始”选项卡“编辑”组中的“替换”按钮，如图2-57所示，弹出“查找和替换”对话框，在“查找内容”文本框中输入需要查找的文本，在“替换为”文本框中输入需要替换的文本就可以了，如图2-58所示。

在“搜索”下拉列表中将“向下”选项改成“全部替换”，然后单击“全部替换”按钮，此时会弹出一个提示框，单击“确定”按钮就完成了文本内容的替换，如图2-59所示。

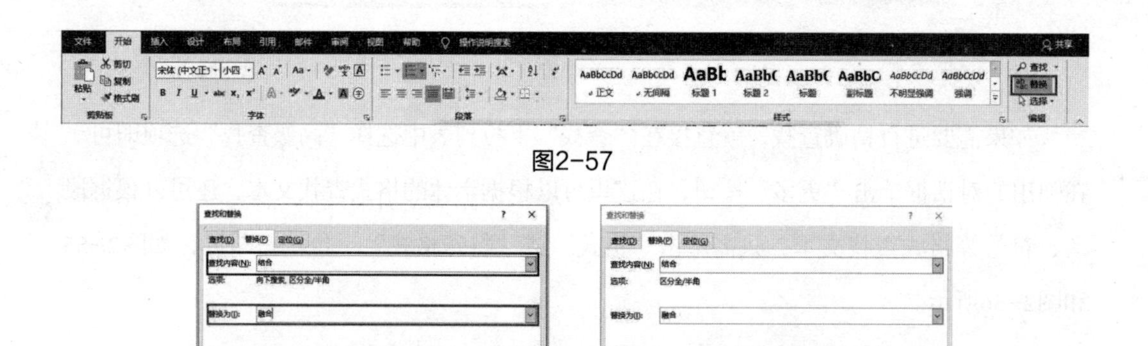

图2-57

图2-58　　图2-59

2. 文本格式的替换

替换功能除了可以替换文本内容，还可以对文本格式进行替换，例如，更改文档中的字体、删除文档中的空行等。

如何进行文本字体的替换呢？前期步骤与批量替换文本的前期步骤相似，都是先打开文档，然后在“开始”选项卡的“编辑”组中单击“替换”按钮，打开“查找和替换”对话框。不同的是，此时我们将光标定位在“查找内容”文本框中，单击“格式”下拉按钮，在展开的下拉列表中选择“字体”选项，如图2-60所

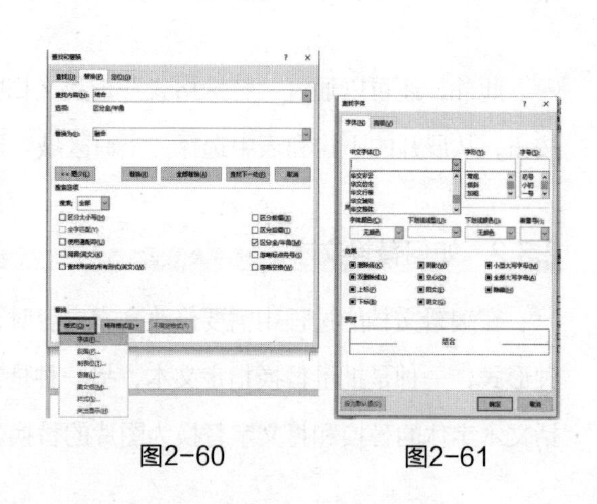

图2-60　　图2-61

示，然后在弹出的“查找字体”对话框中选择想要的字体，单击“确定”即可，如图2-61所示。

最后，返回“查找和替换”对话框，单击“全部替换”按钮即可。

2.4 页眉和页脚的添加方法

编辑企业文档时，通常需要在很多文档中插入企业的名称，需要在文档中插入页眉，同时在页脚处插入页码。接下来简单介绍一下页眉与页脚的添加方法。

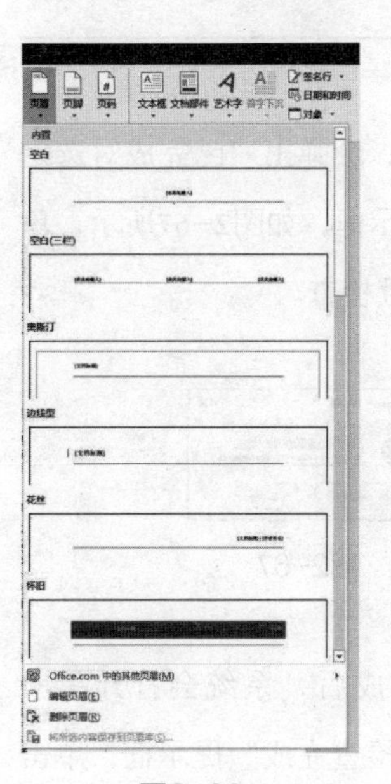

图2-62

在文档的工具栏中找到“插入”选项卡，在“页眉和页脚”组中单击“页眉”下拉按钮，在展开的下拉列表中选择需要的样式，一般我们会选择“空白”，如果需要其他页眉内容也可以选择“空白（三栏）”，如图2-62所示。编辑完成后，直接单击“关闭页眉和页脚”按钮即可。页脚的添加方式是一样的。

除了以上介绍的按照Word文档内置的样式添加页眉和页脚，还可以自定义页眉和页脚样式，具体操作方法介绍如下。

在“页眉”下拉列表中选择“编辑页眉”选项，会转到“页眉和页脚工具—设计”选项卡，如图2-63所示，在“插入”选项组中可以直接单击“图片”按钮来添加企业的Logo标识。

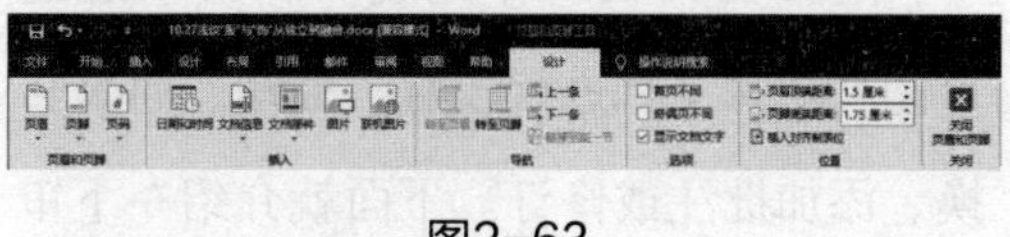

图2-63

编辑完页眉后，直接在选项卡中单击“转至页脚”按钮就可以对页脚进行编辑了。当页眉和页脚都编辑完成后，可以在“位置”选项组中设置“页眉顶端距离”和“页脚底端距离”数值，以此来调整页眉距页面顶端和页脚距页面底端的距离，如图2-64所示。

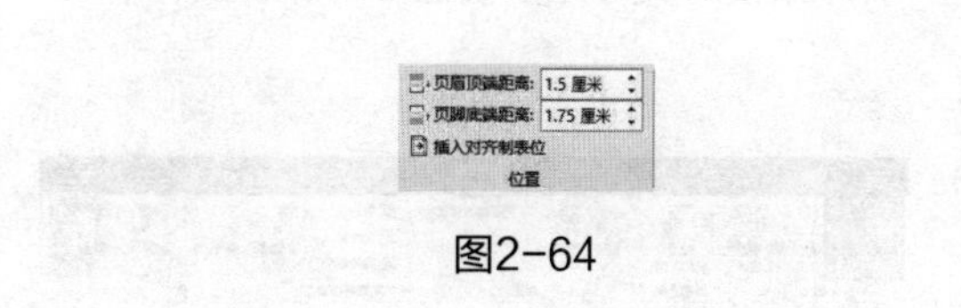

图2-64

如果需要在文档中添加页码，则直接在选项卡中找到“页码”按钮并进行操作。

如果想要在文档中插入所选样式的页码，则需要在“页眉和页脚工具—设计”选项卡的“页眉和页脚”组中单击“页码”下拉按钮，在展开的下拉列表中选择“设置页码格式”选项，如图2-65所示。

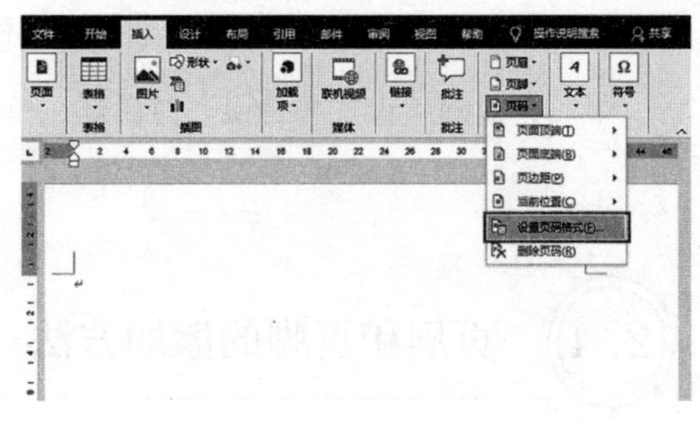

图2-65

页眉、页脚及页码设置完成后，单击“关闭页眉和页脚”按钮，即可退出编辑状态。

2.5 审阅功能的应用

通常在文档制作完成后，可以通过审阅功能对文档进行校对、翻译、简繁转换、添加批注或修订。下面就介绍一下审阅功能是如何应用的。

1. 校对文本

在文档制作完成后，可以通过审阅功能对文本进行校对。校对文本包括拼写检查和文档字数统计。

首先来介绍一下拼写检查。打开文档并选择文本，在“审阅”选项卡的“校对”组中单击“拼写和语法”按钮，就可以开始校对文本了，如图2-66所示。

图2-66

我们可以在校对中按照提示进行更改。全部更改后，会弹出“已完成对选定内容的检查”提示框，如图2-67所示，单击“是”按钮继续检查。

图2-67

全部检查完成后，系统会打开另一个“拼写和语法检查完成”提示框，单击“确定”按钮即可，如图2-68所示。

接下来介绍一下文档数字统计。打开文档并选择文本，在“审阅”选项卡的“校对”组中单击“字数统计”按钮，可以在弹出的“字数统计”对话框中看到文档的页数、字数、字符数、段落数、行数等，查看数据后单击“关闭”按钮即可，如图2-69所示。

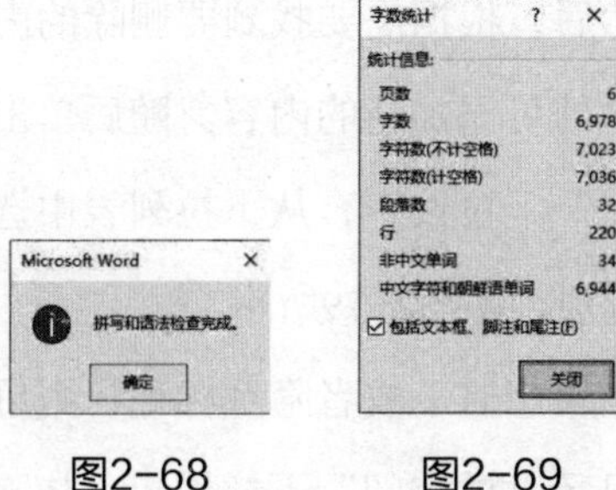

图2-68　　图2-69

2. 翻译文档

强大的审阅功能还可以将文本中的中文直接翻译成其他语言，并且可以设置文档的校对语言和语言首选项。

打开文档并选择文本，找到“翻译”选项并单击，若想翻译文档，则在“翻译”下拉列表中选择“翻译文档”选项，如图2-70所示；若想翻译指定文本，则在“翻译”下拉列表中选择“翻译所选文字”选项，如图2-71所示。

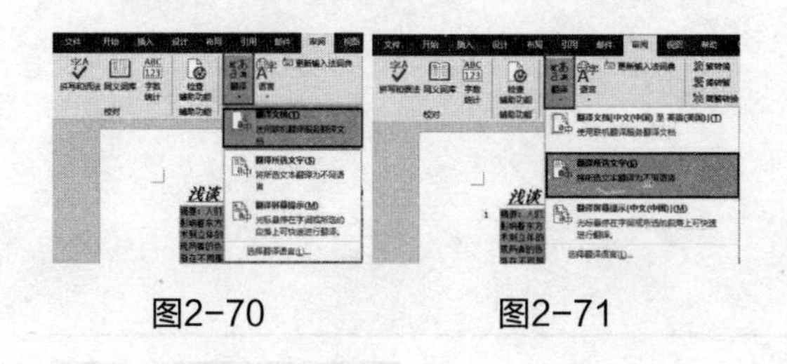

图2-70　　图2-71

在弹出的对话框中选择想要翻译的语言，单击“确定”按钮即可，如图2-72所示。

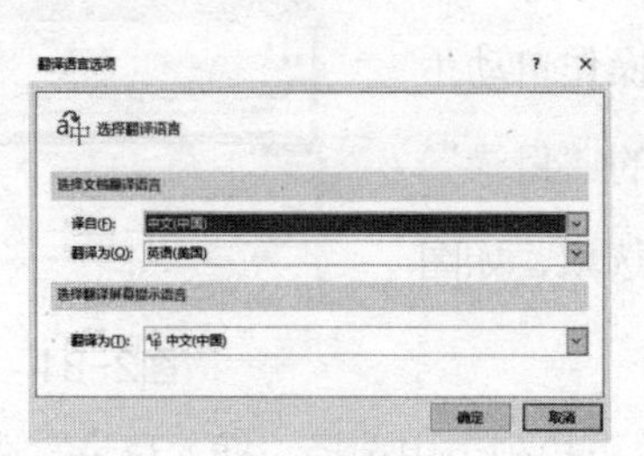

图2-72

接着会再次弹出一个提示框，单击“是”按钮，确认继续，如图2-73所示。

图2-73

3. 给文档添加批注

在对文档内容进行审阅时，如果对某些内容有疑问，则可以对其添加批注。

先将光标定位在需要添加批注的位置，再单击“审阅”选项卡“批注”组中的“新建批注”按钮，如图2-74所示。

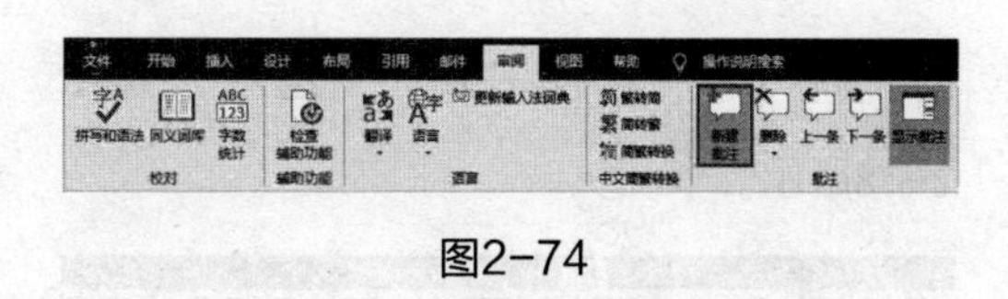

图2-74

此时，就可以直接在光标处插入一个批注，然后在批注框中输入相关文字，如图2-75所示。还可以直接单击批注标记进行查看，如图2-76所示。

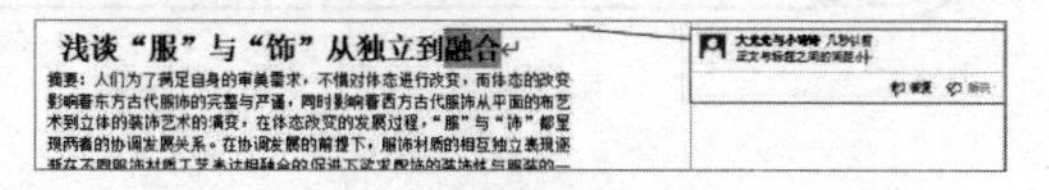

图2-75

图2-76

若想回复批注问题，则可以直接单击“答复”或者“解决”按钮。

如果批注添加错误，则可以选择需要

删除的批注，单击“删除”下拉按钮，在展开的下拉列表中选择“删除”选项，即可删除批注，如图2-77所示。

图2-77

4. **对文档进行修订**

如果我们编辑的文档存在需要修改的地方，就可以直接使用修订功能对文档进行修订。

打开文档，单击“审阅”选项卡“修订”组中的“修订”的下拉按钮，在展开的下拉列表中选择“修订”选项，如图2-78所示。

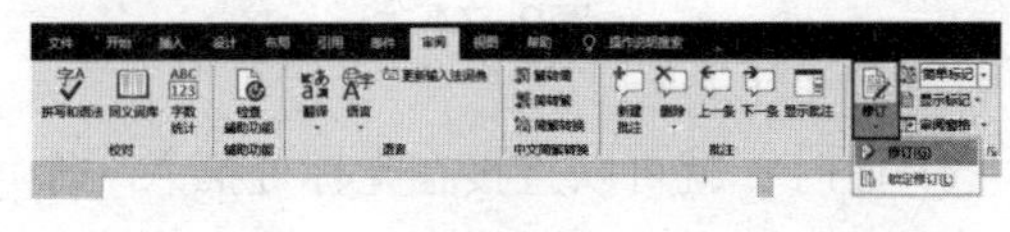

图2-78

然后，根据需要找到要删除的内容，在删除处可添加新的内容。随后单击“显示标记”下拉按钮，从下拉列表中选择合适的选项，如图2-79所示。

如果想显示或者隐藏标记，则可以单击“显示以供审阅”下拉按钮，从下拉列表中选择“所有标记”选项，即可显示所有标记。

最后单击“审阅窗格”下拉按钮，从下拉列表中选择“垂直审阅窗格”选项进行审阅，如图2-80所示。

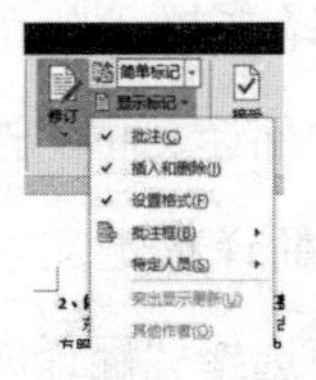

图2-79　　图2-80

2.6 如何轻松提取文档目录

为了便于他人查看，在编辑标书、论文等大型文档时，需要在文档前添加目录。

添加目录不用自己逐个输入，而能通过恰当的操作自动生成。打开文档，单击“引用”选项卡“目录”组中的“目录”下拉按钮，从展开的下拉列表中选择“自动目录1”选项，如图2-81所示。

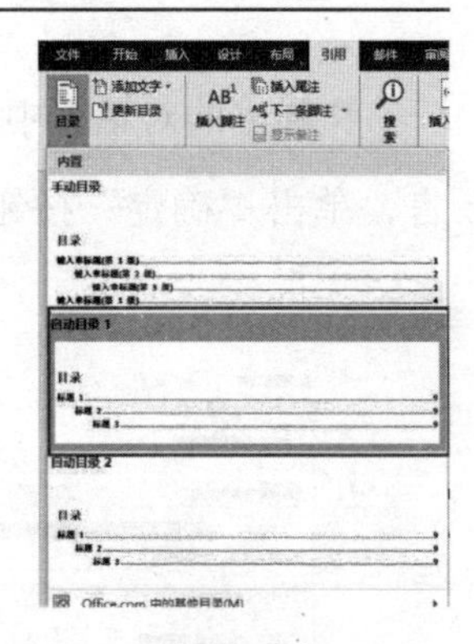

图2-81

也可以根据文档自定义目录。在展开的“目录”下拉列表中选择“插入目录”选项，弹出“目录”对话框，在“目录”选项卡中的“制表符前导符”“格式”“显示级别”等选项中设置，如图2-82所示。

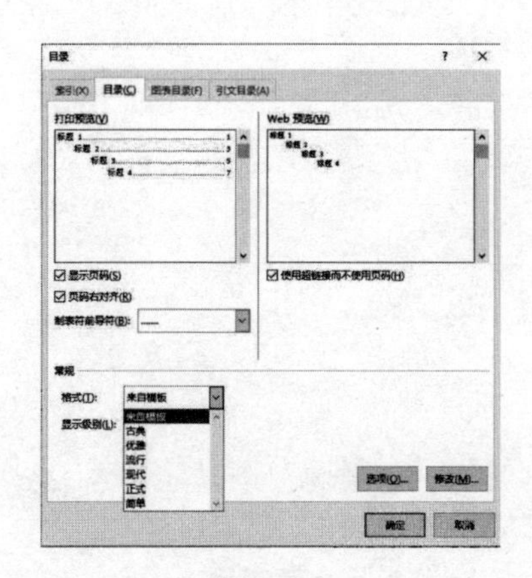

图2-82

在“显示级别”数值框中可以选择需要的标题级别数（见图2-83），然后单击“选项”按钮，此时会弹出“目录选项”对话框，根据需要勾选要显示的目录选项，在这里保持默认设置，单击“确定”按钮，如图2-84所示。

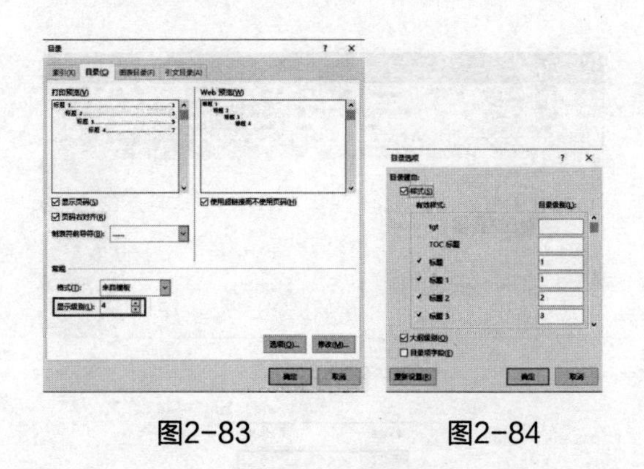

图2-83　　　　图2-84

返回“目录”对话框后，点击“修改”（见图2-85）。

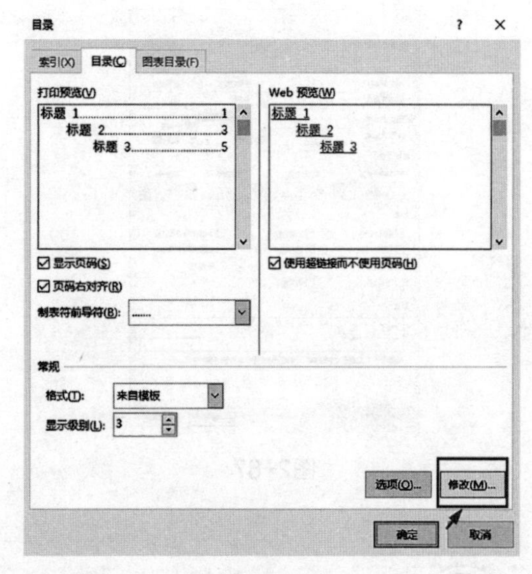

图2-85

单击“修改”按钮后便自动打开“样式”对话框，在“样式”对话框中，选择“TOC1”选项后单击“修改”按钮（见图2-86）。

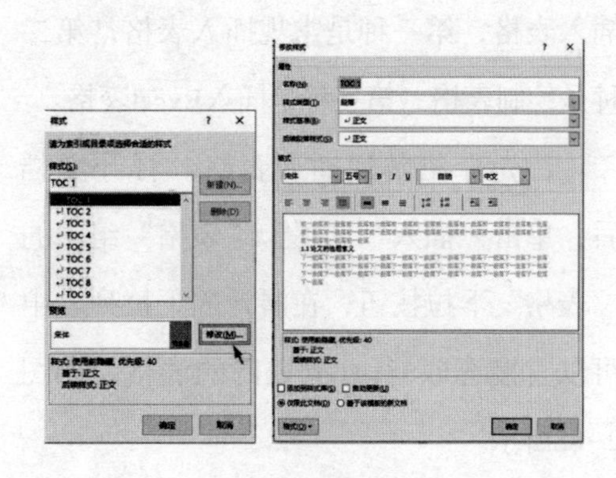

图2-86

在“修改样式”对话框中可以设置目录的字体格式，还可以单击“格式”按钮设置详细的“字体”，同时还可以设置字体的字号、字体加粗和字体颜色等，如图2-87所示。

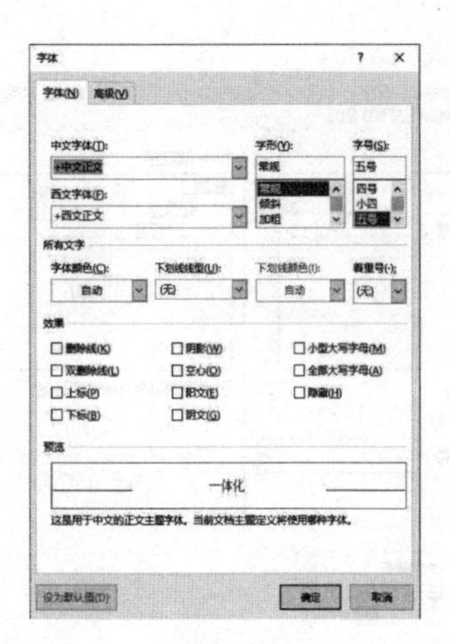

图2-87

如果还想修改其他目录，则依次按照以上方法进行修改即可。

2.7 Word表格的应用

2.7.1 Word表格的简单创建

1. 插入整个表格

在Word 2020中，可以通过三种方式来插入表格，第一种是常规插入表格，第二种是绘制表格，第三种是插入Excel表格。

首先介绍常规插入表格。打开文档后，单击“插入”选项卡“表格”组中的“表格”下拉按钮，在展开的下拉列表中可以直接选取8行10列以内的表格，如图2-88所示。

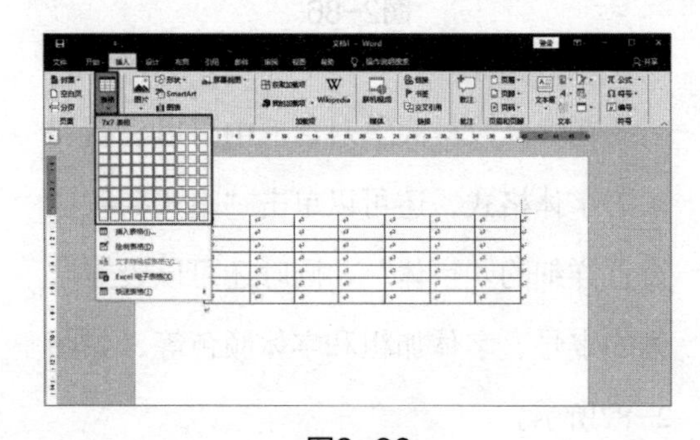

图2-88

如果想插入8行10列以外的表格，则可以在“表格”下拉列表中选择“插入表格”选项，弹出“插入表格”对话框，将想要设置的列与行分别填入“列数”与“行数”数值框中，单击“确定”按钮即可，如图2-89和图2-90所示。

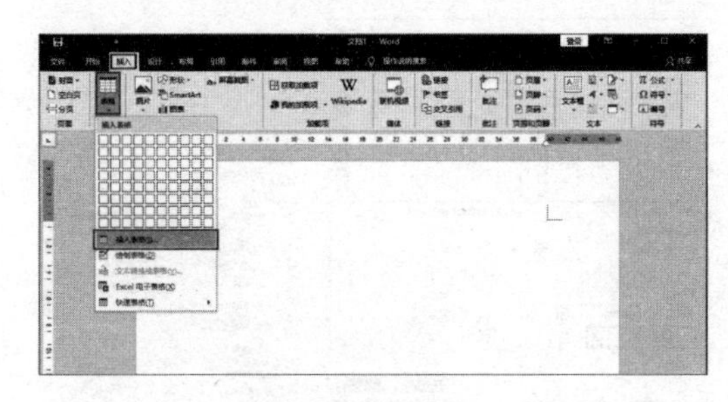

图2-89

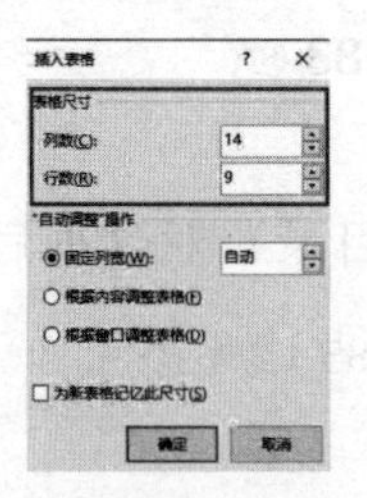

图2-90

其次介绍绘制表格。打开文档后，同样在“插入”选项卡“表格”组中的“表格”下拉列表中选择“绘制表格”选项，如图2-91所示。此时光标会自动变为画笔形状，我们直接按住鼠标左键并拖动，绘制出表格的外边框，再用同样的方法绘制表格的行和列即可，如图2-92所示。

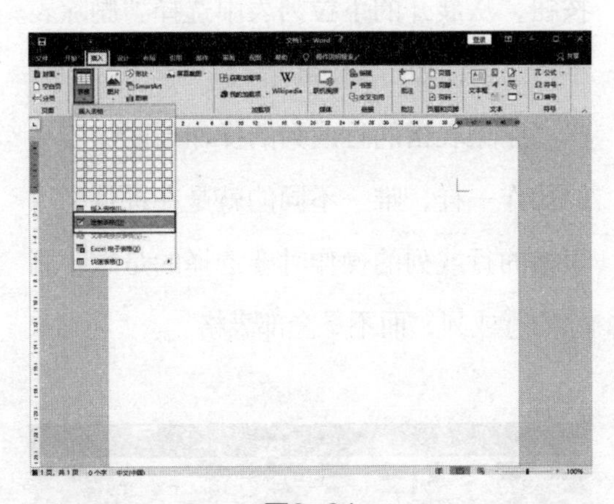

图2-91

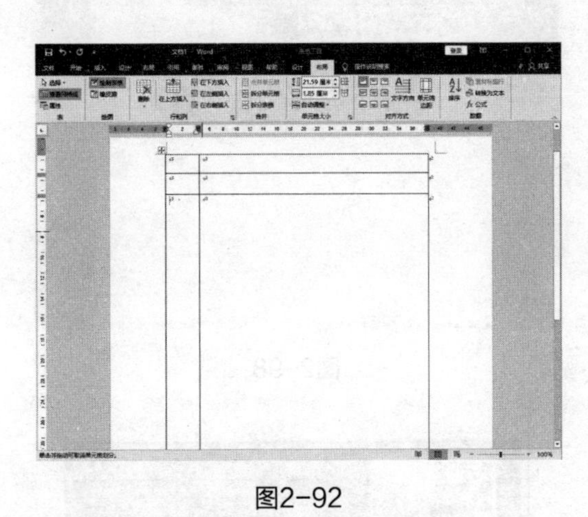

图2-92

最后介绍插入Excel表格。打开文档后，在“插入”选项卡“表格”组中的“表格”下拉列表中选择“Excel电子表格”选项，即可插入一个Excel表格，如图2-93和图2-94所示。插入表格后即可输入文字，输入后单击空白处即可完成Excel表格的插入，如图2-95所示。

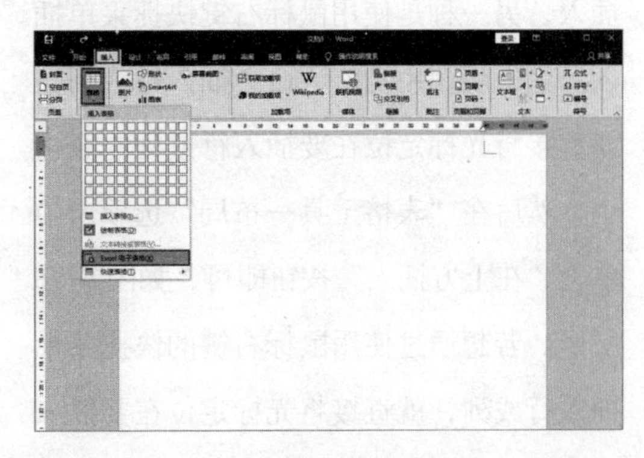

图2-93

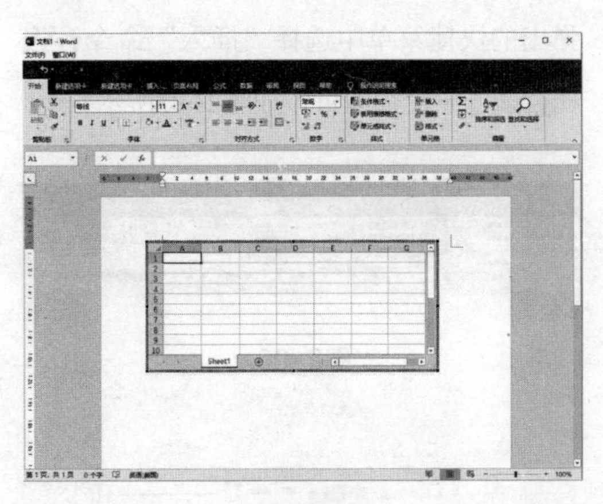

图2-94

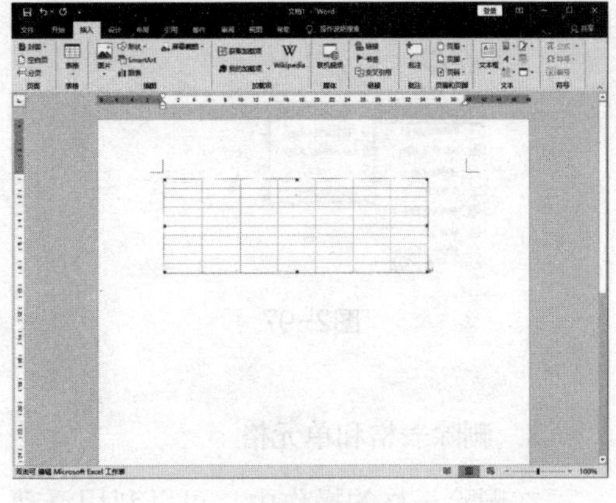

图2-95

2. 插入单个的列或行

插入表格后，通常会在编辑表格内容

的过程中遇到增添行或者列的情况，有两种方法可以实现，一种是使用功能区命令插入，另一种是使用鼠标右键快捷菜单插入。如果想使用功能区命令插入行或列，就直接将光标定位在要插入行或列的表格中，然后在“表格工具—布局”选项卡中单击“在上方插入”按钮即可，如图2-96所示。若想通过使用鼠标右键的快捷菜单插入行或列，就直接将光标定位在要插入行或列的表格中，然后单击鼠标右键，在弹出的快捷菜单中选择“插入”命令，选择合适的子命令即可，如图2-97所示。

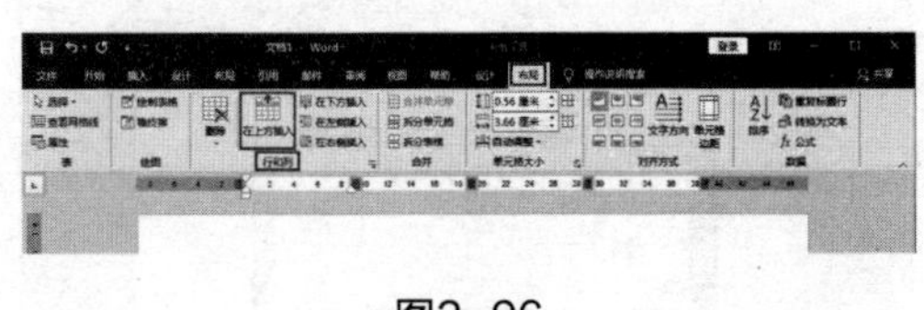

图2-96

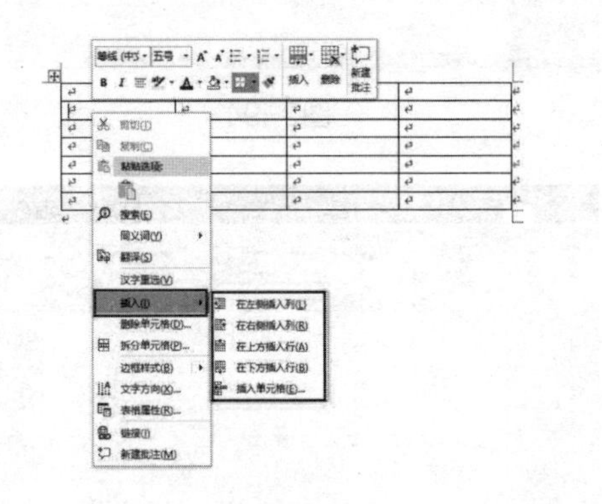

图2-97

3. 删除表格和单元格

在删除表格的操作中，可以利用浮动工具栏删除表格，也可以通过使用鼠标右键的快捷菜单和功能区命令来实现。选择全部表格，在自动显示的浮动工具栏中单击“删除”下拉按钮，即可从展开的下拉列表中选择“删除表格”选项，如图2-98所示。还可以直接单击鼠标右键，在弹出的快捷菜单中选择“删除表格”命令来删除表格，如图2-99所示。如果想使用功能区命令法，则在全选表格后，在“表格工具—布局”选项卡中单击“删除”的下拉按钮，从展开的下拉列表中选择“删除表格”选项，如图2-100所示。

删除表格的行或列的操作与删除表格的操作一样，唯一不同的就是在进行删除表格的行或列的操作时要选择的是想要删除的行或列，而不是全部表格。

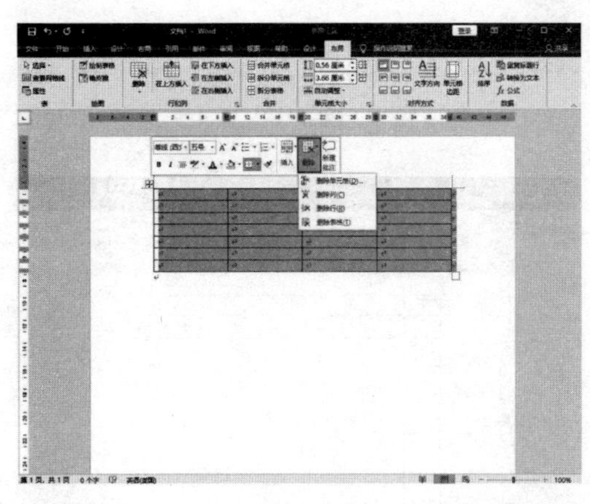

图2-98

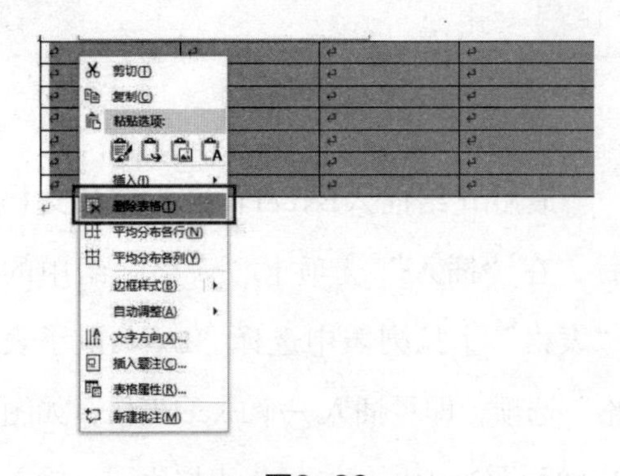

图2-99

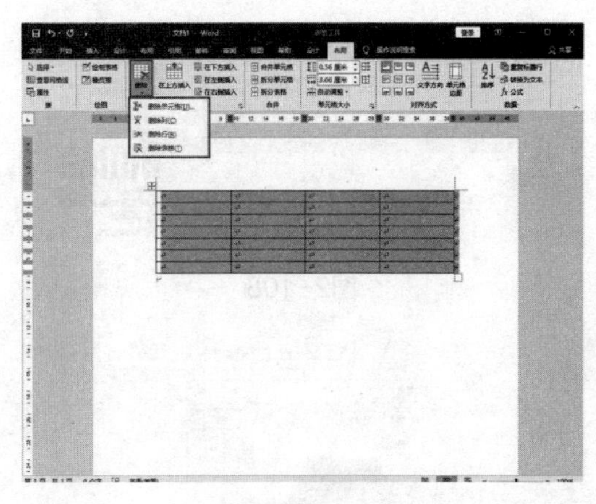

图2-100

2.7.2 设置Word表格的格式

1. 设置行高与列宽

打开文档，选中表格中需要调整行高的那一行，切换至“表格工具—布局”选项卡，在“单元格大小”组的“高度”数值框中设置你想要的行高值，如图2-101所示。设置列宽与设置行高的操作类似，选择表格中要设置的列，切换至“表格工具—布局”选项卡，在“单元格大小”组的“宽度”数值框中设置你想要的列宽值，如图2-102所示。

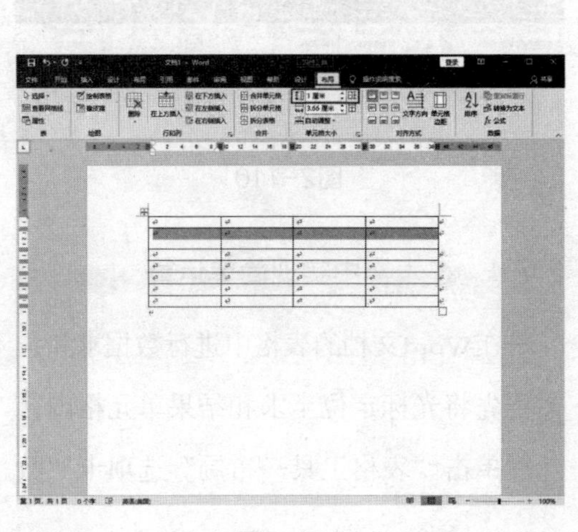

图2-101

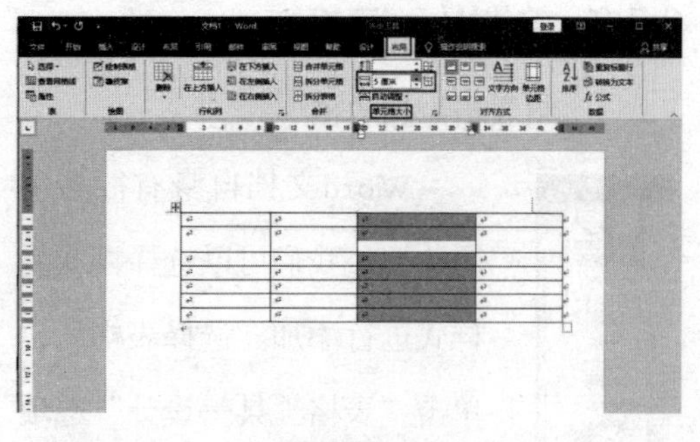

图2-102

2. 拆分单元格与合并单元格

（1）拆分单元格。选择需要拆分的单元格，单击“表格工具—布局”选项卡“合并”组中的“拆分单元格”按钮，如图2-103所示，在弹出的“拆分单元格”对话框中输入“列数”和“行数”的数值，单击“确定”按钮即可，如图2-104所示。

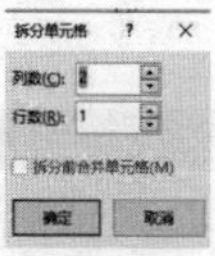

图2-104

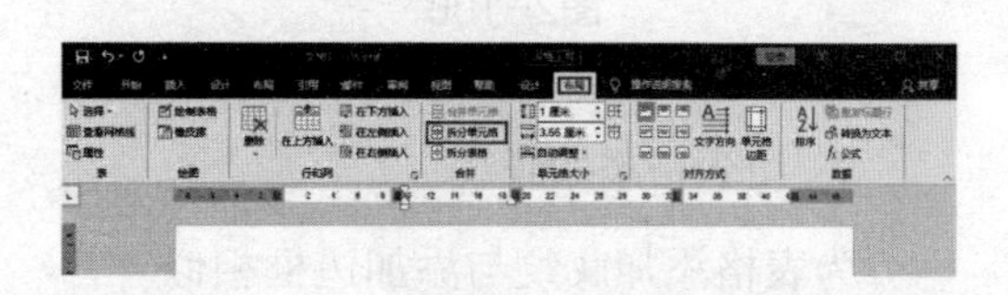

图2-103

（2）合并单元格。选中需要合并的单元格，单击“表格工具—布局”选项卡“合并”组中的“合并单元格”按钮，如图2-105所示，便可将多个单元格合并成一个单元格。

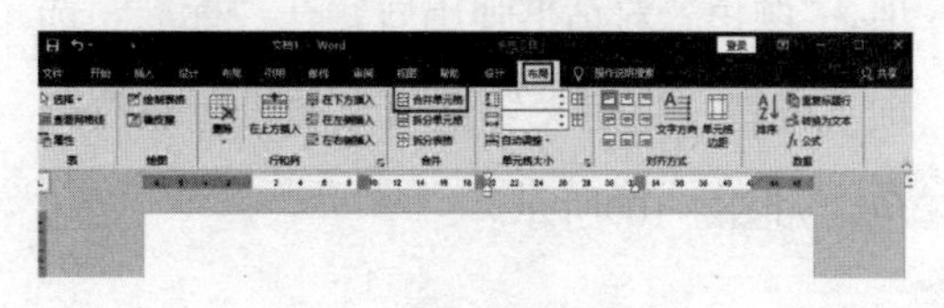

图2-105

2.7.3 美化Word表格

1. 给表格添加边框

图2-107

Word文档自身有很多主题边框，我们可以选择喜欢的样式进行添加。选择表格后，单击“表格工具—设计”选项卡中的“边框样式”下拉按钮，从展开的下拉列表中选择样式选项即可，如图2-106所示。单击“边框”下拉按钮，从展开的下拉列表中选择表格的边框，如图2-107所示。

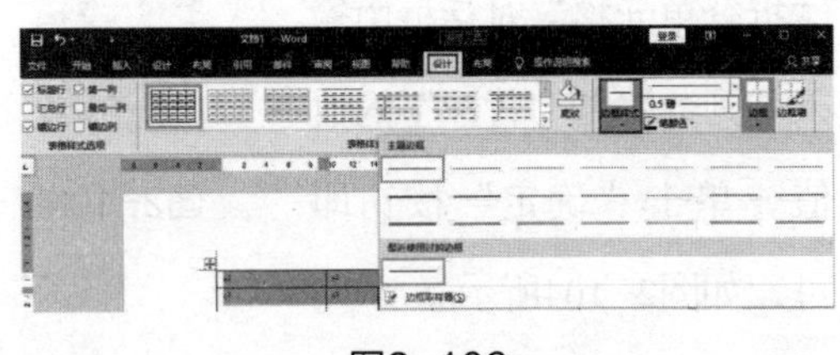
图2-106

2. 给表格添加底纹

为表格添加底纹与添加边框相似。首先选择需要添加底纹的单元格，然后单击“表格工具—设计”选项卡中的“底纹”下拉按钮，可以从下拉列表中选择适合的颜色，如图2-108所示。若在“底纹”下拉列表中没有我们满意的颜色，还可以在“底纹”下拉列表中选择“其他颜色”选项，“颜色”对话框弹出后，在“标准”选项卡或者“自定义”选项卡中设置底纹颜色，如图2-109所示。

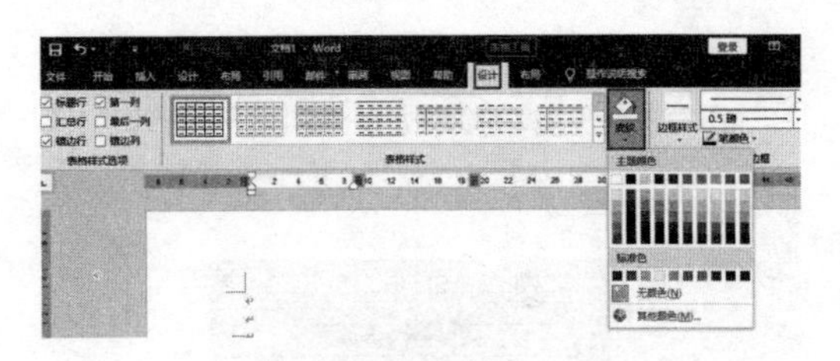
图2-108

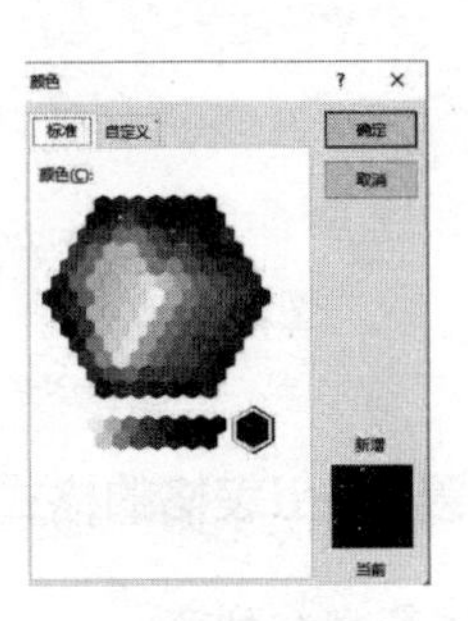
图2-109

3. 设置表格的对齐方式

一般在表格中会输入很多文本与数据，为了美化表格，要对其进行对齐方式的设置。选择表格中需要设置对齐方式的文本，单击“表格工具—布局”选项卡“对齐方式”组中的“水平居中”按钮即可，如图2-110所示。

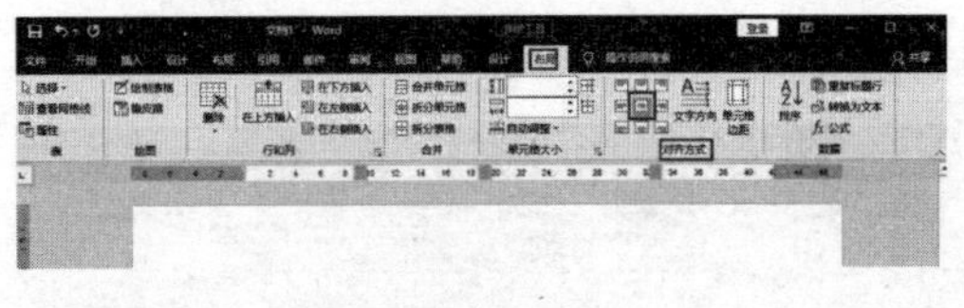
图2-110

2.7.4 在表格中实现简单运算

在Word文档的表格中进行数据求和，需要先将光标定位至求和结果单元格内，然后单击“表格工具—布局”选项卡“数据”组中的“公式”按钮，如图2-111所示，弹出“公式”对话框，在“编号格式”下拉列表中选择想要的格式选项，如图2-112所示，单击“确定”按钮，即可得出求和的数值。

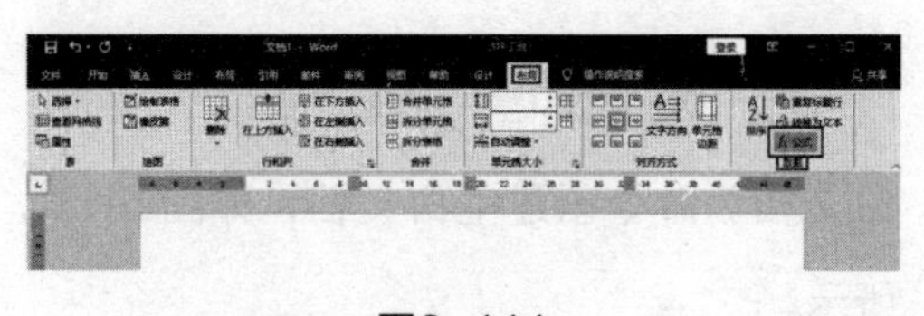

图2-111

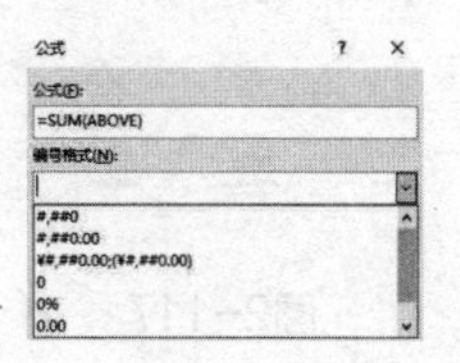

图2-112

2.7.5 文本与表格的相互转换

1. 将文本转换为表格

选择需要转换的文本，单击“插入”选项卡“表格”组中的“表格”下拉按钮，从下拉列表中选择“文本转换成表格”选项，如图2-113所示。此时会自动弹出“将文字转换成表格”对话框，在其中可以针对表格的尺寸进行调整，调整完成后单击“确定”按钮，如图2-114所示。

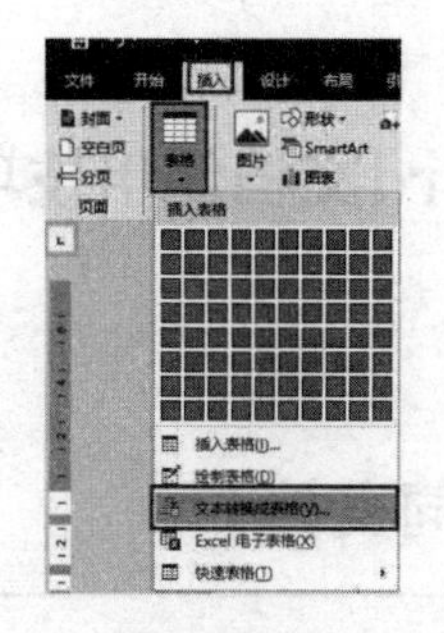

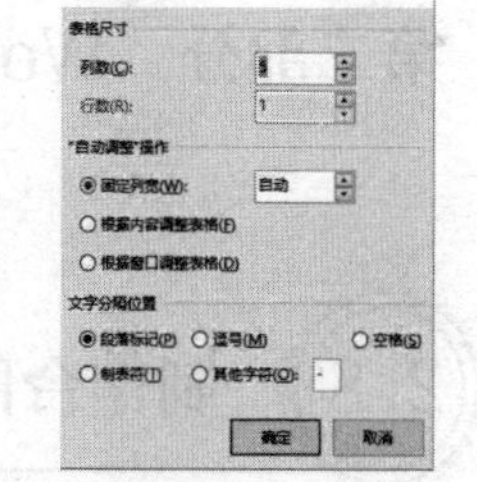

图2-113　　图2-114

2. 将表格转换为文本

将表格转换为文本与将文本转换为表格相似。选择表格，单击“表格工具—布局”选项卡“数据”组中的“转换为文本”按钮，如图2-115所示。此时会自动弹出“表格转换成文本”对话框，在此对话框中设置文字分隔符，设置完成后单击“确定”按钮即可，如图2-116所示。

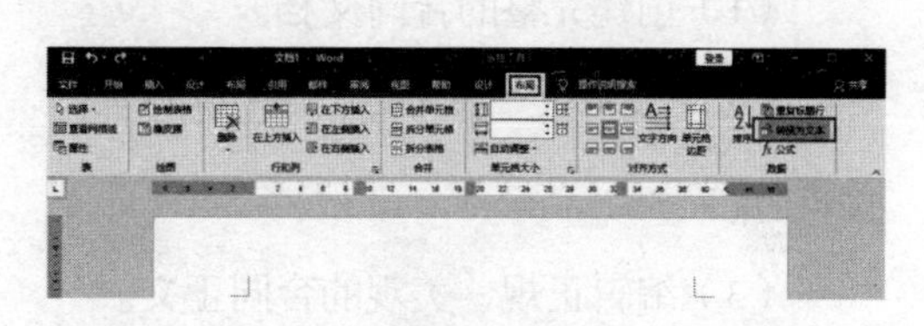

图2-115

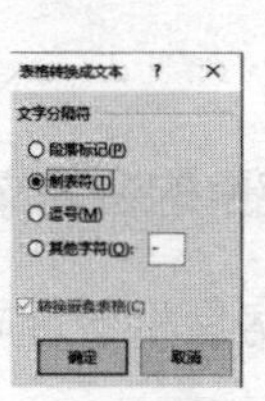

图2-116

2.8 制作合同文档

“房屋租赁合同”是很多房产公司和个人都会用到的文档之一。在一般情况下，房产公司可以根据需要租用房屋的客户的情况，去制作合理、合法、有效的“房屋租赁合同”的格式文本。“房屋租赁合同”是房主与房客签订的房屋协议，一般包括两个主体：一是房主，二是房客。制作“房屋租赁合同”文档的流程及思路如下。

（1）创建完整的合同文档。

（2）编辑大气、简洁、直观的合同首页。

（3）编辑正规、美观的合同正文。

（4）仔细预览已编辑好的“房屋租赁合同”文档。

2.8.1 创建完整的合同文档

在编辑“房屋租赁合同”文档之前，首先需要创建一个符合规范且正确设置文档格式的合同文档。

步骤一：新建空白文档。在编辑文档前要养成一个好习惯，就是将新建的文档保存到正确的路径并为文档命名，以防编辑一半的文档丢失。

打开Word文档，选择“新建”→“空白文档”命令创建空白文档，如图2-117所示。

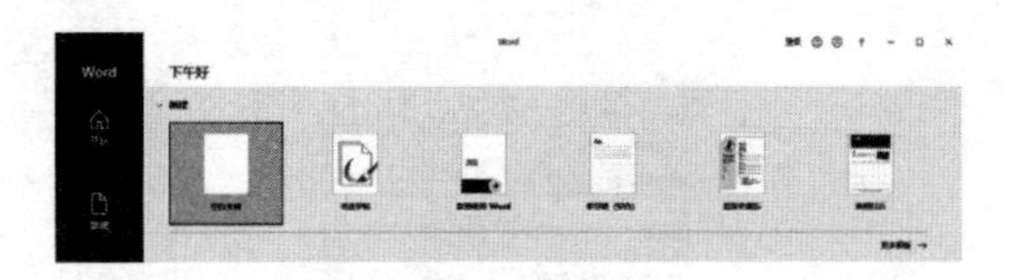

图2-117

成功创建新的Word文档后，单击“文件”选项卡找到“文件”，选择“另存为”选项，找到想要保存文档的路径，并在“文件名”文本框中输入文档的名称，如图2-118所示。

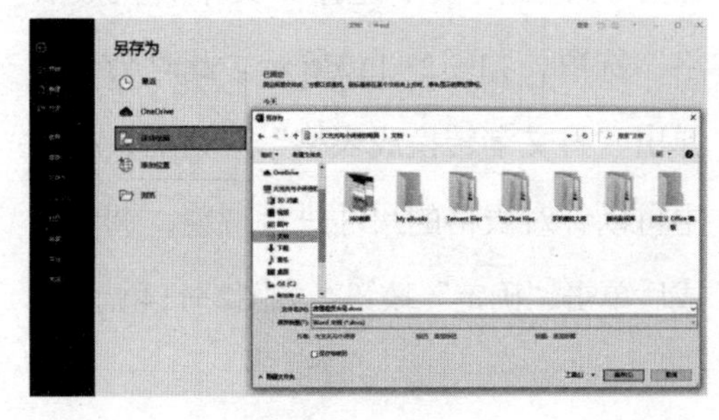

图2-118

步骤二：文档创建完成后，根据需要对页面大小进行设置。在通常情况下都会选择A4页面大小。找到“布局”选项卡下，单击“纸张大小”下拉按钮，在弹出的下拉列表中选择A4即可，如图2-119所示。

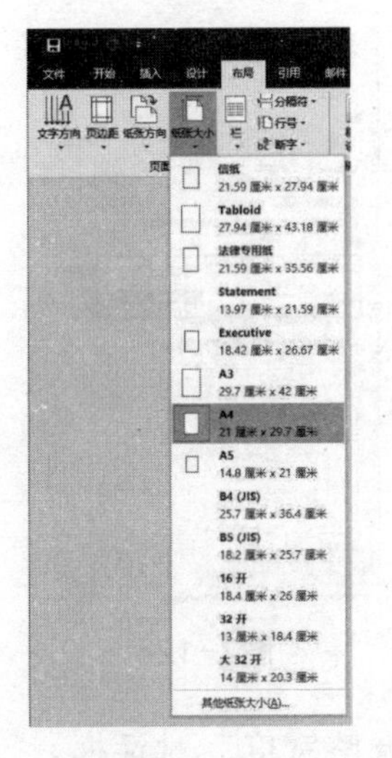

图2-119

步骤三：设置页边距。在编辑文档时，通常在页边距内输入文字或图形内容。一般来说，“房屋租赁合同”文档的上、下页边距通常是2.5厘米，左、右页边距是3厘米，这样的设置看上去会很规范并且美观。直接在“布局”选项卡中单击“页边距”下拉按钮，在弹出的下拉列表中选择“自定义边距”选项，如图2-120所示，在弹出的“页面设置”对话框中设置上、下页边距为2.5厘米，左、右页边距为3厘米，单击“确定”按钮，页边距的设置就完成了，如图2-121所示。

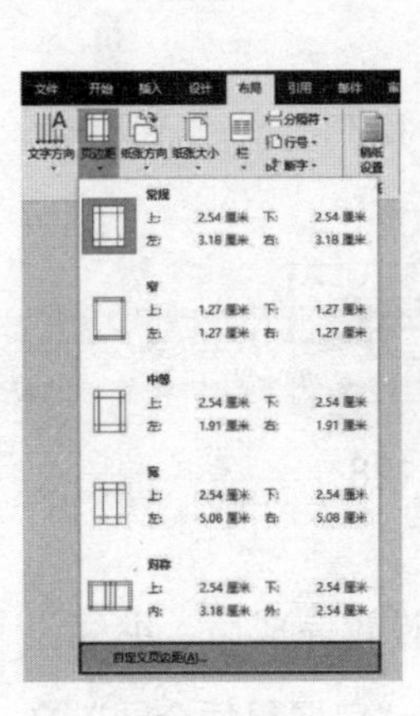

图2-120

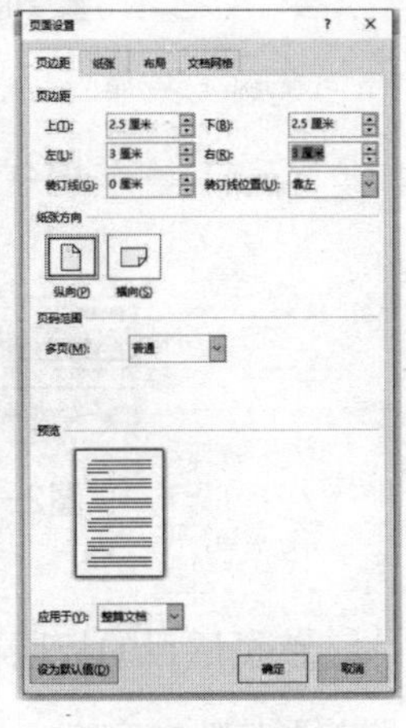

图2-121

2.8.2 编辑大气、简洁、直观的合同首页

“房屋租赁合同”文档的基本格式设置完成后，就可以开始编辑合同的首页了。首页的内容应该是对这份文档的说明，格式应当简洁、大气。在输入内容时，一部分内容输入完后需要换行，再输入另一部分内容。

将光标定位在第二行，输入“房屋租赁合同”文档的文字，按“Enter”键换行后，按照同样的方法完成首页内容的输入，如图2-122所示。

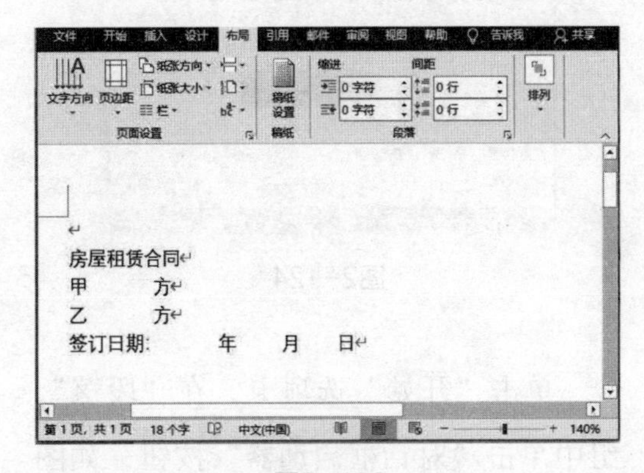

图2-122

接下来设置首页文字格式，包括字体、字号、行距及对齐方式等。

选择文本“房屋租赁合同”，单击“开始”选项卡，在“字体”组中将字体设置为“黑体”，将字号设置为“二号”，并“加粗”字体，如图2-123所示。

图2-123

设置标题对齐方式。单击“开始”选项卡，在“段落”组中单击“居中”按钮，如图2-124所示。

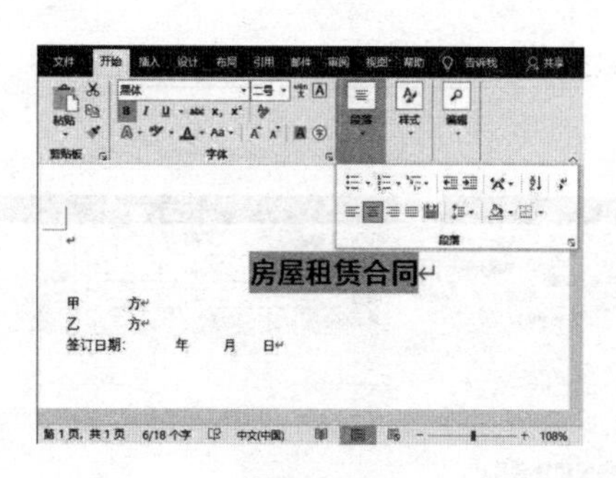

图2-124

单击“开始”选项卡，在“段落”组中单击“对话框启动器”按钮，如图2-125所示。

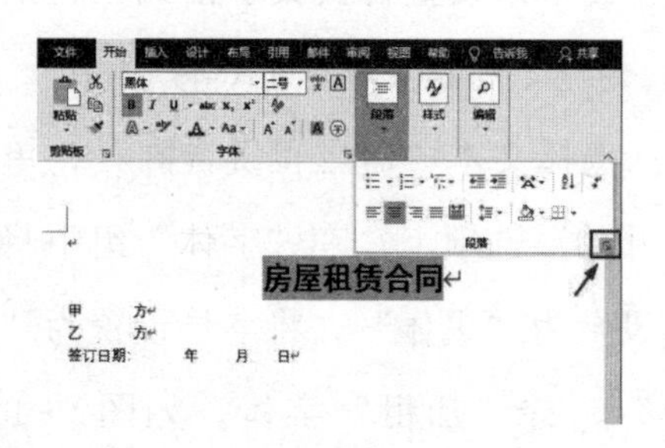

图2-125

在弹出的“段落”对话框中设置行距、间距。在“缩进和间距”选项卡中将“行距”设置为“1.5倍行距”，将“间距”设置为“段前：4行”“段后：4行”，单击“确定”按钮即可，如图2-126所示。

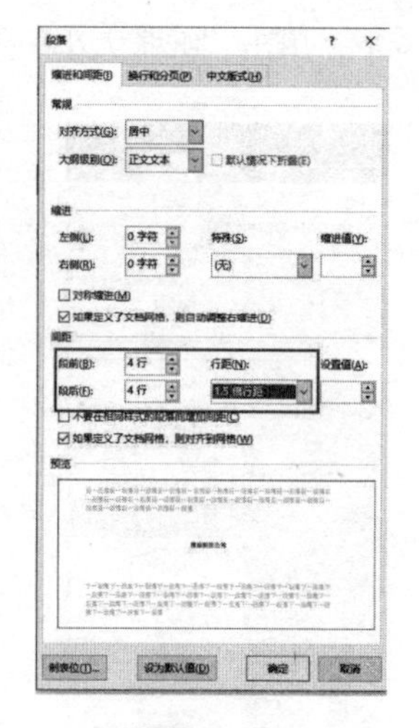

图2-126

接下来打开“调整宽度”对话框。在“段落”组中单击“中文版式”下拉按钮，在弹出的下拉列表中选择“调整宽度”选项，如图2-127所示。随后，在弹出的“调整宽度”对话框中，将“新文字宽度”设置为“7字符”，单击“确定”按钮，如图2-128所示。

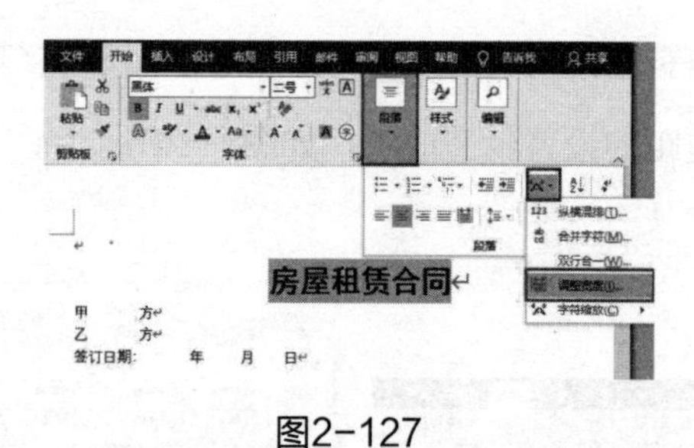

图2-127

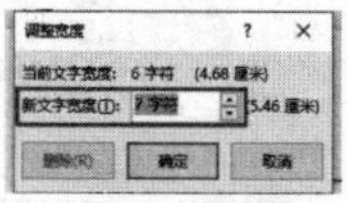

图2-128

首页醒目的标题设置完成后，继续设置首页其他内容格式。“房屋租赁合同”文档的首页包括签订“房屋租赁合同”的甲乙双方的信息和签订日期等。接下来设置这些项目的字体和段落格式，使其更加整齐、美观。

将所有项目的“字体”设置为“宋体(中文正文）”，“字号”设置为“三号”，并加粗显示，如图2-129所示。

图2-129

继续调整文字缩进。选中所有项目并在“段落”组中不断单击“增加缩进量”按钮，即可以一个字符为单位向右侧缩进，如图2-130所示。

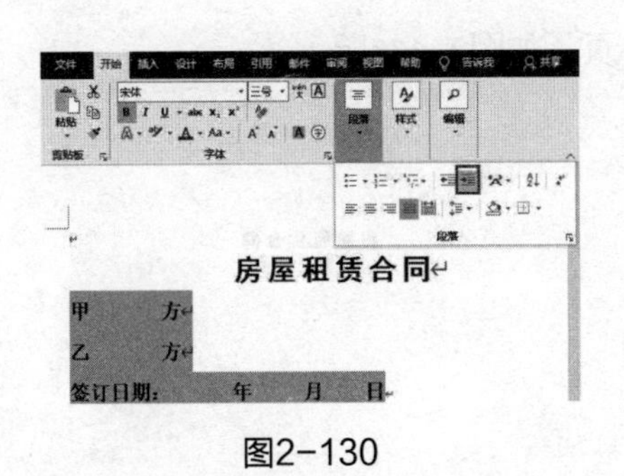

图2-130

接下来设置“甲方”“乙方”文字的宽度。选中文本“甲方”，打开“调整宽度”对话框，将“新文字宽度”设置为“5字符”，设置完成后单击“确定”按钮；使用同样的方法，再设置“乙方”文字的宽度，如图2-131所示。“签订日期”的文字宽度调整方法也是如此，如图2-132所示。

图2-131

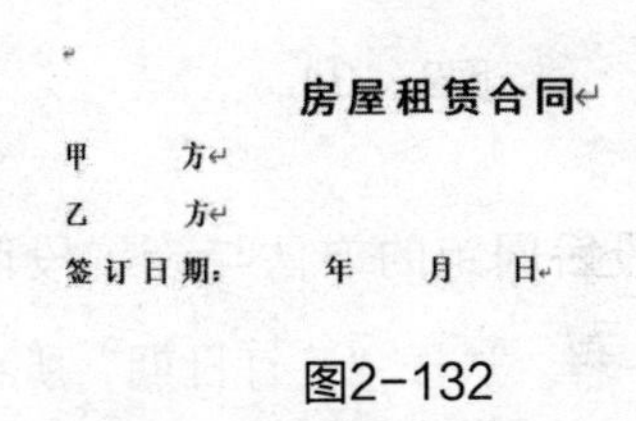

图2-132

文字设置调整完成后，开始设置行距、段前和段后间距、添加下画线以及段落缩进与对齐方式。

第一步，设置行距。选中“甲方”及下方的所有文字，在“开始”选项卡的“段落”组中单击“行和段落间距”下拉按钮，在弹出的下拉列表中选择“2.5”选项，即可将所选文本的行距设置为2.5倍行距，如图2-133所示。

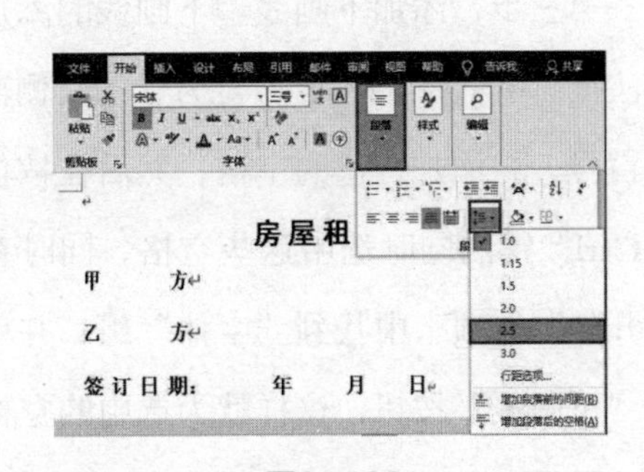

图2-133

第二步，设置段前和段后间距。选择标题“甲方”所在的行，单击“布局”选项卡，在“段落”组中将“段前间距”设置为“8行”，如图2-134所示。

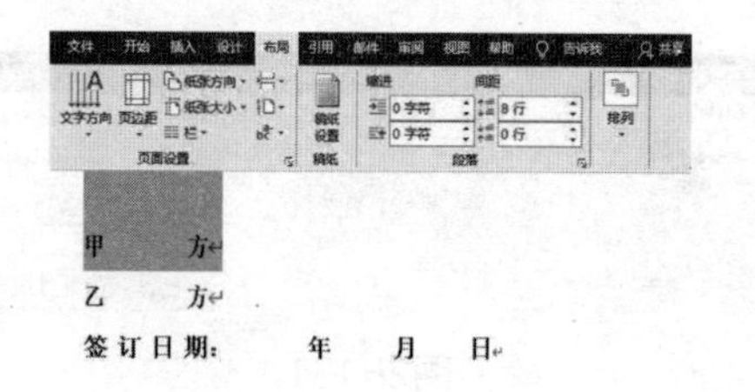

图2-134

设置段后间距的方法与设置段前间距的方法一样。选择“签订日期”所在的行，单击“布局”选项卡，在“段落”组中将“段后间距”设置为“8行”，如图2-135所示。

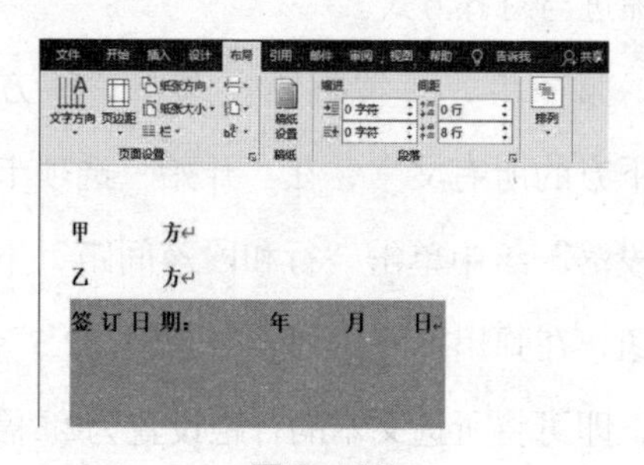

图2-135

第三步，添加下画线。下画线的添加方法很简单。在“甲方”“乙方”的右侧输入冒号，并添加合适的空格，然后在按住“Ctrl”键的同时选中这些空格，同时在“开始”选项卡中找到“字体”组，并单击“下画线”按钮，这样就为选中的空格加上了下画线，如图2-136所示。

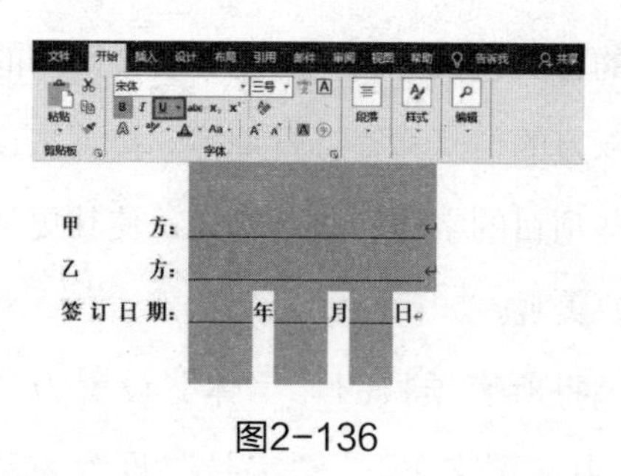

图2-136

第四步，设置对齐方式。单击“段落”组中的“居中”按钮，对“甲方”“乙方”和“签订日期”设置对齐方式，如图2-137所示。

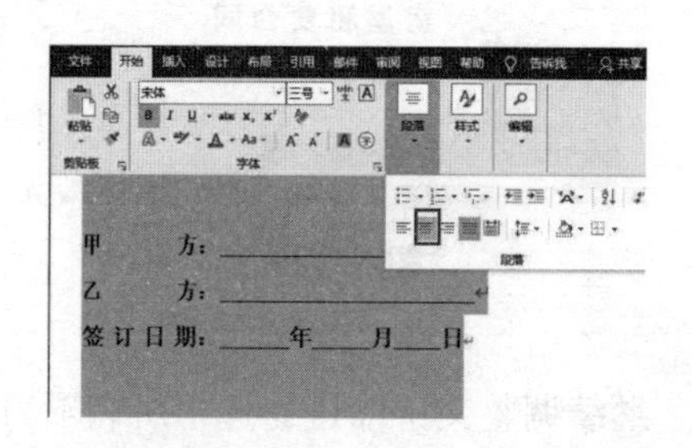

图2-137

操作到这里，“房屋租赁合同”文档的首页就设置完成了，查看制作完成的合同首页，如图2-138所示。

房屋租赁合同

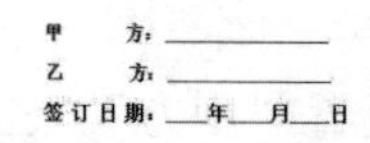

图2-138

2.8.3 编辑正规、美观的合同正文

“房屋租赁合同”文档的首页制作完成后，就可以录入文档内容了。在录入文档内容时，需要对内容进行排版设置，以及灵活使用格式刷进行格式设置。

在录入和编辑文档内容时，有时需要从外部文件或其他文档中复制一些文本内容。在选中的文档中，按“Ctrl+A”快捷键全选文本内容，按“Ctrl+C”快捷键复制所选内容，如图2-139所示。

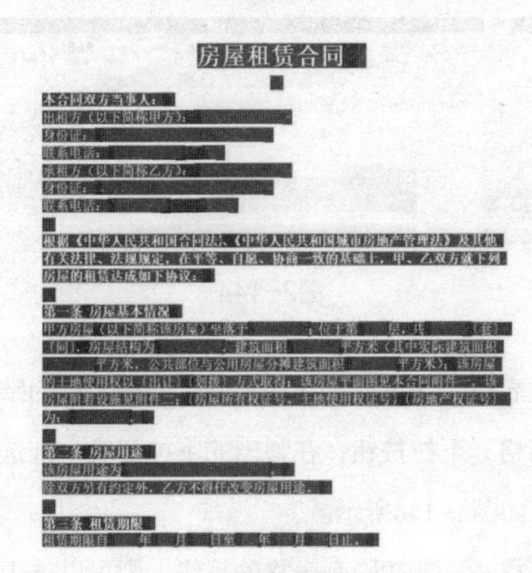
房屋租赁合同

本合同双方当事人：
出租方（以下简称甲方）：
身份证：
联系电话：
承租方（以下简称乙方）：
身份证：
联系电话：

根据《中华人民共和国合同法》、《中华人民共和国城市房地产管理法》及其他有关法律、法规规定，在平等、自愿、协商一致的基础上，甲、乙双方就下列房屋的租赁达成如下协议：

第一条 房屋基本情况
甲方房屋（以下简称该房屋）坐落于　　　　；位于第　　层，共　　　（套）（间），房屋结构为　　　　；建筑面积　　　平方米（其中实际建筑面积　　　　平方米，公共部位与公用房屋分摊建筑面积　　　　平方米），该房屋的土地使用权以（出让）（划拨）方式取得；该房屋平面图见本合同附件一，该房屋附着设施见附件二；（房屋所有权证号、土地使用权证号）（房地产权证号）为：　　　　。

第二条 房屋用途
该房屋用途为　　　　　　。
除双方另有约定外，乙方不得任意改变房屋用途。

第三条 租赁期限
租赁期限自　　年　　月　　日至　　年　　月　　日止。

图2-139

将文本插入点定位于Word文档末尾，按“Ctrl+V”快捷键即可将复制的内容粘贴到文档中。

每个人编辑“房屋租赁合同”文档的正文时，排版方式是不一样的，有时候会遇到想要将不连续的文本排列整齐的情况，这时就可以使用制表符进行快速定位和精确排版，如图2-140所示。

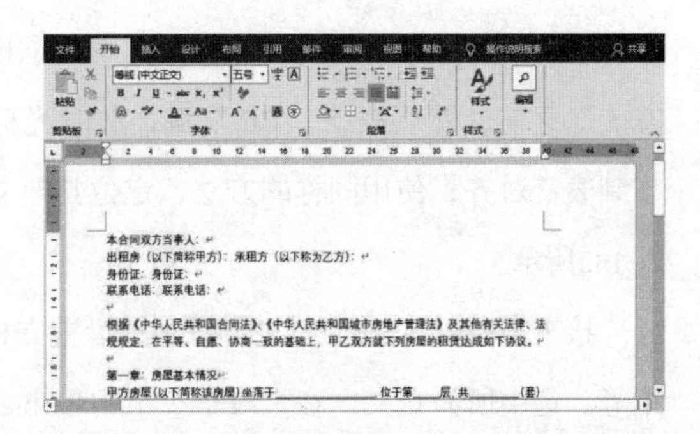

图2-140

我们需要在“视图”选项卡下单击“显示”下拉按钮，在展开的下拉列表中打开标尺，移动制表符位置。选中标尺上的点，按住鼠标左键不放，可以左右移动确定制表符的位置，从而实现文字的位置调整，如图2-141所示。

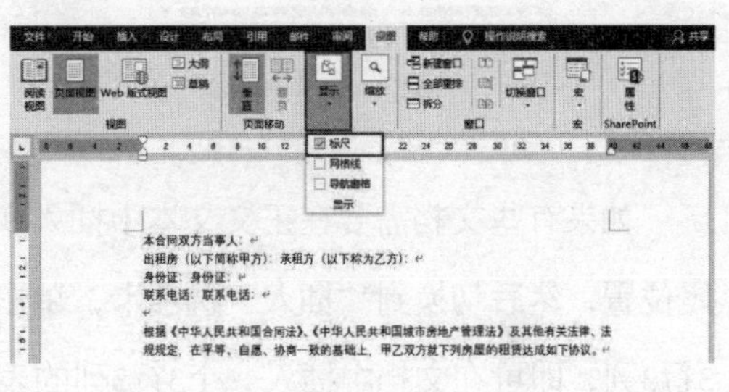

图2-141

在标尺上单击或移动鼠标，来定位制表符位置。在移动鼠标时会出现一个“左对齐式制表符”，如图2-142所示。

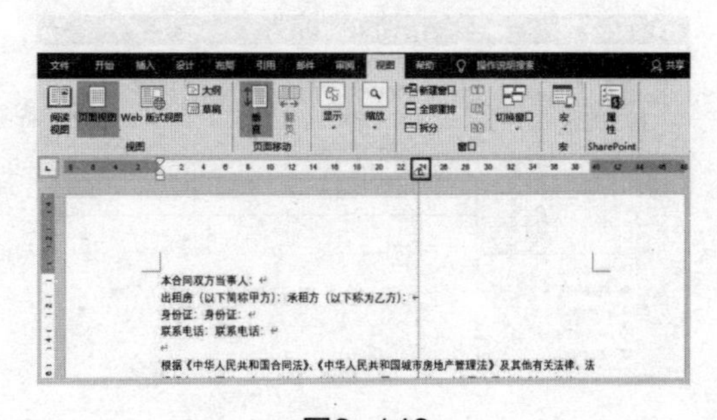

图2-142

继续对齐文字，将光标定位到文本“承租方（以下称为乙方）”之前，然后按下“Tab”键，此时光标之后的文本自动与制表符对齐；使用同样的方法，定位其他文字的位置，如图2-143所示。

接下来要对Word文档进行排版，设置文档内容的字体、行距等。选中所有正文，在“段落”组中单击“对话框启动器”按钮，在弹出的“段落”对话框中设置“首行”的“缩进值”为“2字符”；将“行距”设置为“1.5倍行距”，单击“确定”按钮完成操作，如图2-144和图2-145所示。

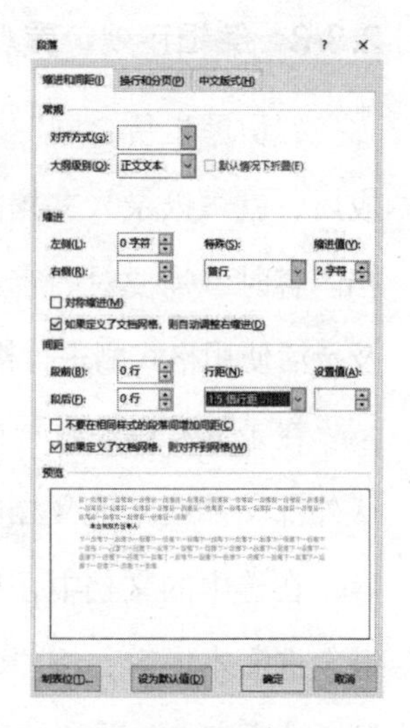

图2-145

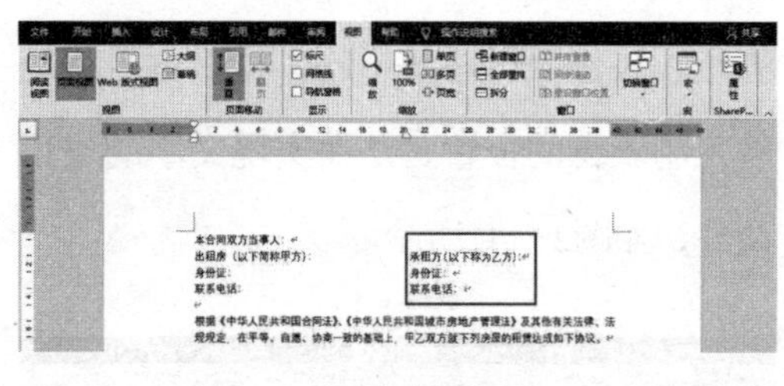

图2-143

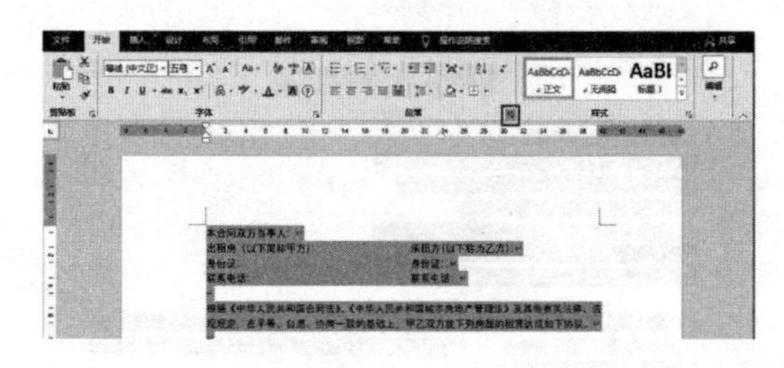

图2-144

如果有些文档需要在正文文本中插入和设置表格，则可以直接将光标定位在文档的结尾位置，然后切换到“插入”选项卡，单击“表格”下拉按钮，在弹出的下拉列表中拖选3行3列，即可在文档中插入一个3行3列的表格，如图2-146所示。

可以在表格中录入内容，并设置字体和段落格式。若想隐藏表格的框线，则可以选中表格，切换到“开始”选项卡，在“段落”组中单击“边框”下拉按钮，在弹出的下拉列表中选择“无框线”选项，此时，表格的实框线就被删除了，如图2-147所示。

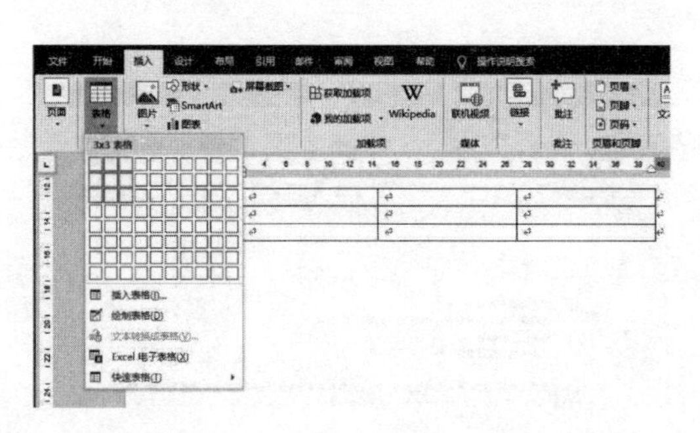

图2-146

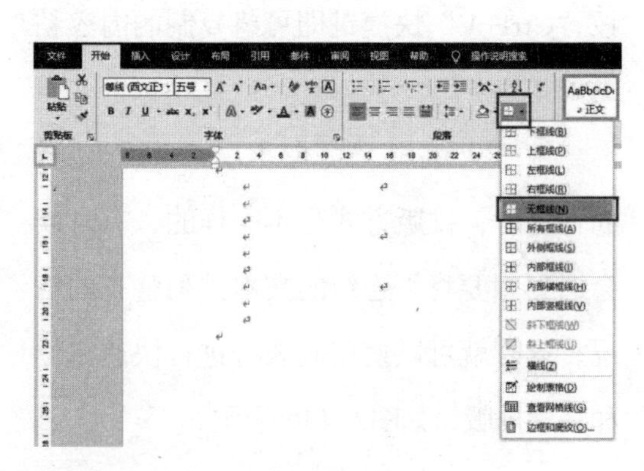

图2-147

整个文档的正文文字编排完成后，通常需要对文档排版后的整体效果进行查看。本节将以不同的方式对“房屋租赁合同”文档进行查看。

Word 2020提供了全新的阅读视图模式，在该模式下单击左右的箭头按钮即可完成翻屏。

切换到“视图”选项卡，单击“视图”组中的“阅读视图”按钮，即可进入阅读视图模式，如图2-148所示。在阅读视图模式下，单击左右的箭头按钮即可完成翻屏。

此外，Word 2020的阅读视图模式提供了3种页面背景色，方便用户在各种环境下舒适地阅读。在阅读视图模式下，点击“视图”选项卡中的“页面颜色”按钮，就可以看到这3种页面背景色了，选择自己喜欢的一种颜色即可，如图2-149所示。

Word 2020还提供了可视化的“导航”窗格，可以快速查看文档结构图和页面缩略图，从而帮助用户更快地定位文档位置。

切换到“视图”选项卡，在“显示”组中勾选“导航窗格”复选框，即可调出“导航”窗格，如图2-150所示。在“导航”窗格中，选择“页面”选项卡，即可查看文档的页面缩略图。在查看缩略图时，可以拖动右边的滑块查看文档，如图2-151所示。

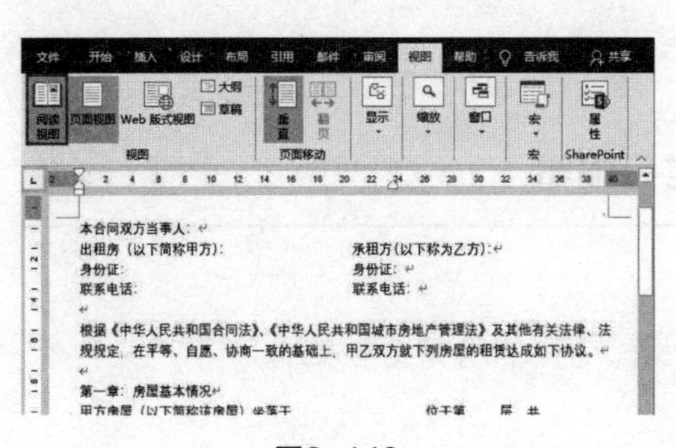

图2-148

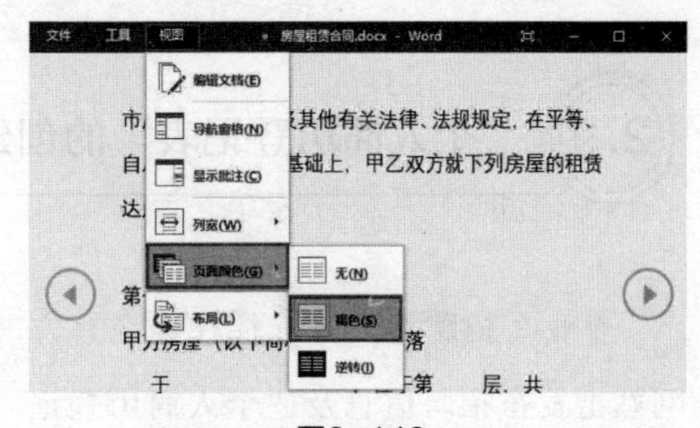

图2-149

图2-150

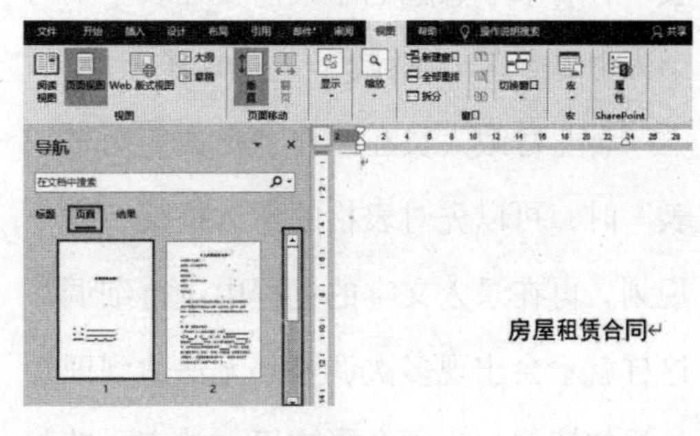

图2-151

“房屋租赁合同”文档制作完成后，往往需要打印出来给双方看，达成协议后签字保存。

为了避免在打印文档时内容、格式有误，最好在打印前对文档进行预览。选择“文件”项卡选，单击“打印”按钮，此时可以在界面最右边看到当前页的视图预览效果，单击下方的翻页按钮，将整个文档的页面都预览完毕，如图2-152所示。在预览文档时，要注意查看文档的页边距、文字内容是否恰当。

通过打印预览确认文档准确无误后，就可以开始进行打印设置了，进而完成文档打印。

首先根据需要设置打印份数，单击

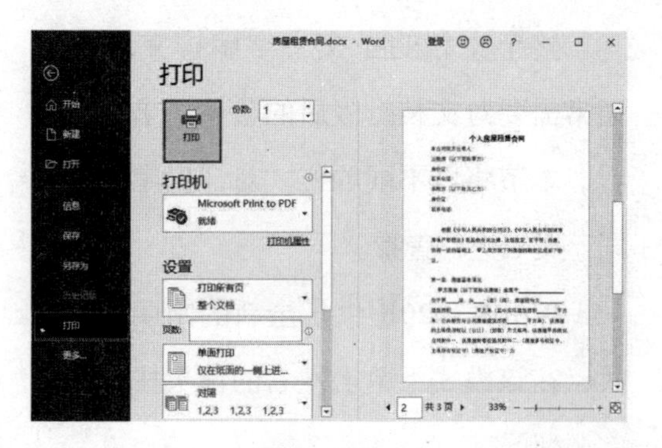

图2-152

“份数”数值框右侧的按钮即可加减份数；然后设置打印的“页码范围”，可以选择打印“全部”或者“当前页”，也可以自定义打印的“页码范围”。

当完成打印设置后，单击“确定”按钮，即可开始打印文档。

2.9 “个人简历登记表”的创建与编辑

企业在招聘新人时，往往会在官方网站上发布招聘信息及“个人简历登记表”，有求职意愿的个人需要在表中填写个人主要信息，并附上自己的电子照片。

企业行政人员在制作“个人简历登记表”时，可以先对表格的整体框架有一个规划，再在录入文字的过程中进行细调，这样就不会出现多次调整都无法达到理想效果的情况，也不会影响工作效率。其制作流程由两部分组成，一部分是框架制作，另一部分是文字录入。

2.9.1 设计“个人简历登记表”的基础框架

在Word 2020中编辑招聘人员的“个人简历登记表”，可以先根据内容需求设计好表格框架，以便于后续进行文字内容输入。

1. 创建“个人简历登记表”的表格

创建一个Word文档，单击“文件”选

项卡，命名文件为“个人简历登记表”，并保存文档，如图2-153和图2-154所示。

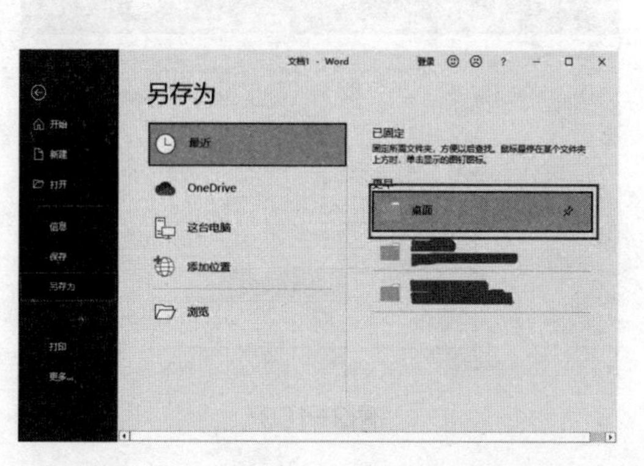

图2-153

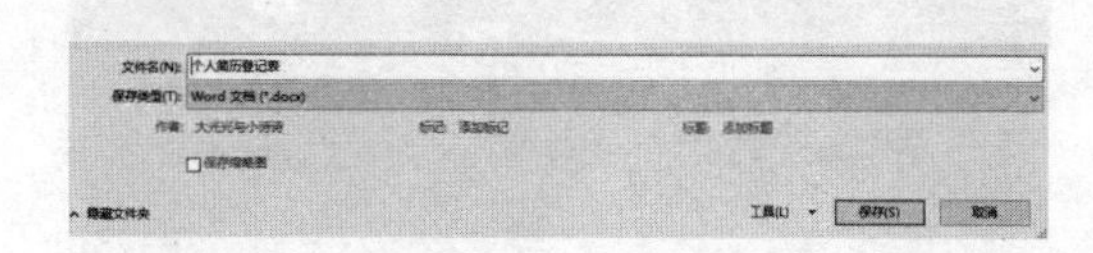

图2-154

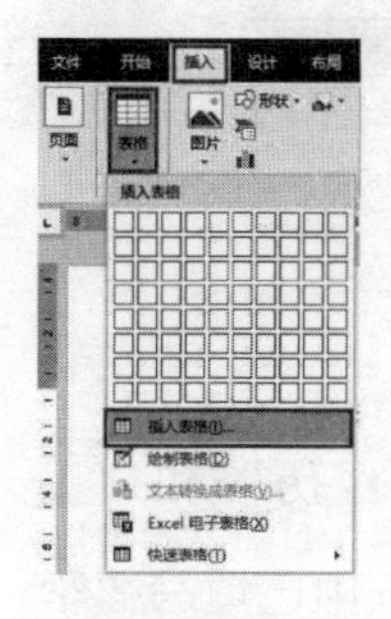

图2-155

在新建的空白文档中输入文档标题，并将光标放到标题下方。单击“插入”选项卡“表格”组中的“表格”下拉按钮，在弹出的下拉列表中选择“插入表格”选项，如图2-155所示。

在弹出的“插入表格”对话框中输入表格的列数和行数，比如输入“列数”为6、“行数”为15，单击“确定”按钮，如图2-156所示。查看创建好的表格，共有6列15行，此时便完成了“个人简历登记表”表格的创建，如图2-157所示。

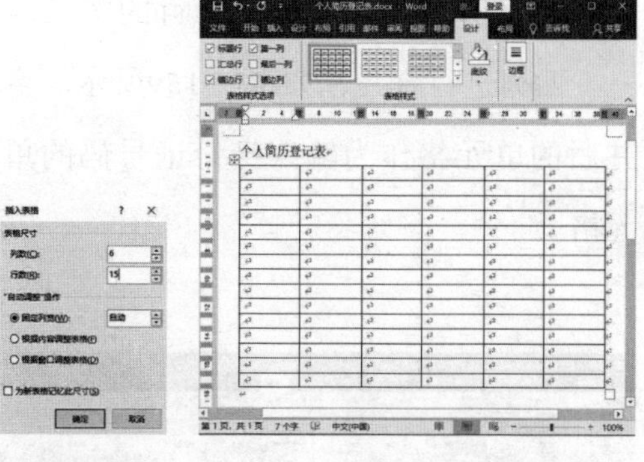

图2-156　　图2-157

2. 拆分与合并单元格

当我们创建好表格后，会发现单元格的大小和距离都是平均分配的。因此，我们要根据招聘条件，对单元格进行调整，这时会用到“合并单元格”和“拆分单元格”功能。

将所有信息输入表格中，然后执行合并单元格操作。选中第一、二、三、四行最右边的单元格，单击“表格工具—布局”选项卡下“合并”组中的“合并单元格”按钮，将这四个单元格合并为一个单元格，如图2-158所示。合并后的单元格作为粘贴照片的单元格。

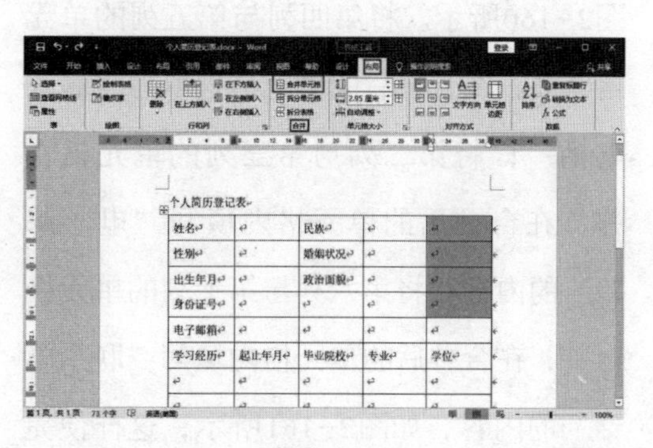

图2-158

按照相同的方法将第四行的第二、三、四列进行合并，如图2-159所示。合并后的单元格作为输入身份证号码的单元格。

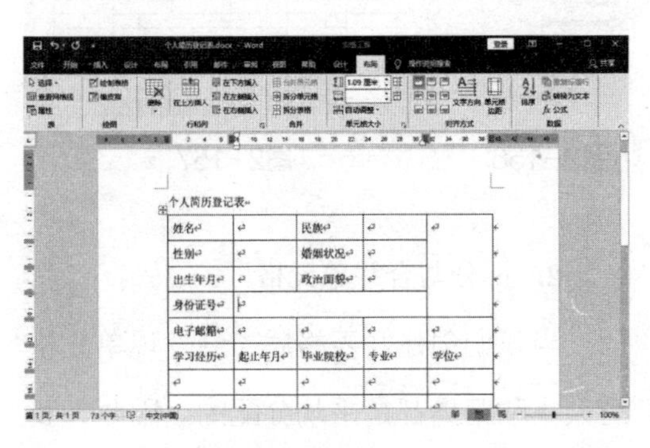

图2-159

第五行需要填写“电子邮箱”和“联系电话”内容，为了保证填写信息的美观，我们将拆分第五行的第三列和第四列单元格，并进行合并，填写“联系电话”内容。单击“表格工具—布局”选项卡下“合并”组中的“拆分单元格”按钮，在弹出的“拆分单元格”对话框中填写列数“2”和行数“1”，单击“确定”按钮，将第五行的5个单元格分为7个单元格，如图2-160所示。将第四列与第五列的单元格合并，在合并后的单元格内填写“联系电话”；将第二列与第三列的单元格合并，在合并后的单元格内填写“电子邮箱”的内容；将第六列与第七列的单元格合并，在合并后的单元格内填写“联系电话”的内容，如图2-161所示，这样便完成了第五行表格的内容信息设置。

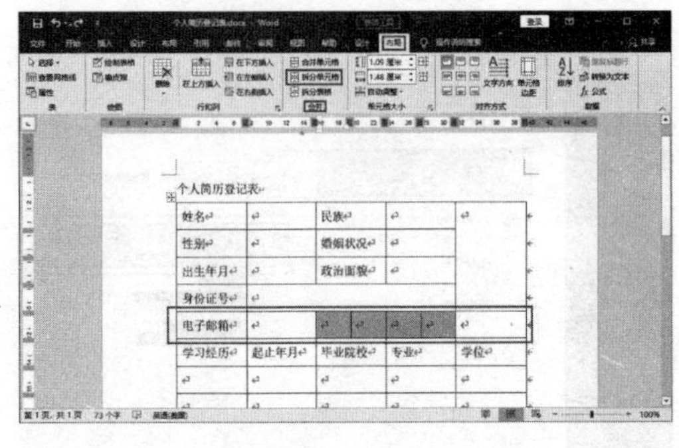

图2-160

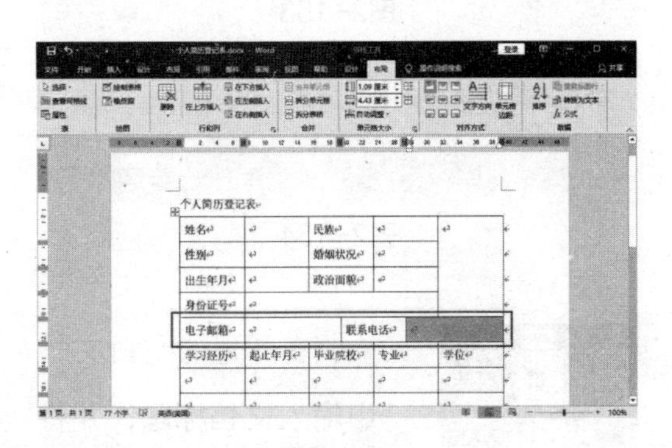

图2-161

继续设置填写“学习经历”和“工作经历”内容的单元格。选中已填写“学习经历”内容的单元格及它下面的3行单元格，单击“合并单元格”按钮，如图2-162所示。选中已填写“工作经历”内容的单元格及它下面的3行单元格进行合并，再选中第十行第三列和第四列的单元格进行合并，接着选中第十一、十二、十三行的第三列和第四列的单元格进行合并，如图2-163所示。

个人简历登记表

姓名		民族		
性别		婚姻状况		
出生年月		政治面貌		
身份证号				
电子邮箱		联系电话		
学习经历	起止年月	毕业院校	专业	学位
工作经历	起止年月	工作单位		职务
工作经历描述				
证书情况				

图2-162

个人简历登记表

姓名		民族		
性别		婚姻状况		
出生年月		政治面貌		
身份证号				
电子邮箱		联系电话		
学习经历	起止年月	毕业院校	专业	学位
工作经历	起止年月	工作单位		职务
工作经历描述				
证书情况				

图2-163

最后完成“工作经历描述”和“证书情况”内容单元格的合并，即可完成整个表格的框架制作，如图2-164所示。

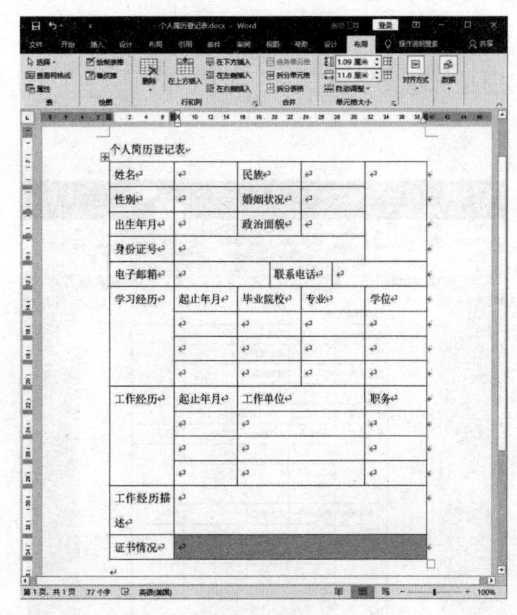

个人简历登记表

姓名		民族		
性别		婚姻状况		
出生年月		政治面貌		
身份证号				
电子邮箱		联系电话		
学习经历	起止年月	毕业院校	专业	学位
工作经历	起止年月	工作单位		职务
工作经历描述				
证书情况				

图2-164

2.9.2 编辑“个人简历登记表”

“个人简历登记表”的框架制作完成后，需要对单元格的行宽进行微调，以便合理分配同一行单元格的宽度，调整后便可以输入表格的文字内容了。在完成内容的输入后，根据需求对文字格式进行调整，使其看起来美观、大方。

首先，调整单元格的行宽。选中要调整宽度的单元格边线，按住鼠标左键不放并往下拖动边线，完成单元格宽度的调整，如图2-165所示。

其次，完成表格内容的输入。将光标置于单元格中，就可以直接在单元格中汇总输入文字了。在输入表格文字内容时，单元格的宽度可能与之前统一调整的宽度有误差，在完成文字内容的输入后，可以再次对单元格的宽度进行调整，如图

2-166所示。文字的字体也需要调整，特别是标题文字。

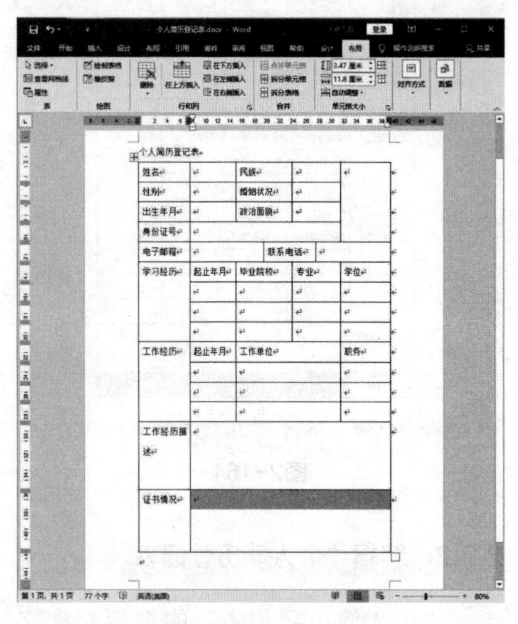

图2-165

个人简历登记表

姓名	田田	民族	汉	
性别	女	婚姻状况	已婚	
出生年月	1988.01	政治面貌	党员	
身份证号	210101198801112222			
电子邮箱	517932448@qq.com	联系电话	13254760000	
学习经历	起止年月	毕业院校	专业	学位
	2008.6-2012.7	北京大学	新闻	学士
	2012.9-2015.6	北京大学	新闻学	硕士
	2015.6-2019.1	北京大学	新闻学	博士
工作经历	起止年月	工作单位		职务
	2019.1-至今	北京市广播电视台		策划
工作经历描述	主要负责《xxxx》栏目策划			
证书情况				

图2-166

最后，调整文字的格式。当我们完成表格文字内容的输入后，需要对文字内容的格式进行调整，使其保持美观。选中表格上方的标题文字“个人简历登记表”，单击开始选项卡“段落”组中的“居中”按钮，如图2-167所示。按照同样的方法调整表格中的文字格式，便完成了“个人简历登记表”的制作，如图2-168所示。

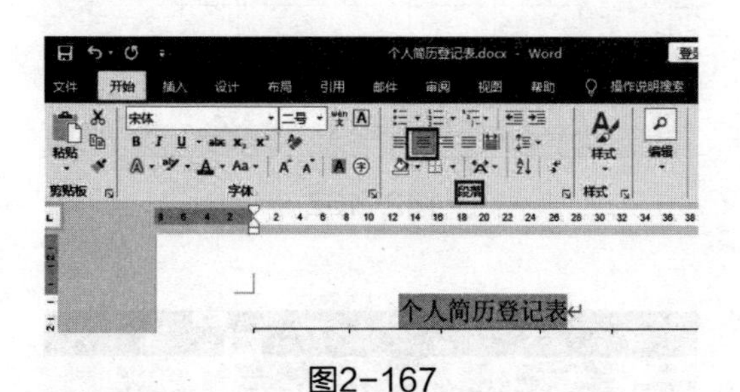

图2-167

图2-168

2.10 制作图文混排的“结构图”办公文档

“结构图”常常能表现出企业、机构或系统中的层级关系，在办公中有着广泛的应用。借助Word 2020提供的用于体现组织结构、关系或流程的图表——SmartArt图形制作组织的“结构图”会更加方便和快捷。制作SmartArt图形的思路如下。

（1）插入SmartArt模板。

（2）调整SmartArt图形结构。

（3）添加SmartArt图形文字。

（4）美化SmartArt图形。

2.10.1 插入SmartArt模板

在Word 2020中提供了多种SmartArt模板图形。在制作单位“结构图”时，在插入SmartArt模板前，要根据单位的组织结构，在草稿纸上绘制一个草图，再根据草图来选择我们需要的模板。

新建一个Word文档，保存并命名为“结构图”。单击“插入”选项卡“插图”组中的“SmartArt”按钮，在弹出的“选择 SmartArt图形”对话框中选择跟草图相似的“层次结构”模板，单击“确定”按钮，如图2-169所示。

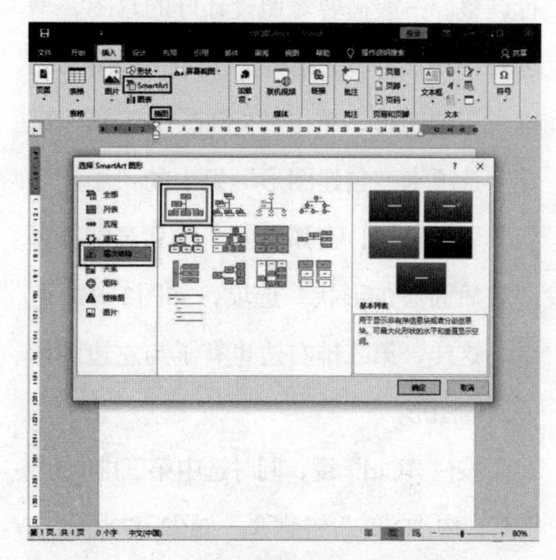

图2-169

完成模板的选择后，要将 SmartArt图形插入文档中正确的位置。单击“段落”组中的“居中”按钮，SmartArt图形便自动位于页面中央，如图2-170所示。

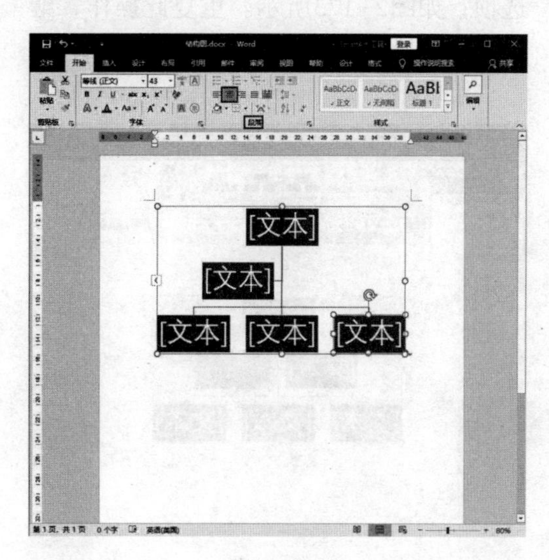

图2-170

2.10.2 调整SmartArt图形结构

我们所选择的SmartArt模板有时并不能完全符合实际需求，还需要对其结构进行调整。一般需要对照设计好的草图，增加SmartArt图形的结构。比如，选中第二排左边的图形，单击“SmartArt工具—设计”选项卡“创建图形”组中的“添加形状”下拉按钮，在弹出的下拉列表中选择“在后面添加形状”选项，如图2-171所示。这样，第二排右边也有了与左边图形一致的图形。

按住“Ctrl”键，同时选中第三排的3个图形，按“Delete”键删除，如图2-172所示。

根据草图在第二行下方添加第三行的图形。选中第二排左边的图形，单击“SmartArt工具—设计”选项卡“创建图形”组中的“添加形状”下拉按钮，在弹出的下拉列表中选择“在下方添加形状”选项，如图2-173所示。重复此操作，继续添加新图形，如图2-174所示。

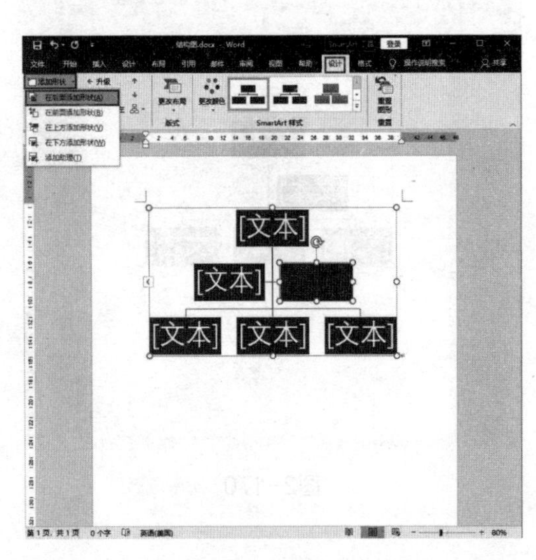

图2-171

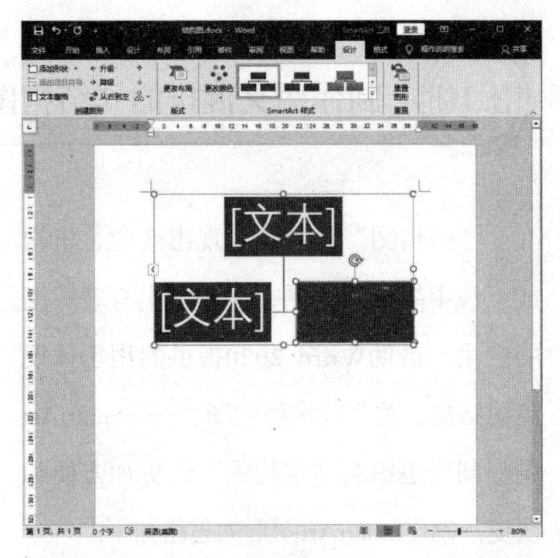

图2-172

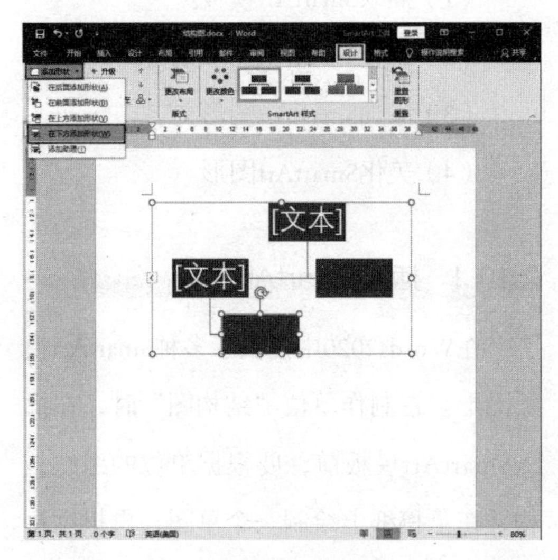

图2-173

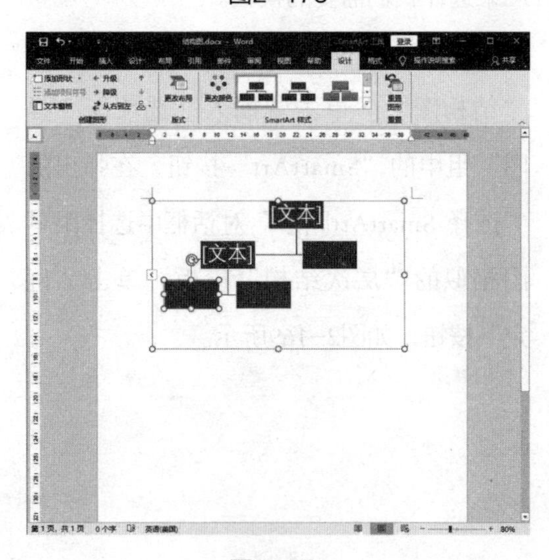

图2-174

按照相同的方法，在第二排右侧图形下方添加一个图形，如图2-175所示。完成第三排的图形添加后，继续完成第四排的图形添加。分别在第三排的左侧图形下方添加两个图形，在中间图形下方添加三个图形，在最右侧图形下方添加一个图形，完成“结构图”的框架绘制，如图2-176所示。

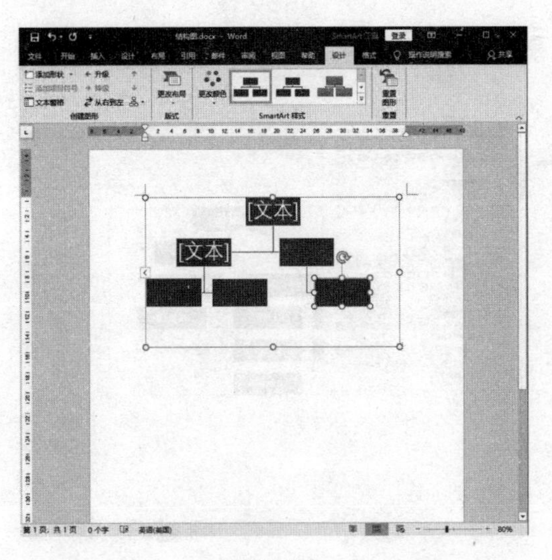

图2-175

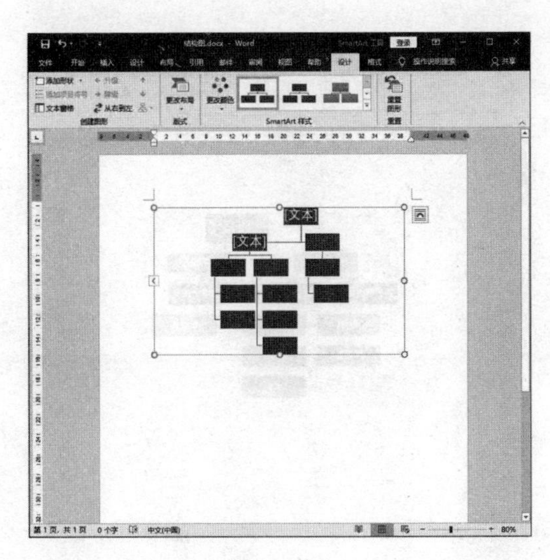

图2-176

2.10.3 添加SmartArt图形文字

在完成SmartArt图形结构制作后，就可以输入文字了。选中需要添加文字的图形，直接单击图形并输入文字即可，如图2-177所示。需要注意的是，在进行文字输入时要考虑到字体的格式要清晰、美观。

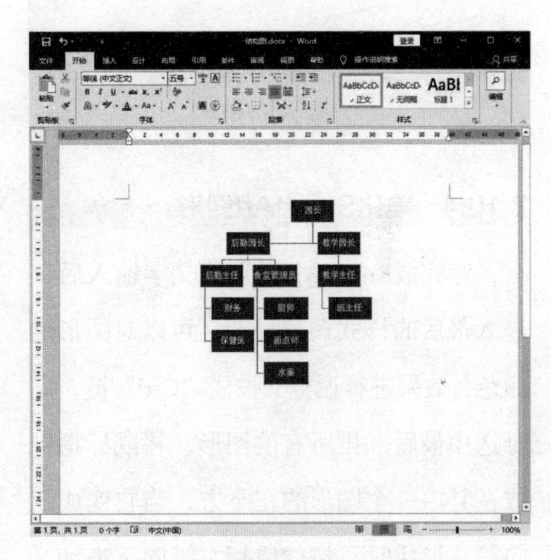

图2-177

为了使SmartArt图形文字更具表现力，我们可以更改字体，也可以把字体设置为加粗，同时改变字体的字号等格式。完成文字格式调整后的SmartArt图形，如图2-178所示。

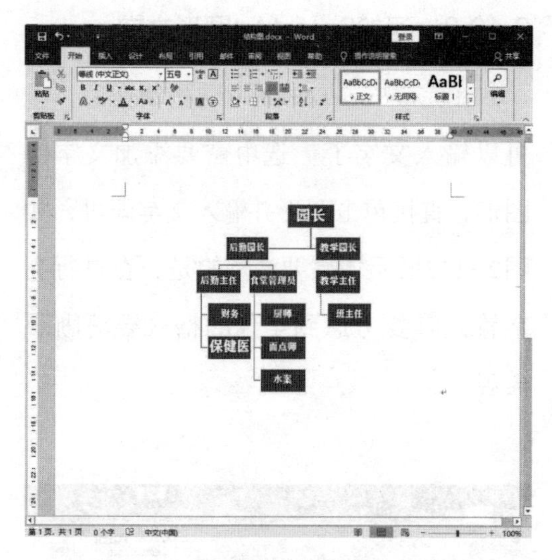

图2-178

2.10.4 美化SmartArt图形

在完成SmartArt图形的文字输入后，进入最后的样式调整环节，可以对图形的颜色、效果进行调整。按住“Ctrl”键，同时选中最后一排所有的图形，将鼠标指针放在其中一个图形的正下方，当它变成双向箭头形状时，按住鼠标左键向下拖动，实现拉长图形的效果，如图2-179所示。

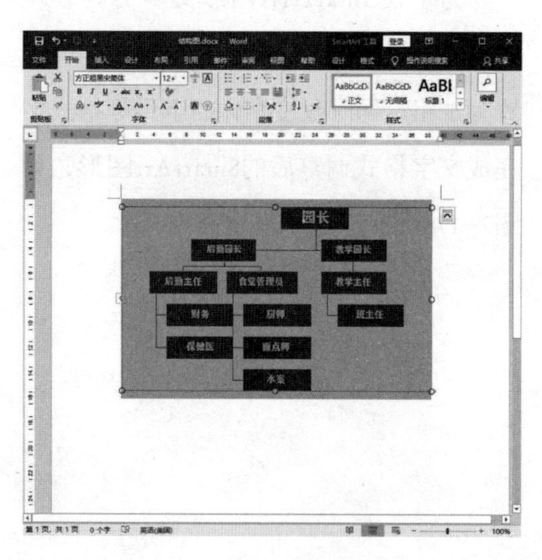

图2-179

还可以修改图形形状。选中最前面的SmartArt图形，单击“SmartArt工具—格式”选项卡“形状”组中的“更改形状”下拉按钮，在弹出的下拉列表中选择“流程图”中的第二个图形，如图2-180所示。如果对更改的图形比较满意，则按住“Ctrl”键，选择所有图形进行更改，如图2-181所示。

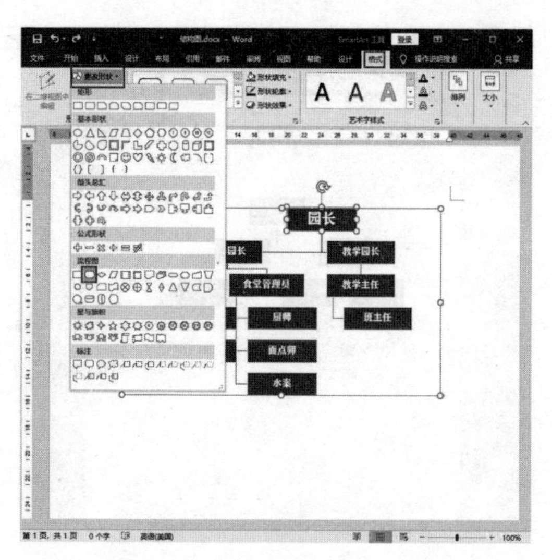

图2-180

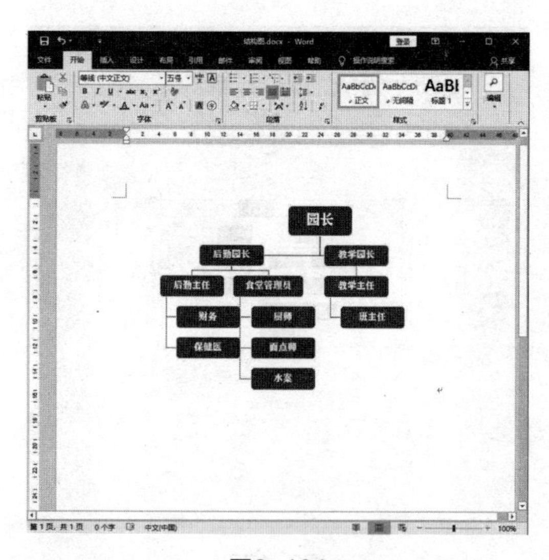

图2-181

Word 2020为SmartArt图形提供了多种系统预置的样式，直接套用可以快速调整图形的样式，进而对图形进行美化。选中SmartArt图形，单击“SmartArt工具—设计”选项卡“SmartArt样式”组中的“更改颜色”下拉按钮，在弹出的下拉列表中选择一种配色，应用预置的颜色样式，如图2-182所示。单击“Smartart样式”组中的“快速样式”下拉按钮，在弹出的下拉列表中选择一种样式，如选择“强烈效果”样式，此时便成功地将这种样式效果应用到SmartArt图形中，如图2-183所示。

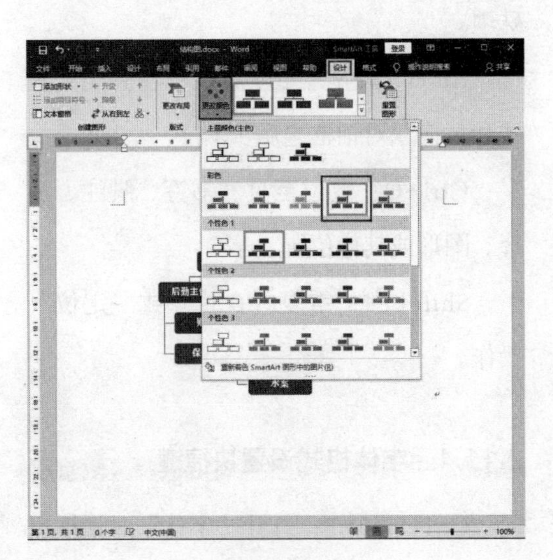

图2-182

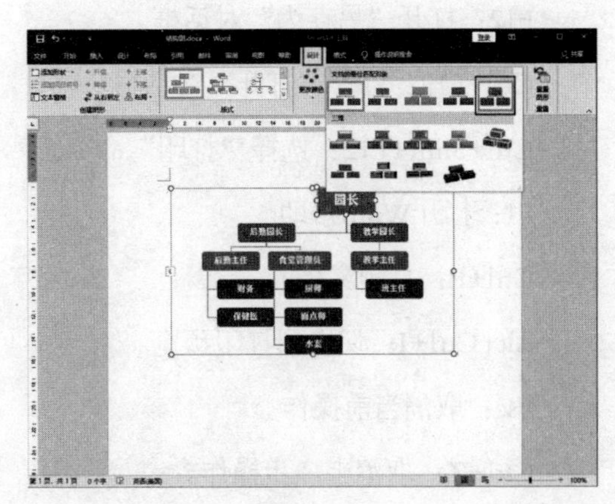

图2-183

2.11 Word常用操作快捷键

2.11.1 Word文档基本操作快捷键

Ctrl+N：创建空白文档。

Ctrl+O：打开文档。

Ctrl+W：关闭文档。

Ctrl+S：保存文档。

F12：打开“另存为”对话框。

Ctrl+F12：打开“打开”对话框。

Ctrl+Shift+F12：选择“打印”命令。

F1：打开Word帮助。

Ctrl+P：打印文档。

Alt+Ctrl+I：切换到打印预览。

Esc：取消当前操作。

Ctrl+Z：取消上一步操作。

Ctrl+Y：恢复或重复操作。

Delete：删除所选对象。

Ctrl+F10：将文档窗口最大化。

Alt+F5：还原窗口大小。

2.11.2 复制、移动和选择快捷键

Ctrl+C：复制。

Ctrl+V：粘贴文本或对象。

Alt+Ctrl+V：选择性粘贴。

Ctrl+X：剪切文本或对象。

Ctrl+Shift+C：格式复制。

Ctrl+Shift+V：格式粘贴。

Ctrl+A：全选对象。

2.11.3 查找、替换和浏览快捷键

Ctrl+F：打开“查找”导航窗口。

Ctrl+H：替换文字、特定格式和特殊项。

Alt+Ctrl+Y：重复查找（在关闭“查找和替换”对话框之后）。

Ctrl+G：定位至页、书签、脚注、注释、图形或其他位置。

Shift+F4：重复“查找”或“定位”操作。

2.11.4 字体格式设置快捷键

Ctrl+Shift+F：打开“字体”对话框更改字体。

Ctrl+Shift+>：将字号增大一个值。

Ctrl+Shift+<：将字号减小一个值。

Ctrl+]：逐磅增大字号。

Ctrl+[：逐磅减小字号。

Ctrl+B：应用加粗格式。

Ctrl+U：应用下画线。

Ctrl+Shift+D：给文字添加双下画线。

Ctrl+I：应用倾斜格式。

Ctrl+D：打开“字体”对话框更改字符格式。

Ctrl+Shift++：应用上标格式。

Ctrl+=：应用下标格式。

Shift+F3：切换字母大小写。

Ctrl+Shift+A：将所选字母设为大写。

Ctrl+Shift+H：应用隐藏格式。

2.11.5 段落格式设置快捷键

Enter：分段。

Ctrl+L：使段落左对齐。

Ctrl+R：使段落右对齐。

Ctrl+E：使段落居中对齐。

Ctrl+J：使段落两端对齐。

Ctrl+Shift+J：使段落分散对齐。

Ctrl+T：创建悬挂缩进。

Ctrl+Shift+T：减小悬挂缩进量。

Ctrl+M：左侧段落缩进。

Ctrl+空格键：删除段落或字符格式。

Ctrl+1：单倍行距。

Ctrl+2：双倍行距。

Ctrl+5：1.5倍行距。

Ctrl+0：添加或删除一行间距。

2.11.6 应用样式快捷键

Ctrl+Shift+S：打开“应用样式”任务窗格。

Alt+Ctrl+Shift+S：打开“样式”任务窗格。

Alt+Ctrl+K：启动“自动套用格式”。

Ctrl+Shift+N：应该“正文”样式。

Alt+Ctrl+1：应用“标题1”样式。

Alt+Ctrl+2：应用“标题2”样式。

Alt+Ctrl+3：应用“标题3”样式。

2.11.7 大纲视图操作快捷键

Alt+Shift+←：提升段落级别。

Alt+Shift+→：降低段落级别。

Alt+Shift+N：降级为正文。

Alt+Shift+↑：上移所选段落。

Alt+Shift+↓：下移所选段落。

Alt+Shift++：扩展标题下的文本。

Alt+Shift+−：折叠标题下的文本。

Alt+Shift+L：只显示首行正文或显示全部正文。

2.11.8 审阅和修订快捷键

F7：拼写检查文档内容。

Alt+Ctrl+M：插入批注。

Home：定位至批注的开始。

End：定位至批注的结尾。

Ctrl+Home：定位至一组批注的起始处。

Ctrl+End：定位至一组批注的结尾处。

Ctrl+Shift+E：打开或关闭修订。

第3章 Excel工作表的应用

第一部分　Excel工作表入门

3.1 Excel工作表的基本操作

Excel工作表是最常用于数据分析和处理的一款电子表格软件。Excel工作表最重要的两个组成部分就是工作表管理和编辑数据。接下来将会介绍Excel工作表（以下简称工作表）的基本操作，包括工作表的插入与删除、工作表的隐藏与显示、工作表的拆分与冻结以及工作表的保护等。

3.1.1　如何选择工作表

工作表的选择有多种方法。在选择工作表之前，通常直接新建“空白工作簿”（见图3-1），并选择所需的输入法为编辑工作表做准备。

接下来介绍如何选择工作表。

首先介绍如何选择单个工作表。选择单个工作表最简单、直接，单击需要选择的工作表标签，即可选中该工作表，如图3-2所示。

其次介绍如何选择全部工作表。在任意工作表标签上单击鼠标右键，在弹出的快捷菜单中选择“选定全部工作表”命令，即可选中工作簿中的所有工作表，如图3-3所示。

再次介绍如何选择多张连续的工作表。

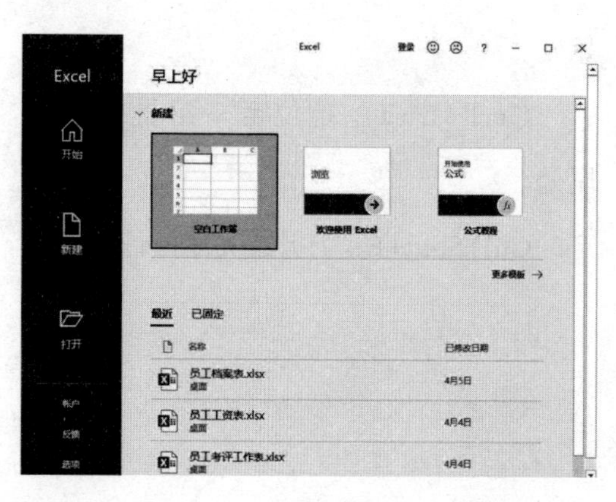

图3-1

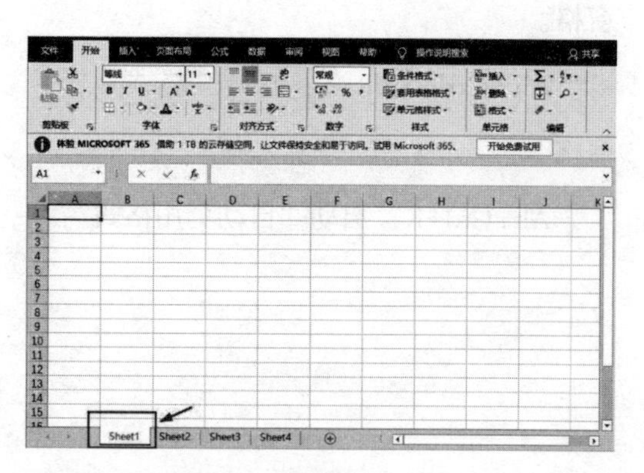

图3-2

单击第一个工作表Sheet1，在按住“Shift”键的同时单击工作表Sheet4，即可选中Sheet1和Sheet4两张工作表之间的所有工作表，如图3-4所示。

最后介绍如何选择多张不连续的工作表。按住“Ctrl”键不放，依次单击需要选择的工作表标签，即可选择多张不连续的工作表，如图3-5所示。

3.1.2 插入与删除工作表

在默认情况下，Excel工作簿只有一个工作表，如果需要多个工作表，则可以利用插入工具插入工作表；倘若工作簿中有一些我们不再需要的工作表，则可以将其删除。

插入工作表和删除工作表的步骤有很多相似的地方。首先介绍的是怎样插入工作表。

常用的插入工作表的方法有两种。第一种方法是单击“新工作表”按钮插入工作表。打开工作簿后，单击Sheet1工作表后面的“新建工作表”按钮，即可快速插入一个新工作表，如图3-6所示。

图3-3

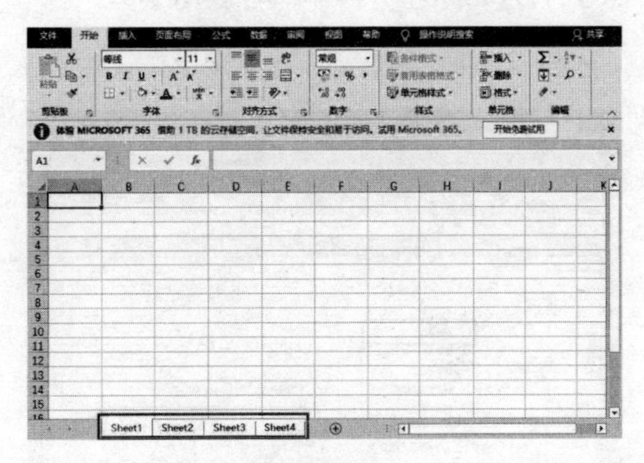

图3-4

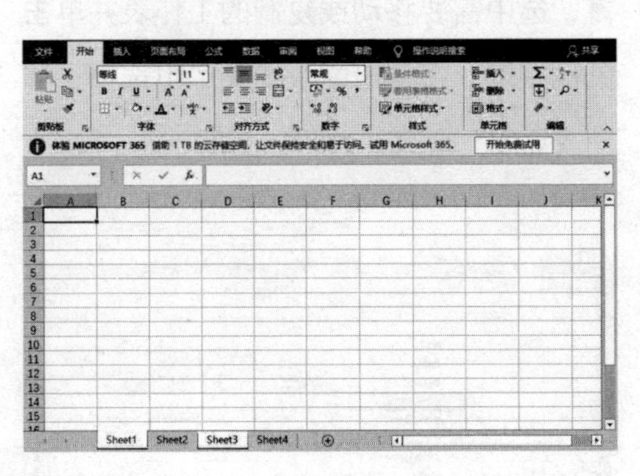

图3-5

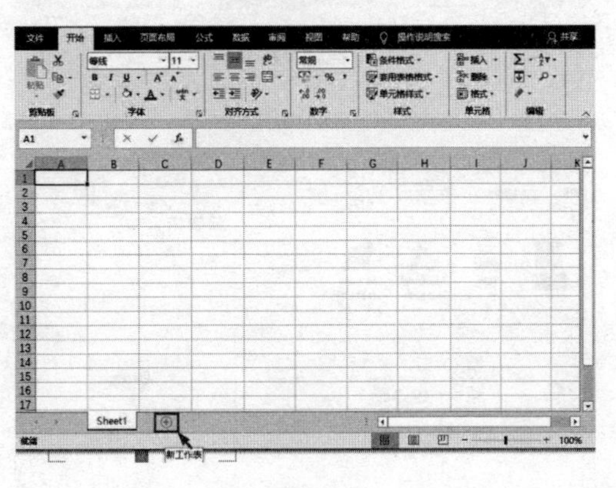

图3-6

第二种方法是使用“插入”命令插入工作表。打开工作簿后，选中工作表标签并单击鼠标右键，在弹出的快捷菜单中选择“插入”命令，如图3-7所示。弹出“插入”对话框，在“常用”选项卡中选择“工作表”选项，然后单击“确定”按钮即可，如图3-8所示。返回工作表中，可以看到在Sheet2工作表前面插入的新工作表Sheet3，如图3-9所示。

删除工作表的操作方法非常简单，只需选中要删除的工作表标签并单击鼠标右键，在弹出的快捷菜单中选择“删除”命令，将其删除即可，如图3-10所示。

图3-7

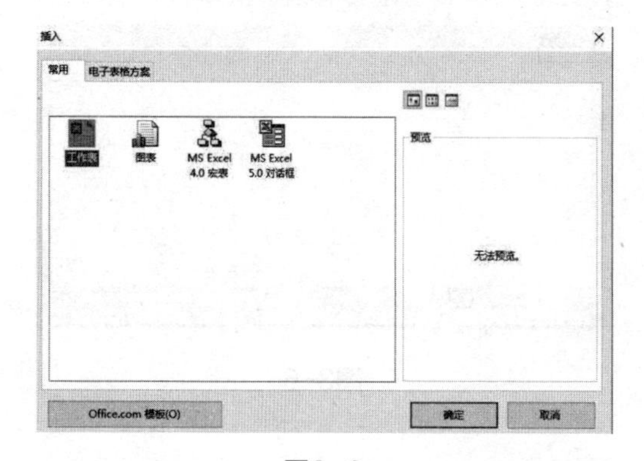

图3-8

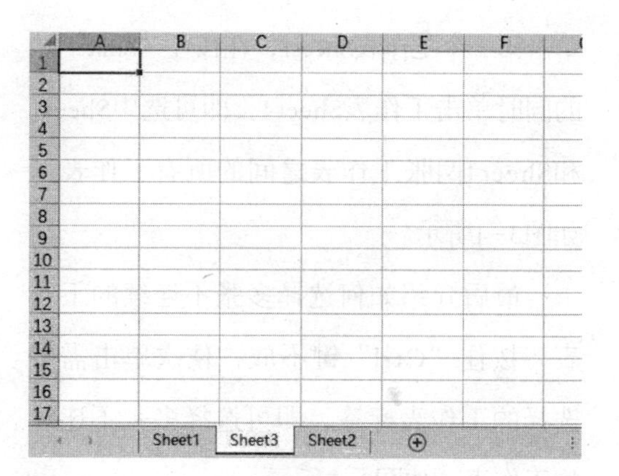

图3-9

图3-10

3.1.3 移动与复制工作表

用户可以根据需要在同一个工作簿中移动或复制工作表，也可以将工作表移动或复制到其他工作簿中。打开一个工作簿，选中需要移动或复制的工作表并单击鼠标右键，在弹出的快捷菜单中选择“移动或复制”命令，如图3-11所示。

图3-11

在弹出“移动或复制工作表”对话框后，若要将Sheet3工作表移动到最后，就单击“移至最后”并单击“确定”按钮，如图3-12所示，这样就完成了Sheet3工作表的移动，如图3-13所示。

若要在同一个工作簿中对Sheet3工作表进行复制，同样选中Sheet3工作表并单击鼠标右键，在弹出的快捷菜单中选择“移动或复制”命令，在弹出的“移动或复制工作表”对话框中勾选“建立副本”复选框，再单击“确定”按钮即可，如图3-14所示。复制完成后的Sheet3（2）工作表如图3-15所示。

3.1.4 重命名工作表

为了让工作簿中的工作表内容更便于区分，用户可以对系统默认的工作表名称进行重命名。打开工作簿，选择需要重命名的工作表标签并单击鼠标右键，在弹出的快捷菜单中选择“重命名”命令，如图3-16所示。此时Sheet1工作表标签处于可编辑状态，输入新的工作表名称并按“Enter”键确认即可。

3.1.5 隐藏与显示工作表

若不想让他人浏览某个工作表，则可以先将其隐藏，在需要查看或编辑时再将该工作表显示出来。打开工作簿，选择需要隐藏的工作表标签并单击鼠标右键，在弹出的快捷菜单中选择“隐藏”命令就可以隐藏工作表，如图3-17所示。同样，若要显示工作表，则选中其他任意工作表标签并单击鼠标右键，在弹出的快捷菜单中选择“取消隐藏”命令，如图3-18所示，在弹出的“取消隐藏”对话框中选择需要取消隐藏的工作表，单击“确定”按钮即可。

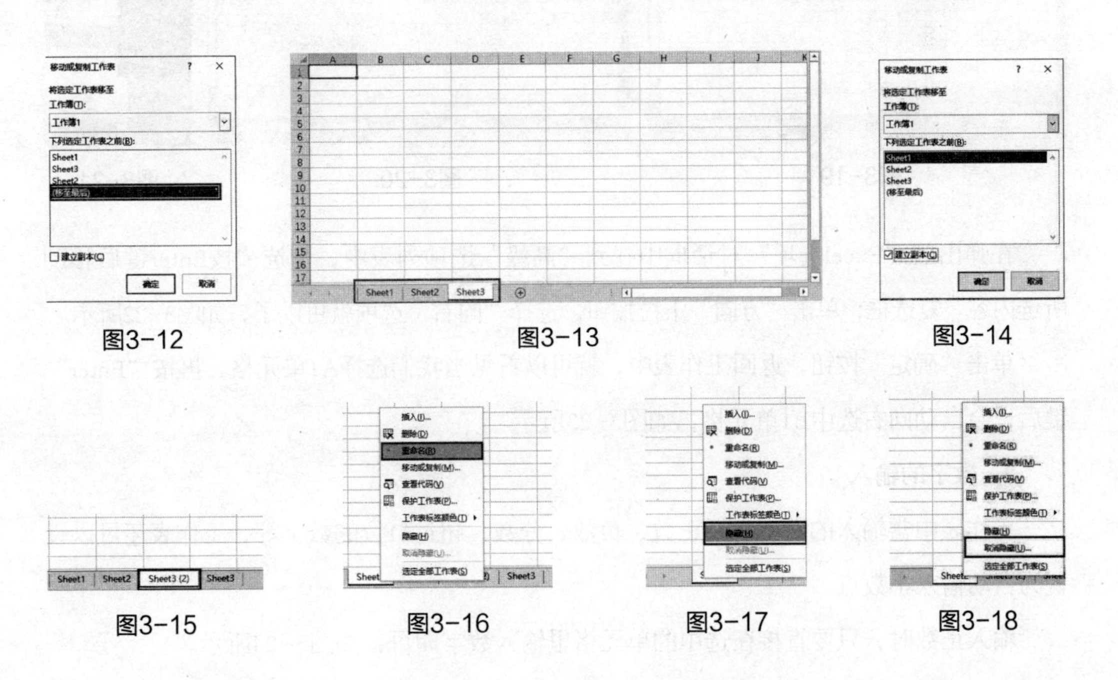

图3-12　图3-13　图3-14

图3-15　图3-16　图3-17　图3-18

3.2 Excel工作表数据内容的输入

当工作表创建完成后，就可以输入数据了。数据的输入类型包括文本内容、数值数据、货币数据、日期和时间数据以及一些特殊数据等。接下来主要介绍输入文本内容、数字、日期和时间以及货币数据的操作方法。

1. 文本内容的输入

在新建的工作表中，选择需要输入文本内容的单元格，如选择A1单元格，直接在其中输入所需内容，如图3-19所示。

完成A1单元格的内容输入后，按“Enter”键确认输入，这时可以看到自动选中了A2单元格，如图3-20所示。若希望在按下“Enter”键时不自动向下选中A2单元格，而想要自动选中右侧的B1单元格，可以进行相应设置，即选择“文件”菜单中的“选项”命令，如图3-21所示。

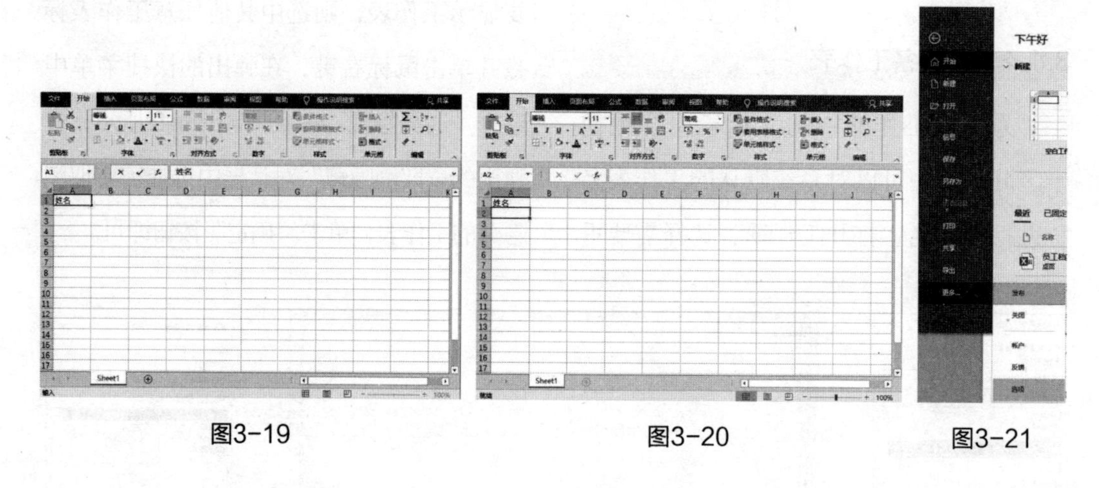

图3-19　　图3-20　　图3-21

在弹出的“Excel选项”对话框中找到“高级”选项列表中，勾选“按Enter键后移动所选内容”复选框，单击“方向”下拉按钮，选择“向右”选项就可以了，如图3-22所示。

单击“确定”按钮，返回工作表中，就可以看见当我们选择A1单元格，再按“Enter”键后，会自动向右选中B1单元格，如图3-23所示。

2. 数字的输入

工作表中常输入的数字包括正数、负数、分数、超过11位的数字等，工作表还可以设置为自动输入小数点。

输入正数时，只要直接在选中的单元格里输入数字即可，如图3-24所示。

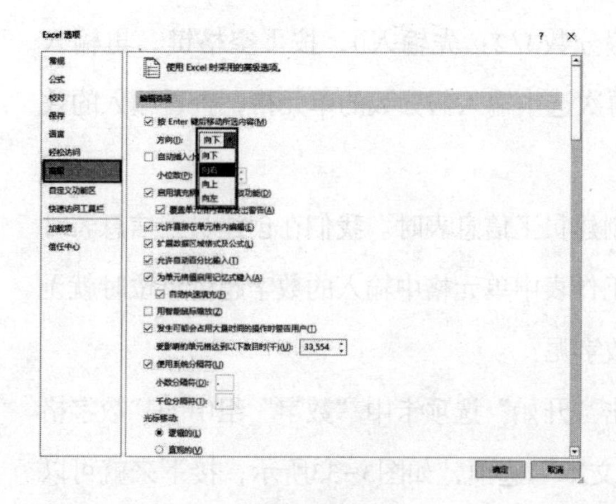

图3-22

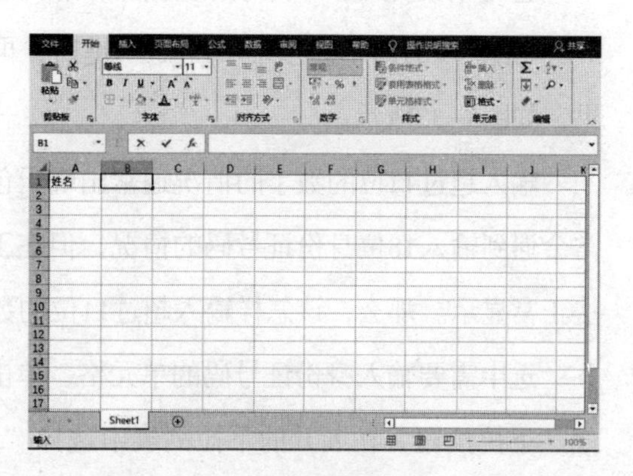

图3-23

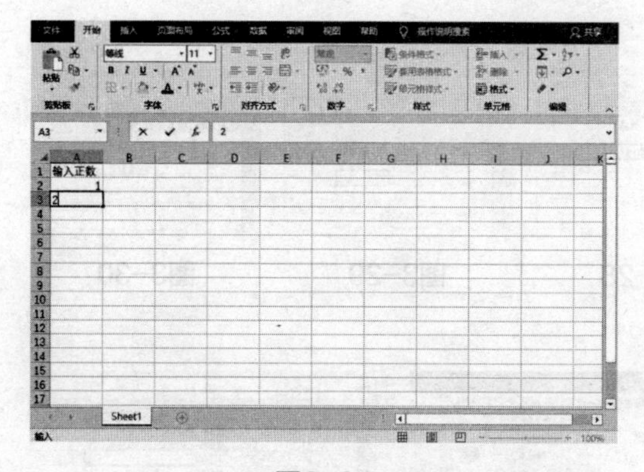

图3-24

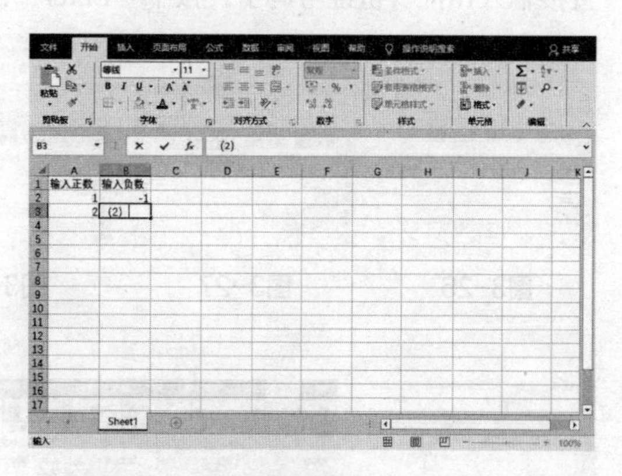

图3-25

输入负数的方法有两种：一种是直接输入负数，即选中需要输入负数的单元格，先输入负号，再输入相应的数字，然后按“Enter”键确认输入即可；另一种是以括号的形式输入负数，即选中需要输入负数的单元格，在输入数字时为其添加括号，按下“Enter”键后即可自动变为负数，如图3-25所示。

输入分数的方法有三种。第一种方法是输入带分数，举例说明。选中需要输入带分数的单元格，先输入数字3，按下空格键，再输入1/2，然后按“Enter”键即可，如图3-26所示。再次选中输入带分数的单元格，可以看到在编辑栏中显示的是3.5，说明分数输入正确，如图3-27所示。

第二种方法是输入真分数，举例说明。要输入真分数，就需要先输入0，按下空格键，再输入1/4，然后按“Enter”键即可，如图3-28所示。再次选中输入真分数的单元格，可以看到在编辑栏中显示的是0.25，说明分数输入正确，如图3-29所示。

第三种方法是输入假分数，举例说明。用户可以使用输入带分数的方法输入假分数3/2：先输入1，按下空格键，再输入1/2，然后按“Enter”键即可，如图3-30所示。

还可以使用输入真分数的方法来输入假分数3/2：先输入0，按下空格键，再输入3/2，如图3-31所示。按下“Enter”键后，再次选中输入假分数的单元格，查看输入的效果，如图3-32所示。

输入超过11位的数字的情况通常出现于创建员工信息表时。我们在创建员工信息表时常会遇到输入18位身份证号码的情况，但在工作表中单元格中输入的数字超过11位时就无法正常显示。那么，该怎样输入超过11位的数字呢？

选中需要输入身份证号码的单元格，单击“开始”选项卡中“数字”组中的“数字格式”下拉按钮，在展开的下拉列表中选择“文本”选项，如图3-33所示，接下来就可以直接输入18位身份证号码了，按下“Enter”键即可显示出来，如图3-34所示。

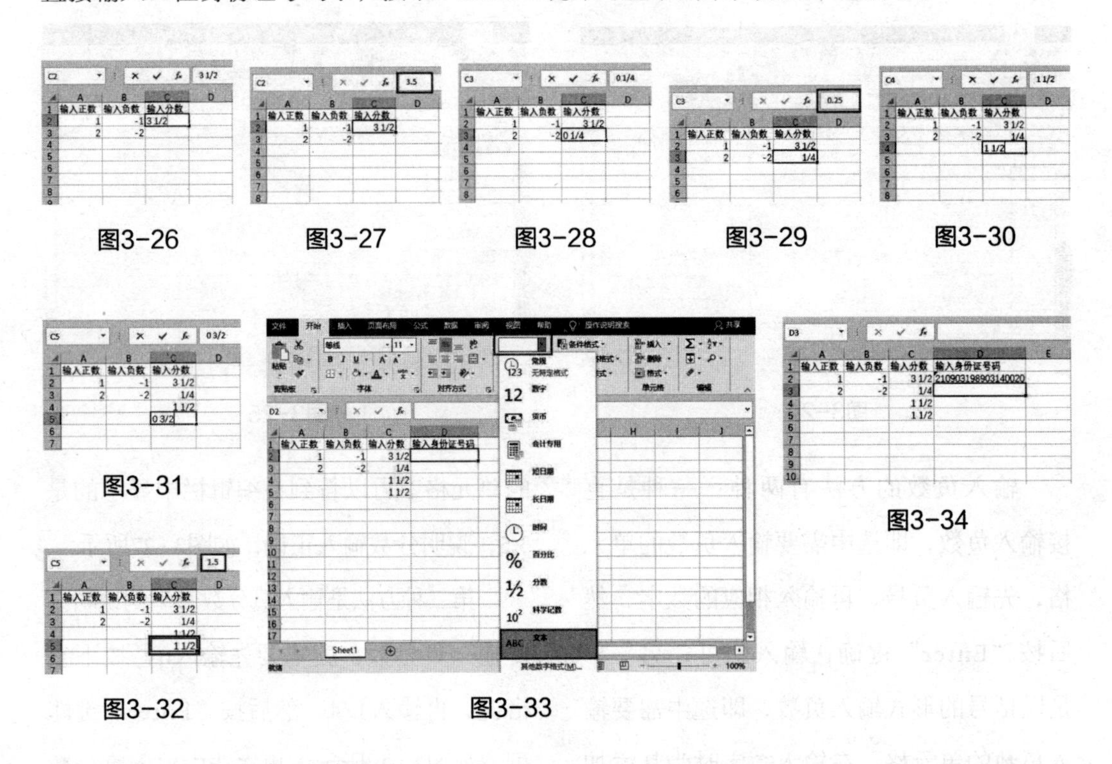

图3-26　图3-27　图3-28　图3-29　图3-30

图3-31　图3-32　图3-33　图3-34

在制作财务报表时，常常需要在工作表中输入大量小数位数固定的数据，这时就可以在表格中设置“自动插入小数点”来提高工作效率。

打开工作表，单击“文件”菜单中的“选项”命令，弹出“Excel选项”对话框，切换至“高级”选项面板，在“编辑选项”选项区域中勾选“自动插入小数点”复选框，然后在“小位数”数值框中设置插入小数点的小数位数，如图3-35所示。

单击“确定”按钮返回工作表中，然后输入数据，如图3-36所示。按下“Enter”键，即可看到所输入的数值自动添加了两位小数点，如图3-37所示。

3. 日期和时间的输入

（1）输入日期。打开工作表，可以直接在单元格中输入“2020/3/25”，如图3-38所示。

在“开始”选项卡的“数字”组中单击对话框启动器按钮，如图3-39所示，弹出“设置单元格格式”对话框，在“日期”选项面板中可以选择更多的日期格式，如图3-40所示。还可以直接单击“数字格式”下拉按钮，在弹出的下拉列表中选择日期格式，如选择“长日期”选项，如图3-41所示。最终，再回到工作表中，就可以看到显示的日期效果，如图3-42所示。

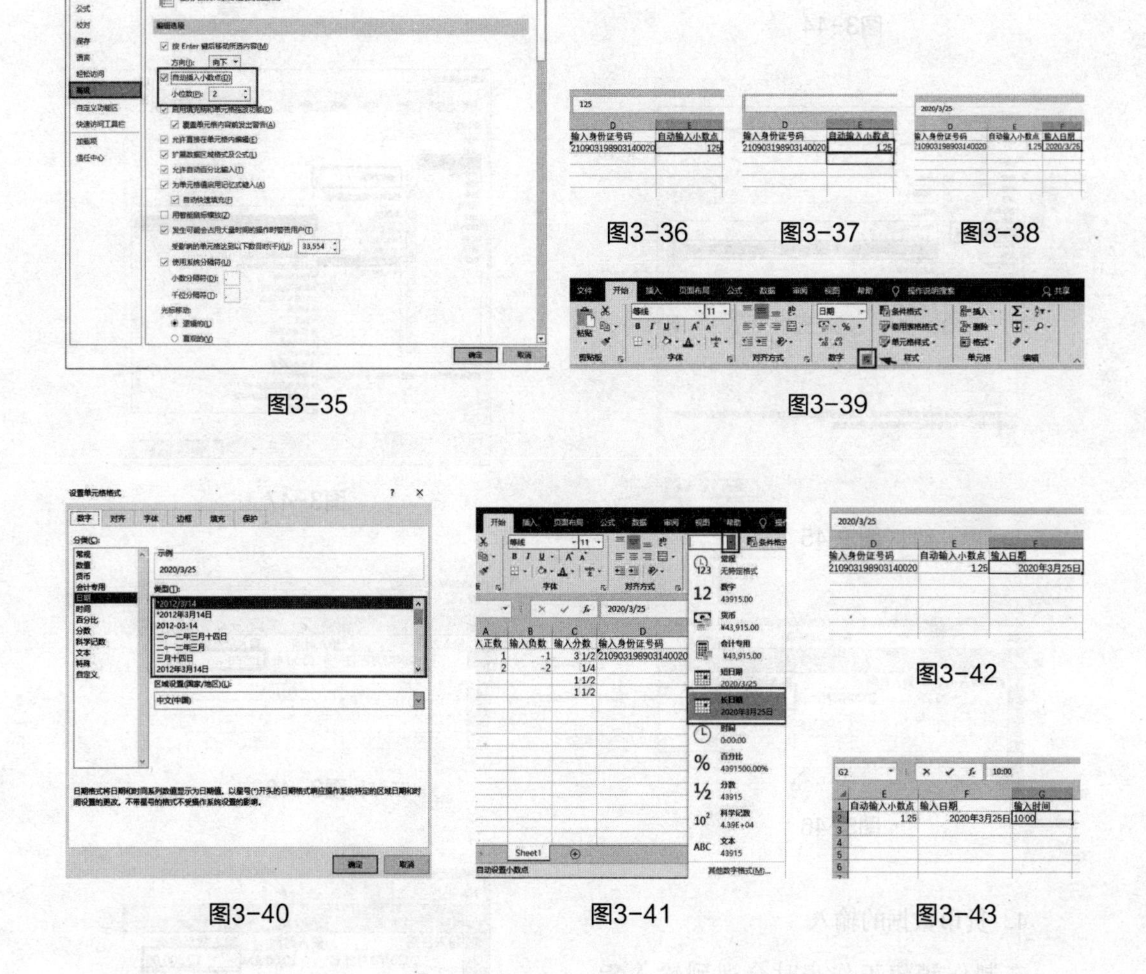

图3-35　图3-36　图3-37　图3-38　图3-39

图3-40　图3-41　图3-42　图3-43

（2）输入时间。打开工作表并在单元格中输入时间“10:00”，如图3-43所示。按下“Enter”键，完成时间的输入。再次选中该单元格，单击“开始”选项卡“数字”组中的对话框启动器按钮，如图3-44所示。在弹出的对话框的“分类”列表框中选择“时间”选项，在右侧的面板中选择所需的时间格式，如图3-45所示。单击“确定”按钮，返回工作表中，查看设置的时间格式，如图3-46所示。

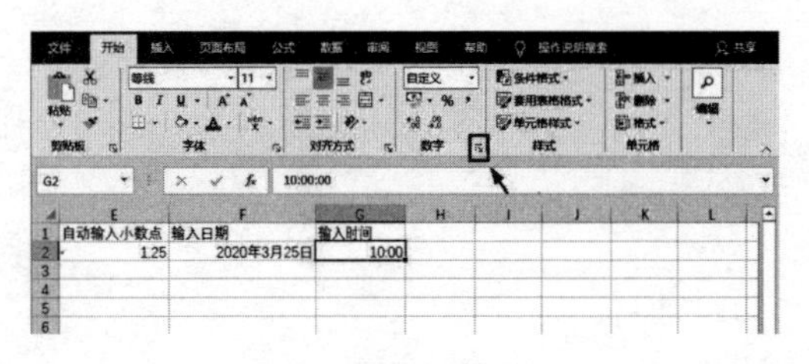

图3-44

图3-45

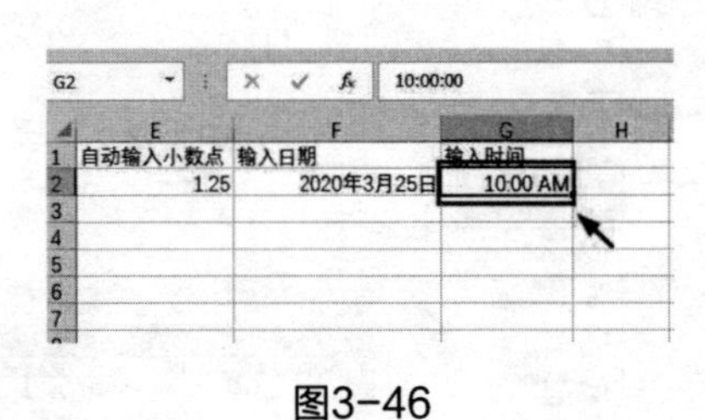

图3-46

4. 货币数据的输入

在制作销售工作表时会遇到输入货币数据的情况。输入货币数据操作起来很容易，选中需要输入货币数据的单元格区域，单击“开始”选项卡“数字”组中的对话框启动器按钮。在弹出的对话框的“分类”列表中选择“货币”选项，在右侧的面板中设置小数位数、货币符号等参数后单击“确定”按钮，如图3-47所示。返回工作表中，在选中的单元格中输入数值就可以自动转换为已设置的货币格式，如图3-48和图3-49所示。

图3-47

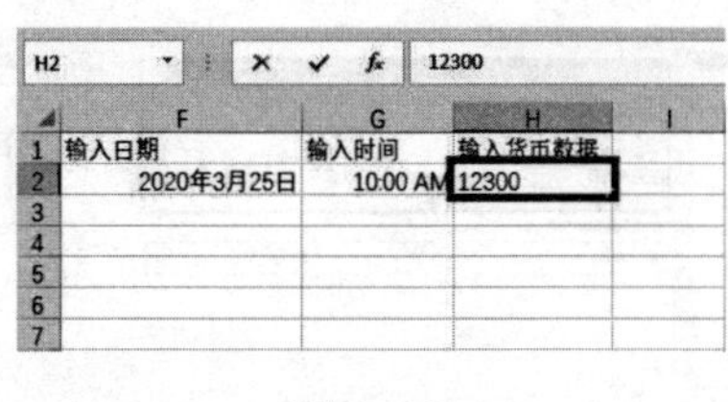

图3-48

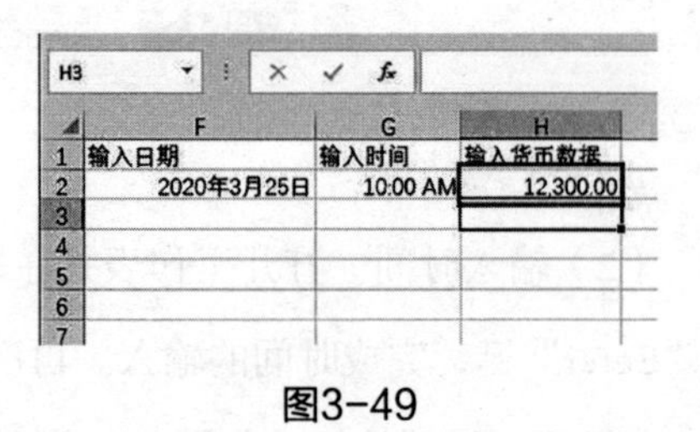

图3-49

Excel工作表的单元格格式设置

当在工作表中输完内容后，可以根据需要，对表格进行有关设置和美化。可以针对表格中文本的字体字号、行高列宽、添加边框和底纹等内容进行设置。

1. 设置字体字号

在编辑工作表的过程中，如果想将需要引人注意的文字突显出来，我们可以对表格中的文字的字体字号做相应的调整。

打开工作表，选中需要调整的单元格，单击“开始”选项卡“字体”组中的“字体”下拉按钮，在弹出的下拉列表中选择需要的字体样式，如图3-50所示。接下来单击“字号”下拉按钮，在弹出的下拉列表中选择需要的字号，如图3-51所示。

2. 调整行高和列宽

在工作表中，将鼠标指针放在要调整行高的行号下面的分隔线上，按住鼠标左键进行拖动来调整行高，如图3-52所示。

选中需要调整的单元格，单击“开始”选项卡“单元格”组中的“格式”下拉按钮，在弹出的下拉列表中选择“列宽”选项，如图3-53所示。然后在弹出的“列宽”对话框中设置需要的列宽值，单击“确定”按钮即可，如图3-54所示。

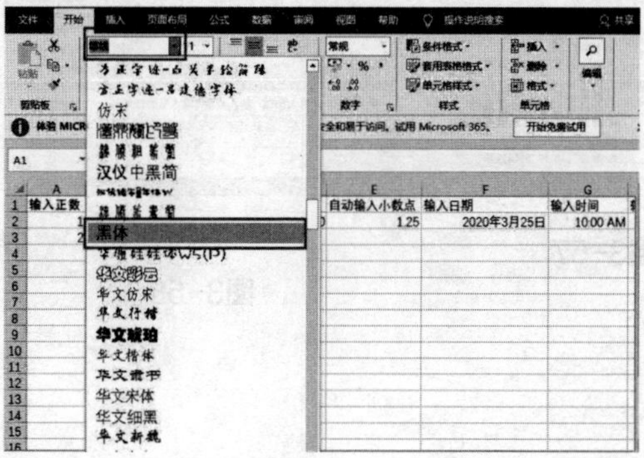

图3-50

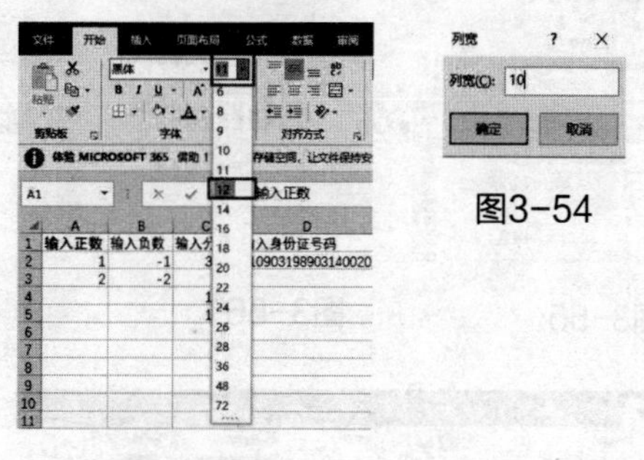

图3-51

图3-54

图3-52

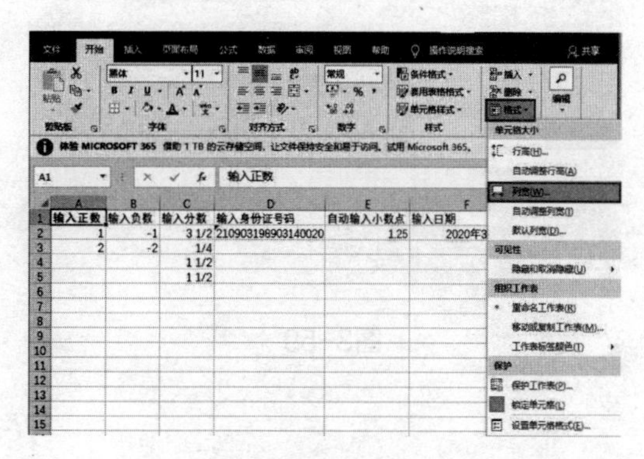

图3-53

3. 设置字体效果

选中需要调整的单元格，单击“字体”组中的“加粗”按钮，对所选文字的字体进行加粗，如图3-55所示。

接下来给单元格填充颜色。选中需要调整的单元格，单击“字体”组中的“填充颜色”的下拉按钮，在弹出的下拉列表中选择需要的填充颜色，如图3-56所示。

继续设置字体颜色。选择单元格，单击“字体”组中的“字体颜色”的下拉按钮，在弹出的下拉列表中选择需要的字体颜色，如图3-57所示。

4. 合并单元格

在工作表中，若想要把单元格A1—D1变成一个单元格，首先要选中A1—D1单元格，然后单击“开始”选项卡“对齐方式”组中的“合并后居中”下拉按钮，在弹出的下拉列表中选择“合并后居中”选项，如图3-58所示。

5. 给工作表添加边框

可以通过添加边框的方法让工作表中的数据看起来直观且清晰。

在工作表中选择需要添加边框的单元格区域，在“开始”选项卡的“字体”组中单击“边框”的下拉按钮，在弹出的下拉列表中选择“所有框线”选项，如图3-59所示。然后返回工作表，查看刚刚添加的边框效果，如图3-60所示。

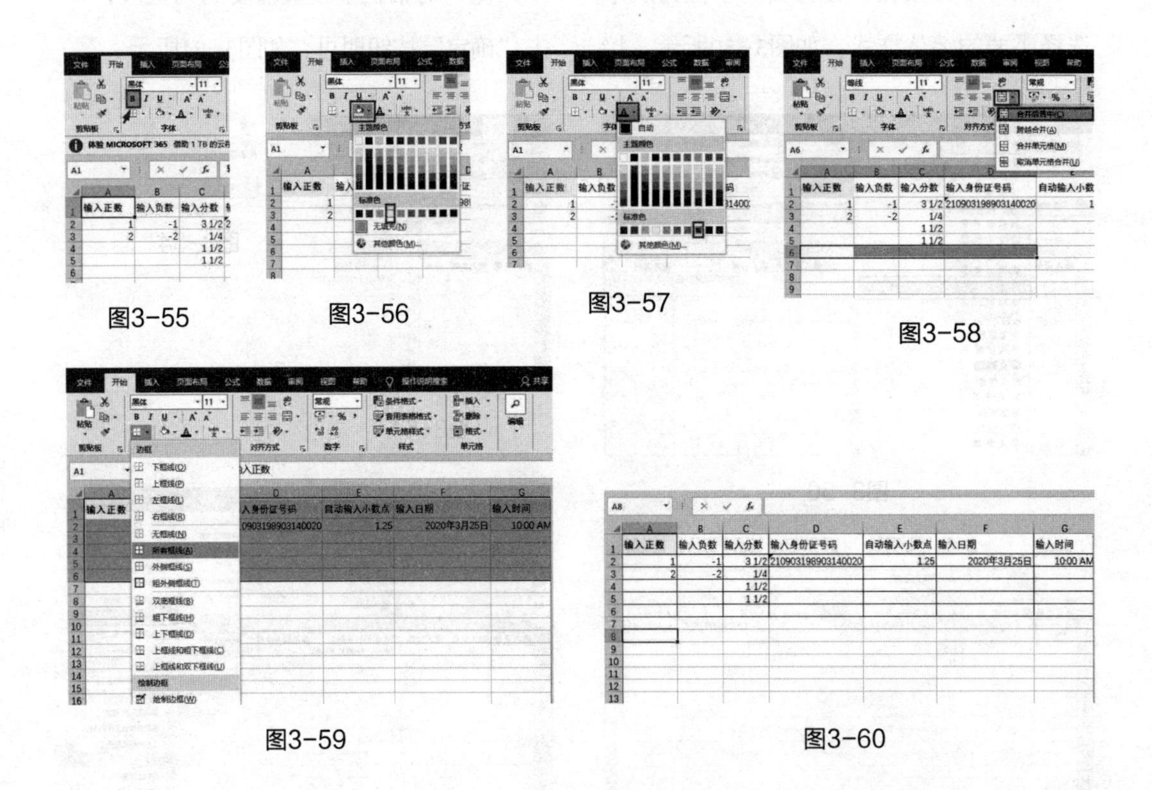

图3-55　图3-56　图3-57　图3-58

图3-59　图3-60

6. 设置对齐方式

为了使工作表看起来更加美观、整齐，需要对工作表进行对齐方式的设置。打开工作表，选择需要设置的单元格区域，单击“开始”选项卡“对齐方式”组中的对话框启动器按钮，如图3-61所示。然后在弹出的“设置单元格格式”对话框中选择“对齐”选项卡，在“文本对齐方式”选项区域中设置文本的对齐方式，如图3-62所示。设置完成后，单击“确定”按钮即可。

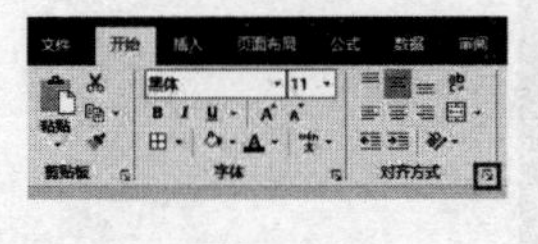

图3-61

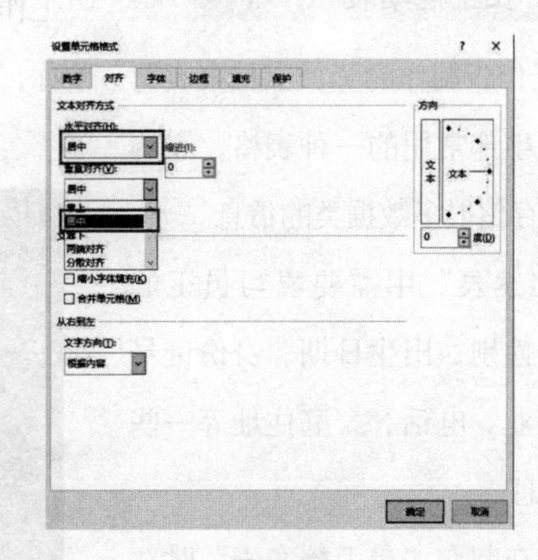

图3-62

3.4 Excel工作表的编辑与数据计算

3.4.1　制作“员工档案表”

用Excel工作表制作的“员工档案表”是单位行政人事部常用的一种表格，它的优势在于可以存储很多数据类的信息。

“员工档案表”中需要填写员工的编号、姓名、性别、出生日期、身份证号码、学历、专业、电话、家庭住址等一些基础的个人信息。

行政人员在制作“员工档案表”时，首先要正确地创建Excel工作表，并设置好工作表的名称，然后开始录入信息。在录入信息时，要根据数据类型的不同选择相应的录入方法，并要随时保存文件。最后，要对工作表的美观性进行调整。制作“员工档案表”的流程和思路如下。

（1）创建新的Excel工作表。

（2）编辑详细、完整的文本内容。

（3）美化所编辑的“员工档案表”。

1. 创建新的Excel工作表

打开Excel 2020软件，创建一个Excel工作表，单击左上方的“保存”按钮，或者选择“另存为”命令，弹出“另存为”对话框，单击“浏览”按钮，将新创建的工作表保存到指定的位置，输入工作表名称，单击“保存”按钮，如图3-63所示。

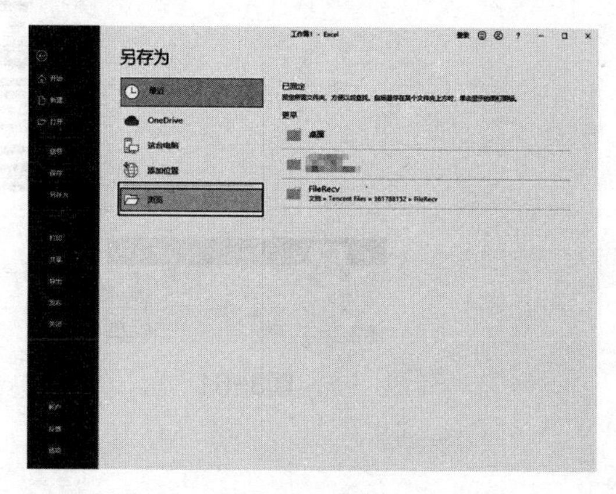

图3-63

2. 编辑详细、完整的文本内容

步骤一：录入文本内容。

当Excel工作表创建完成后，就可以在工作表中录入需要的信息了。在录入信息时，不需要事先设置数据类型就能直接输入，但是需要注意区分信息的类型及输入规律，以科学、正确的方式录入信息。

将光标定位到左上角的第一个单元格中，输入文本内容，如图3-64所示。按照同样的方法，完成工作表中其他文本内容的输入，如图3-65所示。

步骤二：录入文本型数据。

在录入文本型数据时，Excel工作表会自动将其以标准的数值格式来保存到单元格中。

在制作“员工档案表”时，需要对“编号”进行文本型数据的输入。选择“编号”下面的单元格，在需要输入文本型数据的单元格中将输入法切换到英文状态，输入单引号“'”，如图3-66所示，在英文单引号后面紧接着输入员工的编号数据，如图3-67所示。

需要注意的是，在录入数据后，如果出现“#####”符号，则说明单元格的列宽需要增加。

可以利用“填充序列”功能完成其他编号内容的填充。要保证编号的顺序呈递增状态。单击第一个员工编号单元格并将鼠标指针移动到该单元格右下方，当鼠标指针变成黑色十字形时，按住鼠标左键不动向下拖动，直到拖动的区域覆盖所有需要填充编号的单元格为止，如图3-68和图3-69所示。此时就能查看到已完成的编号列表，如图3-70所示。

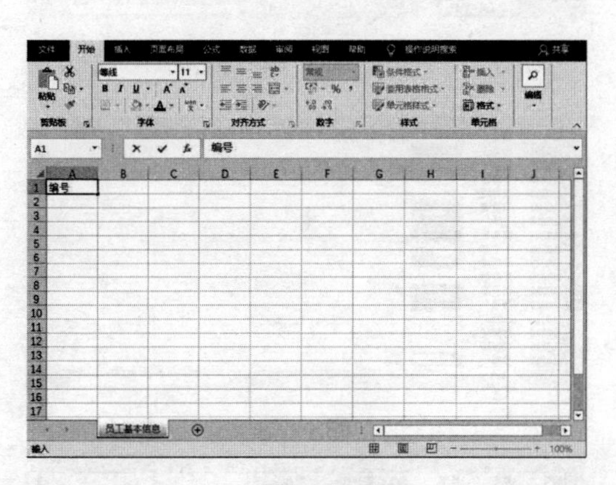

图3-64

图3-65

图3-66

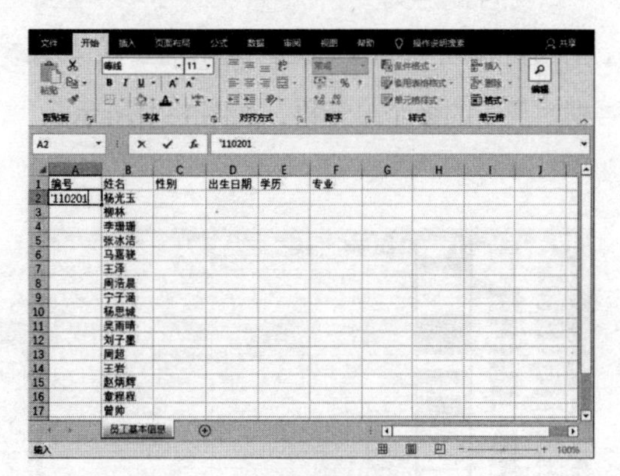

图3-67

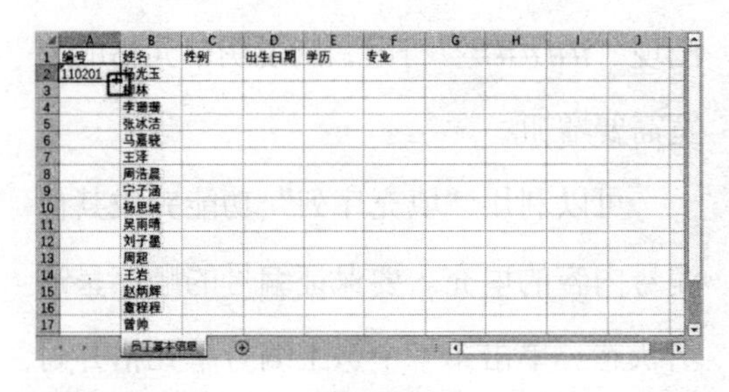

图3-68

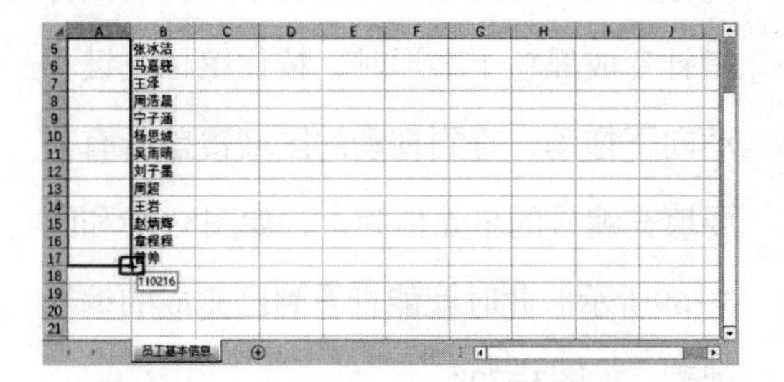

图3-69

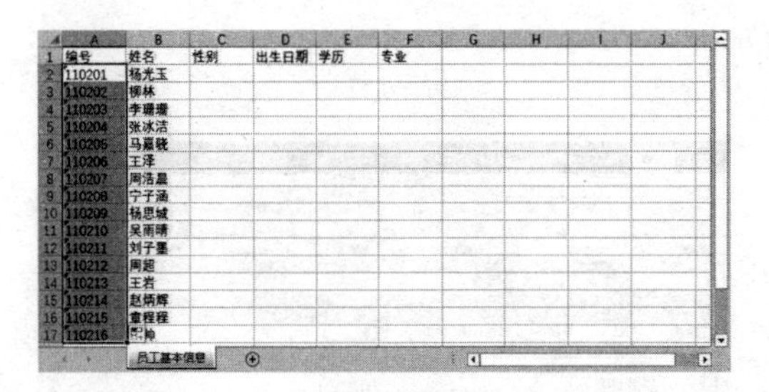

图3-70

步骤三：在多个单元格中同时输入数据。

在“员工档案表”中需要输入“性别”信息，这就导致某些单元格中的数据相同。按住“Ctrl”键，选中需要输入数据“男”的多个单元格，如图3-71所示。

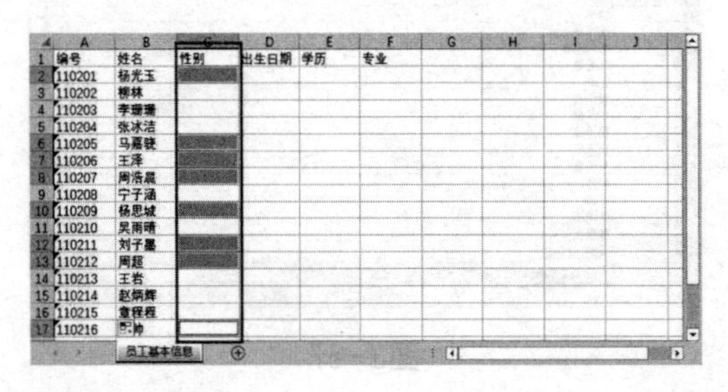

图3-71

选中这些单元格后，直接输入数据“男”，如图3-72所示。按“Ctrl+Enter”快捷键，此时在选中的单元格中会自动填充输入的数据“男”，如图3-73所示。按照相同的方法输入数据“女”，如图3-74所示，这样就实现了在多个单元格中同时输入数据的操作。

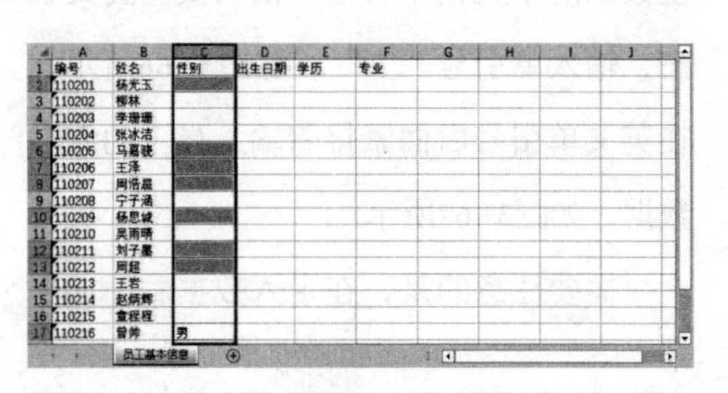

图3-72

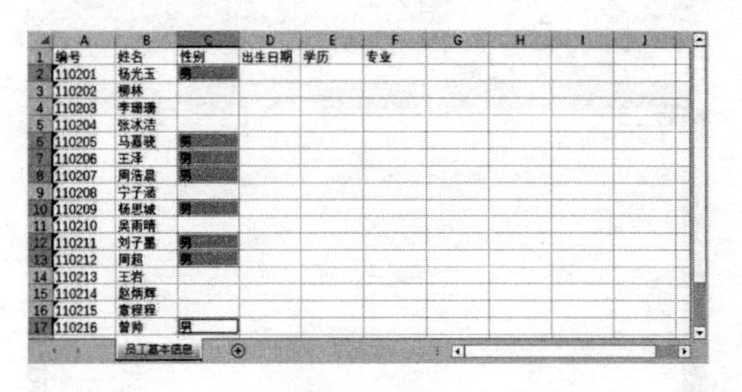

图3-73

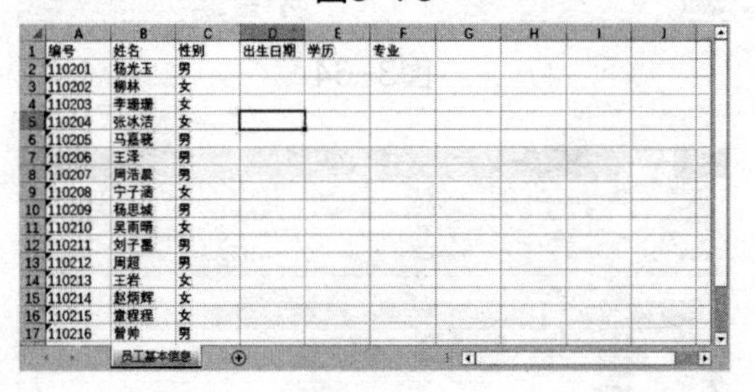

图3-74

步骤四：录入“出生日期”。

为了保证“员工档案表”中“出生日期”列的格式相同并准确，在录入出生日期前要先设置单元格的数据类型。

选中要输入员工出生日期数据的单元格，单击“开始”选项卡“数字”组中的对话框启动器按钮，弹出“设置单元格格式”对话框，在“数字”选项卡下的“分类”列表框中选择“日期”选项，在右侧的“类型”列表框中选择日期数据的类型，单击“确定”按钮，如图3-75所示。完成单元格格式的设置后，输入出生日期数据即可，如图3-76所示。

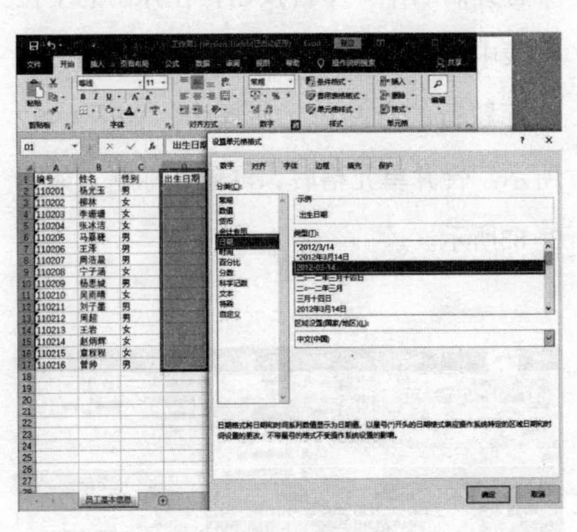

图3-75

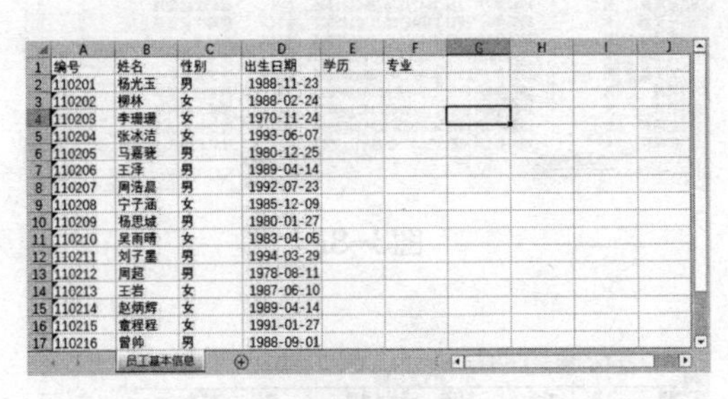

编号	姓名	性别	出生日期	学历	专业
110201	杨光玉	男	1988-11-23		
110202	柳林	女	1988-02-24		
110203	李珊珊	女	1970-11-24		
110204	张冰洁	女	1993-06-07		
110205	马嘉骁	男	1980-12-25		
110206	王泽	男	1989-04-14		
110207	周浩晨	男	1992-07-23		
110208	宁子涵	女	1985-12-09		
110209	杨思城	男	1980-01-27		
110210	吴雨晴	女	1983-04-05		
110211	刘子墨	男	1994-03-29		
110212	周超	男	1978-08-11		
110213	王岩	女	1987-06-10		
110214	赵炳辉	女	1989-04-14		
110215	章程程	女	1991-01-27		
110216	曾帅	男	1988-09-01		

图3-76

步骤五：将其他两部分内容填充完整。

在录入数据内容时，如果要输入的内容已在其他单元格中存在，则可借助“Excel工作表”中的记忆功能快速输入数据。输入该内容的开头部分，已有的内容已在其他单元格中存在，按“Enter”键即可自动引用已有的数据，如图3-77所示。如果不需要引用该内容，则直接输入其后的内容即可。应用记忆功能输入数据，将“学历”和“专业”补充完整，如图3-78所示。

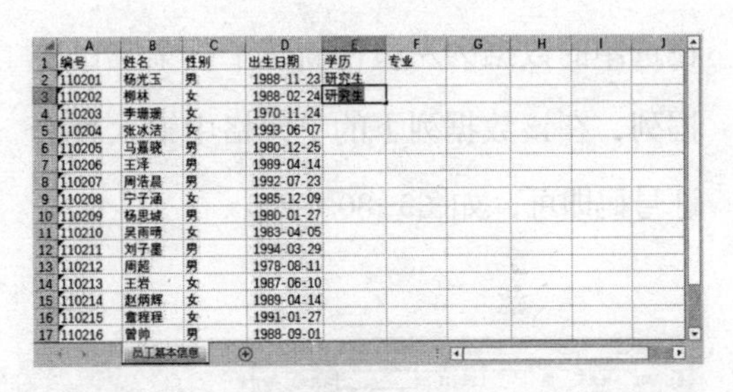

编号	姓名	性别	出生日期	学历	专业
110201	杨光玉	男	1988-11-23	研究生	
110202	柳林	女	1988-02-24	研究生	
110203	李珊珊	女	1970-11-24		
110204	张冰洁	女	1993-06-07		
110205	马嘉骁	男	1980-12-25		
110206	王泽	男	1989-04-14		
110207	周浩晨	男	1992-07-23		
110208	宁子涵	女	1985-12-09		
110209	杨思城	男	1980-01-27		
110210	吴雨晴	女	1983-04-05		
110211	刘子墨	男	1994-03-29		
110212	周超	男	1978-08-11		
110213	王岩	女	1987-06-10		
110214	赵炳辉	女	1989-04-14		
110215	章程程	女	1991-01-27		
110216	曾帅	男	1988-09-01		

图3-77

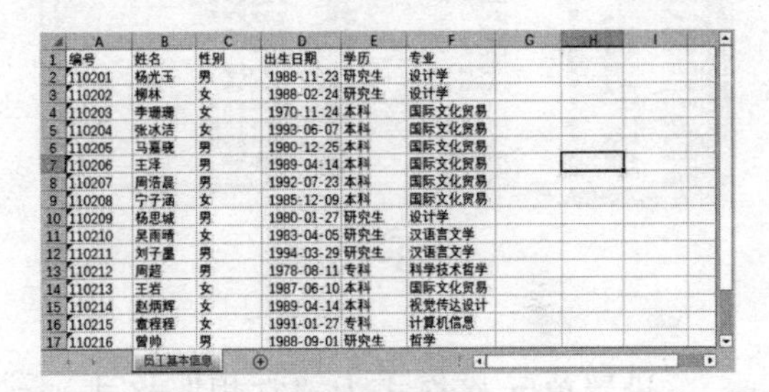

编号	姓名	性别	出生日期	学历	专业
110201	杨光玉	男	1988-11-23	研究生	设计学
110202	柳林	女	1988-02-24	研究生	设计学
110203	李珊珊	女	1970-11-24	本科	国际文化贸易
110204	张冰洁	女	1993-06-07	本科	国际文化贸易
110205	马嘉骁	男	1980-12-25	本科	国际文化贸易
110206	王泽	男	1989-04-14	本科	国际文化贸易
110207	周浩晨	男	1992-07-23	本科	国际文化贸易
110208	宁子涵	女	1985-12-09	本科	国际文化贸易
110209	杨思城	男	1980-01-27	研究生	设计学
110210	吴雨晴	女	1983-04-05	研究生	汉语言文学
110211	刘子墨	男	1994-03-29	研究生	汉语言文学
110212	周超	男	1978-08-11	专科	科学技术哲学
110213	王岩	女	1987-06-10	本科	国际文化贸易
110214	赵炳辉	女	1989-04-14	本科	视觉传达设计
110215	章程程	女	1991-01-27	专科	计算机信息
110216	曾帅	男	1988-09-01	研究生	哲学

图3-78

步骤六：插入单元格。

当“员工档案表”制作完成后，需要审视数据，有可能会发现有遗漏的数据项，如遗漏了“身份证号码”数据项，此时可以通过插入单元格功能来实现数据的新增。

将鼠标指针移动到数据列上方，当它变成黑色箭头时单击，表示选中这一列数据，如图3-79所示。

图3-79

选中数据列后，单击鼠标右键，在弹出的快捷菜单中选择“插入”命令，此时在选中的数据列左边便新建了一个空白数据列，在该数据列下的单元格中输入身份证号码即可，如图3-80所示。

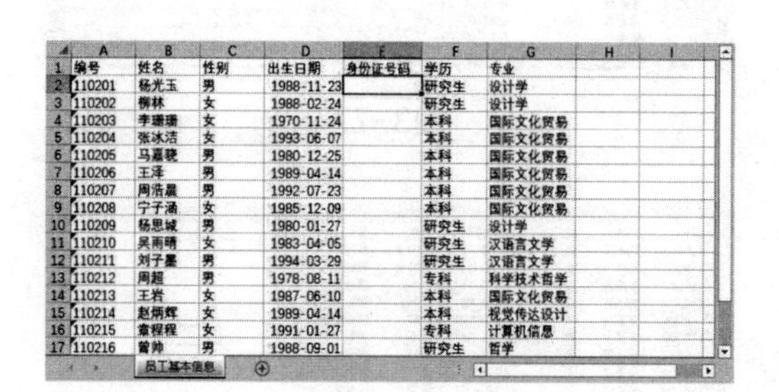
图3-80

设置单元格格式为“常规”格式，将员工身份证号码逐一填入，如图3-81所示。

“身份证号码”数据列添加完成后，添加表格的标题，用同样的方法添加数据行。将鼠标指针移动到第一行左边第一个单元格左侧，当它变成黑色箭头时单击，选中第一行数据；然后单击鼠标右键，在弹出的快捷菜单中选择“插入”命令，表示在第一行上方新建一个数据行，这一行将作为标题行，如图3-81所示。

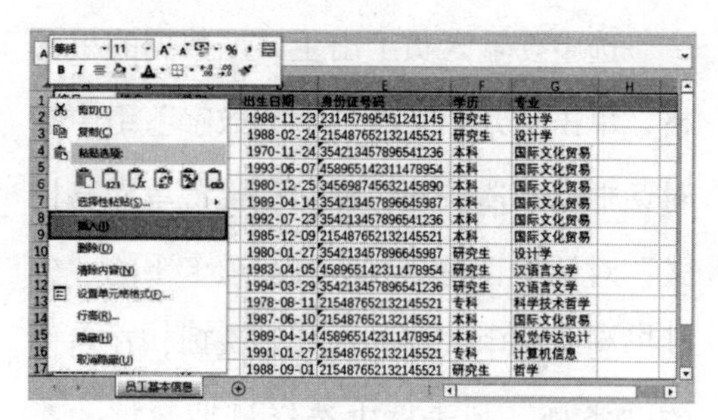
图3-81

拖动鼠标，选中新建行中的单元格，单击“开始”选项卡“对齐方式”组中的“合并后居中”下拉按钮，在弹出的下拉列表中选择“合并后居中”选项，然后进行标题行的合并单元格操作，如图3-82所示。合并单元格后，再输入标题，如图3-83所示。

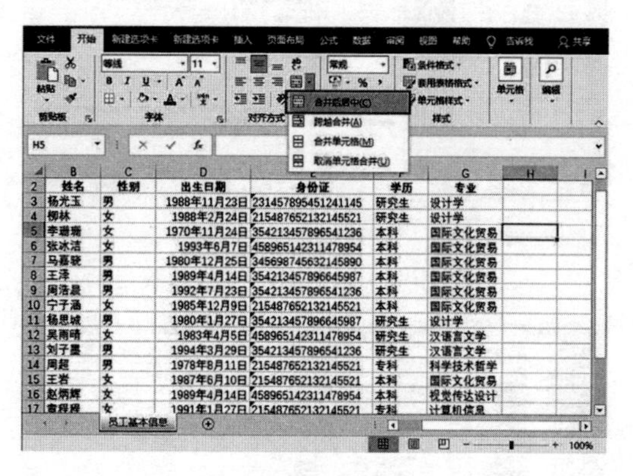
图3-82

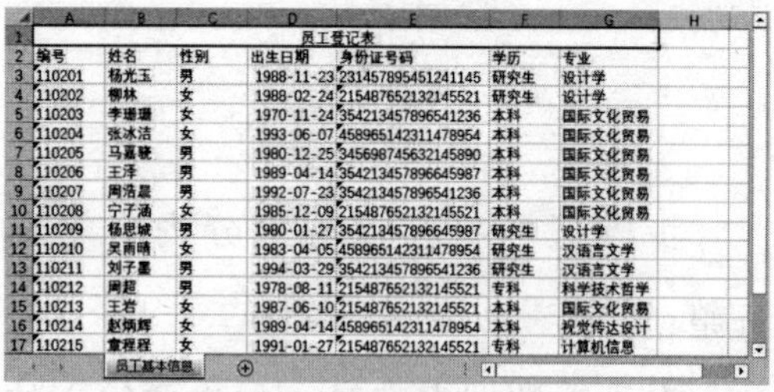

图3-83

3. 美化“员工档案表”

在“员工档案表”中完成输入数据操作后，需要对单元格进行编辑，需要更改文字格式和单元格的行高和列宽等，同时也需要通过设置单元格的边框线等美化“员工档案表”。

步骤一：设置文字格式。

一般在完成单元格的调整和文字的输入后，就可以继续设置单元格的文字格式了。

先来调整标题。选中标题单元格，在“开始”选项卡下的“字体”组中设置标题的字体为“黑体”、字号为“14”，如图3-84所示。

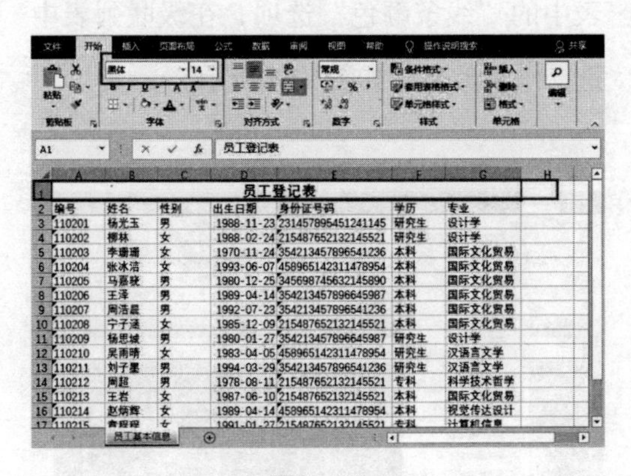

图3-84

再来设置表头文字格式。选中表头文字，在“字体”组中设置表头文字的字体和字号，单击“对齐方式”组中的“居中”按钮，如图3-85所示。用同样的方法对需要调整为“居中”的内容进行调整，如图3-86所示。

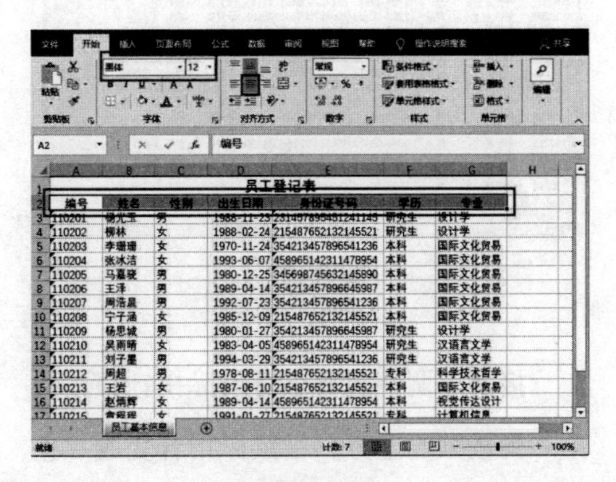

图3-85

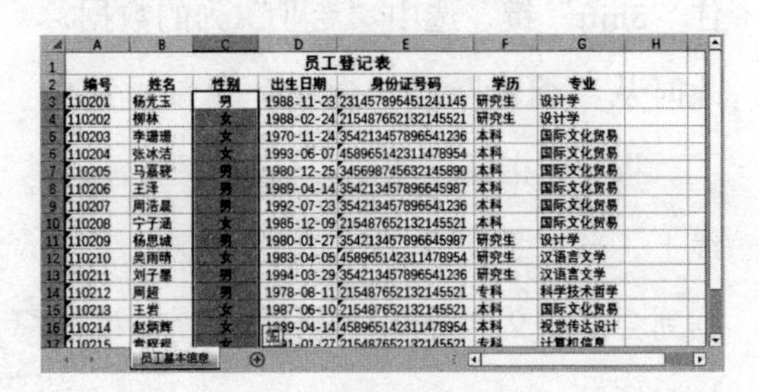

图3-86

步骤二：调整行高和列宽。

完成文字输入及格式调整后，继续审视单元格中的文字是否显示完全，单元格的行高和列宽是否与文字匹配。可以通过拖动鼠标的方式来调整单元格的大小，也可以让单元格自动匹配文字长度。

在调整标题行时，将鼠标指针移动到标题行下方的边框线上，当它变成黑色双向或十字箭头时，按住鼠标左键向下拖动，增加标题行的行高，如图3-87所示。

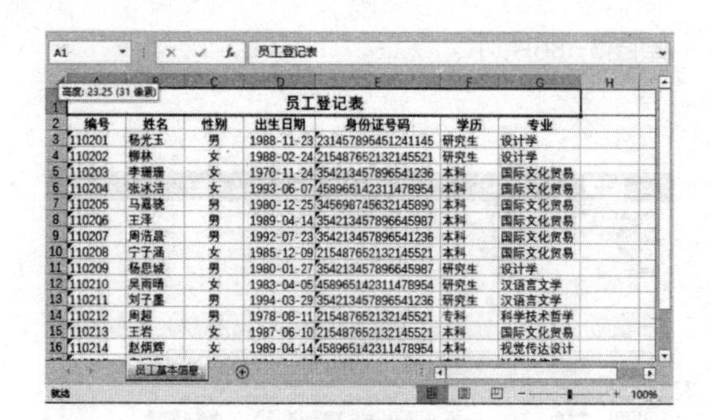

图3-87

接下来调整列宽。将鼠标指针移动到第一列数据的上方，当鼠标指针变成黑色箭头时单击，即可选中这一列的数据。按住“Shift”键，选中“专业”列的数据，此时从“编号”到“专业”列都被选中了。将鼠标指针移动到“专业”列右边框线上，当它变成黑色十字箭头时双击，数据列会根据文字宽度自动调整列宽，如图3-88所示。

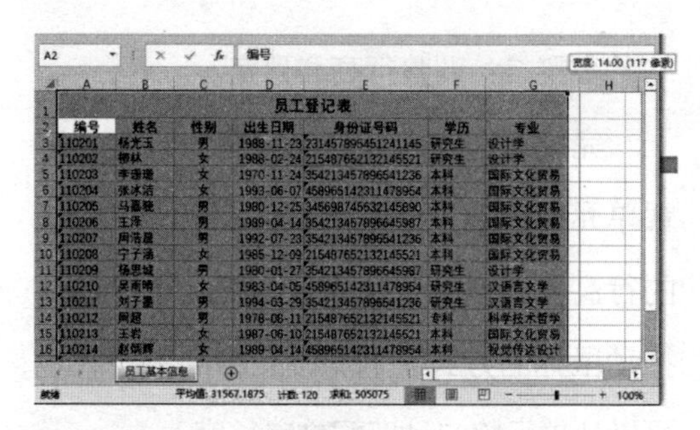

图3-88

步骤三：添加边框。

为了突出或美化数据区域，可以为这个区域添加边框，并为边框选择好看的类型与颜色。选中表格中有数据的区域，单击“开始”选项卡“字体”组中的“边框”下拉按钮，在弹出的下拉列表中选择边框类型，如图3-89所示。

图3-89

单击“边框”下拉按钮，选择下拉列表中的“线条颜色”选项，在级联列表中选择一种颜色，如图3-90所示。

图3-90

3.4.2 制作“成绩表”

为了考评学生在每学期学习方面的能力，学校都会举行期中和期末考试。在“成绩表”中，除了简单地录入成绩，还可以对学生的成绩进行筛选、格式化显示等。

在制作“成绩表”时，首先需要获取学生针对不同考核指标的具体分数，然后将分数录入表格中，最后选择不同的函数对分数进行计算，并设置条件格式显示，让老师可以方便地查看学生的考评成绩。

步骤一：设置表格的格式并录入基本数据。

首先需要设置好表格格式并录入基本数据，便于后期计算与分析数据。新建表格并保存。在选中的单元格中录入学生的编号、姓名、考试科目及分数等数据，并且合并第一行单元格输入标题。需要计算的总分暂且不用录入，后期利用公式功能计算即可，如图3-91所示。

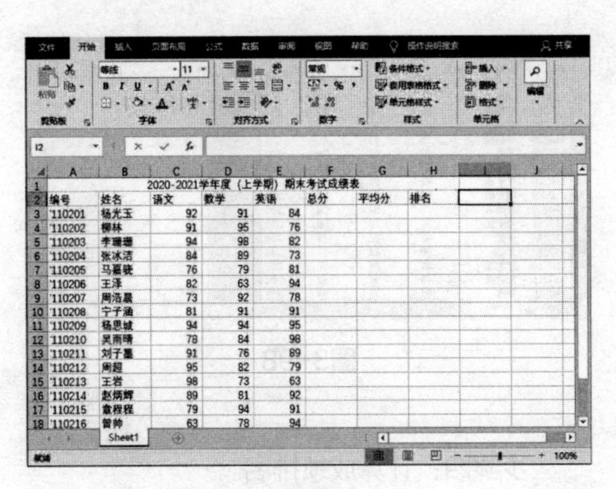

图3-91

步骤二：计算成绩总分。

基本数据录入完成后，涉及计算的数据内容可以通过 Excel工作表的公式功能自动计算并录入，只需要知道常用公式的使用方法即可完成数据计算。选中“总分”下面的第一个单元格，表示要将求和结果放在此处，单击“公式”选项卡“函数库”组中的“自动求和”下拉按钮，在弹出的下拉列表中选择“求和”选项，如图3-92所示。

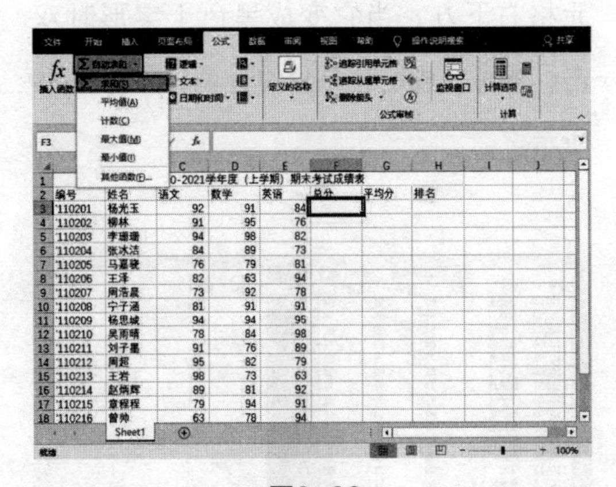

图3-92

执行求和命令后，会自动出现公式（见图3-93），只要确定虚线框中的数据是需要求和的数据即可，按下“Enter”键，表示确定公式，如图3-94所示。

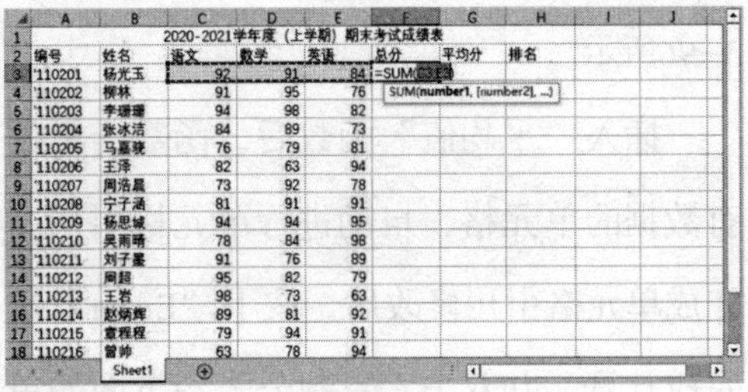

图3-93

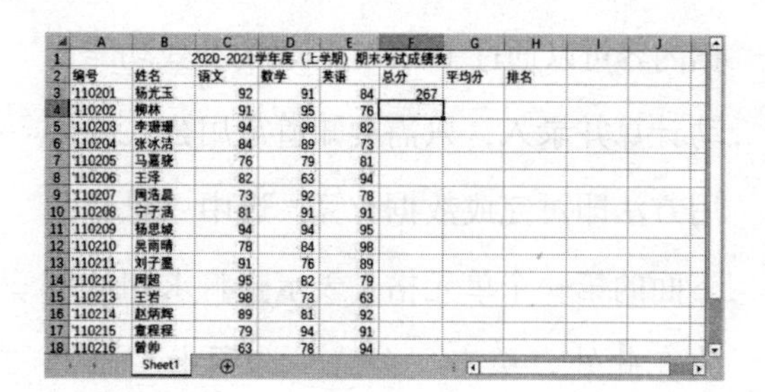

编号	姓名	语文	数学	英语	总分	平均分	排名
'110201	杨光玉	92	91	84	267		
'110202	柳林	91	95	76			
'110203	李珊珊	94	98	82			
'110204	张冰洁	84	89	73			
'110205	马嘉骏	76	79	81			
'110206	王泽	82	63	94			
'110207	周浩晨	73	92	78			
'110208	宁子涵	81	91	91			
'110209	杨思城	94	94	95			
'110210	吴雨晴	78	84	98			
'110211	刘子墨	91	76	89			
'110212	周超	95	82	79			
'110213	王岩	98	73	63			
'110214	赵炳辉	89	81	92			
'110215	章程程	79	94	91			
'110216	曾帅	63	78	94			

图3-94

当我们完成了第一个总分的计算后，选择该单元格，并将鼠标指针移动到该单元格右下方，当它变成黑色十字形时双击，即可完成所有总分的计算，如图3-95所示。

编号	姓名	语文	数学	英语	总分	平均分	排名
'110201	杨光玉	92	91	84	267		
'110202	柳林	91	95	76	262		
'110203	李珊珊	94	98	82	274		
'110204	张冰洁	84	89	73	246		
'110205	马嘉骏	76	79	81	236		
'110206	王泽	82	63	94	239		
'110207	周浩晨	73	92	78	243		
'110208	宁子涵	81	91	91	263		
'110209	杨思城	94	94	95	283		
'110210	吴雨晴	78	84	98	260		
'110211	刘子墨	91	76	89	256		
'110212	周超	95	82	79	256		
'110213	王岩	98	73	63	234		
'110214	赵炳辉	89	81	92	262		
'110215	章程程	79	94	91	264		
'110216	曾帅	63	78	94	235		

图3-95

步骤三：计算平均分。

选择“平均分”下面的第一个单元格，单击“自动求和”下拉按钮，在弹出的下拉列表中选择“平均值”选项，如图3-96所示。

插入“平均值”函数后，函数会根据有数据的单元格，自动进行单元格引用。完成单元格引用修改后，按下“Enter”键完成计算，并双击、复制公式到下面的单元格中，如图3-97所示。

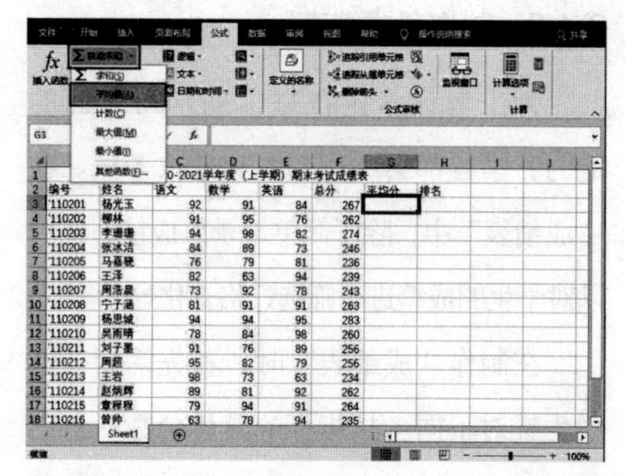

编号	姓名	语文	数学	英语	总分	平均分	排名
'110201	杨光玉	92	91	84	267		
'110202	柳林	91	95	76	262		
'110203	李珊珊	94	98	82	274		
'110204	张冰洁	84	89	73	246		
'110205	马嘉骏	76	79	81	236		
'110206	王泽	82	63	94	239		
'110207	周浩晨	73	92	78	243		
'110208	宁子涵	81	91	91	263		
'110209	杨思城	94	94	95	283		
'110210	吴雨晴	78	84	98	260		
'110211	刘子墨	91	76	89	256		
'110212	周超	95	82	79	256		
'110213	王岩	98	73	63	234		
'110214	赵炳辉	89	81	92	262		
'110215	章程程	79	94	91	264		
'110216	曾帅	63	78	94	235		

图3-96

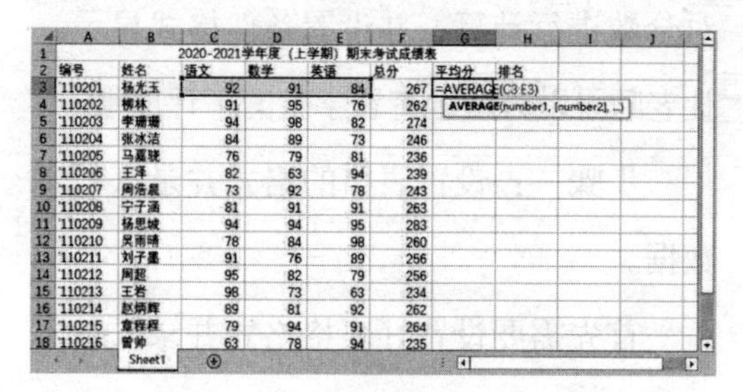

编号	姓名	语文	数学	英语	总分	平均分	排名
'110201	杨光玉	92	91	84	267	=AVERAGE(C3:E3)	
'110202	柳林	91	95	76	262		
'110203	李珊珊	94	98	82	274		
'110204	张冰洁	84	89	73	246		
'110205	马嘉骏	76	79	81	236		
'110206	王泽	82	63	94	239		
'110207	周浩晨	73	92	78	243		
'110208	宁子涵	81	91	91	263		
'110209	杨思城	94	94	95	283		
'110210	吴雨晴	78	84	98	260		
'110211	刘子墨	91	76	89	256		
'110212	周超	95	82	79	256		
'110213	王岩	98	73	63	234		
'110214	赵炳辉	89	81	92	262		
'110215	章程程	79	94	91	264		
'110216	曾帅	63	78	94	235		

图3-97

同计算总分的方法一样，选择该单元格，并将鼠标指针移动到该单元格右下方，当它变成黑色十字形时双击，即可完成所有平均分的计算，如图3-98所示。

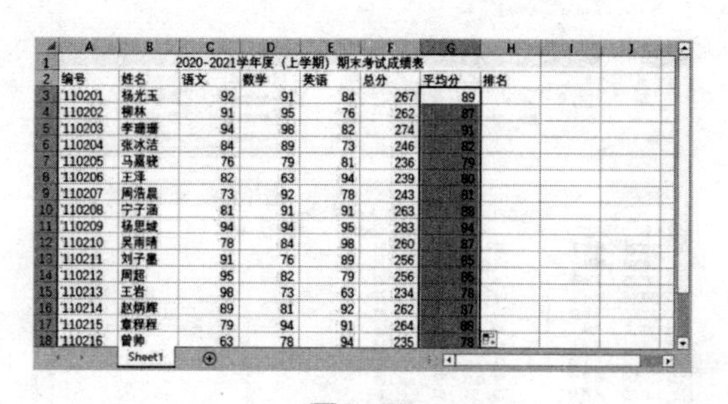

编号	姓名	语文	数学	英语	总分	平均分	排名
'110201	杨光玉	92	91	84	267	89	
'110202	柳林	91	95	76	262	87	
'110203	李珊珊	94	98	82	274	91	
'110204	张冰洁	84	89	73	246	82	
'110205	马嘉骏	76	79	81	236	79	
'110206	王泽	82	63	94	239	80	
'110207	周浩晨	73	92	78	243	81	
'110208	宁子涵	81	91	91	263	88	
'110209	杨思城	94	94	95	283	94	
'110210	吴雨晴	78	84	98	260	87	
'110211	刘子墨	91	76	89	256	85	
'110212	周超	95	82	79	256	85	
'110213	王岩	98	73	63	234	78	
'110214	赵炳辉	89	81	92	262	87	
'110215	章程程	79	94	91	264	88	
'110216	曾帅	63	78	94	235	78	

图3-98

步骤四：计算成绩排名。

在“成绩表”中，我们可以对学生的成绩进行排名，这时需要用到的函数是RANK，如图3-99所示。在该成绩表中，学生成绩是按照总分的高低进行排名的，因此在RANK函数中会涉及总分单元格的定位。将输入法切换到英文输入法，在“排名”下面的第一个单元格中输入函数“=RANK(F3,F$3:H$24)”，如图3-100所示。

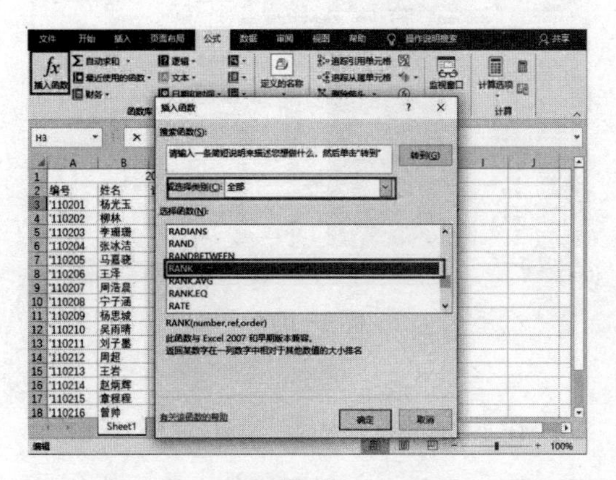

图3-99

=RANK(F3,F$3:F$24)

2020-2021学年度（上学期）期末考试成绩表							
编号	姓名	语文	数学	英语	总分	平均分	排名
'110201	杨光玉	92	91	84	267	89	3
'110202	柳林	91	95	76	262	87	
'110203	李珊珊	94	98	82	274	91	
'110204	张冰洁	84	89	73	246	82	
'110205	马嘉骐	76	79	81	236	79	
'110206	王泽	82	63	94	239	80	
'110207	周浩晨	73	92	78	243	81	
'110208	宁子涵	81	91	91	263	88	
'110209	杨思诚	94	94	95	283	94	
'110210	吴雨晴	78	84	98	260	87	
'110211	刘子墨	91	76	89	256	85	
'110212	周超	95	82	79	256	85	
'110213	王岩	98	73	63	234	78	
'110214	赵炳辉	89	81	92	262	87	
'110215	章程程	79	94	91	264	88	
'110216	曾帅	63	78	94	235	78	

图3-100

在输入公式后，按下“Enter”键完成公式计算，并双击、复制公式到下面的单元格中，此时便完成了学生的总分成绩排名，如图3-101所示。

2020-2021学年度（上学期）期末考试成绩表							
编号	姓名	语文	数学	英语	总分	平均分	排名
'110201	杨光玉	92	91	84	267	89	3
'110202	柳林	91	95	76	262	87	6
'110203	李珊珊	94	98	82	274	91	2
'110204	张冰洁	84	89	73	246	82	11
'110205	马嘉骐	76	79	81	236	79	14
'110206	王泽	82	63	94	239	80	13
'110207	周浩晨	73	92	78	243	81	12
'110208	宁子涵	81	91	91	263	88	5
'110209	杨思诚	94	94	95	283	94	1
'110210	吴雨晴	78	84	98	260	87	8
'110211	刘子墨	91	76	89	256	85	9
'110212	周超	95	82	79	256	85	9
'110213	王岩	98	73	63	234	78	16
'110214	赵炳辉	89	81	92	262	87	6
'110215	章程程	79	94	91	264	88	4
'110216	曾帅	63	78	94	235	78	15

图3-101

步骤五：设置表格样式。

表格数据录入完成后，可以利用系统预设的标题样式、单元格样式快速美化表格。

首先设置标题样式。选中标题单元格，单击“开始”选项卡“样式”组中的“单元格样式”下拉按钮，在弹出的下拉列表中选择一种标题样式，如图3-102所示。

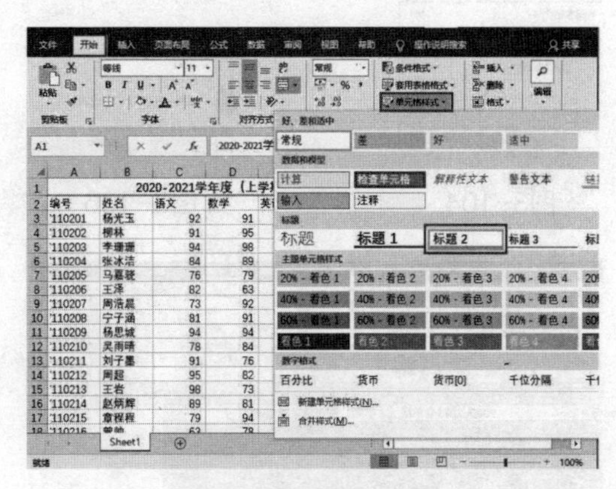

图3-102

其次设置单元格样式。选中任意数据单元格，单击“开始”选项卡“样式”组中的“套用表格格式”下拉按钮，在弹出的下拉列表中选择一种表格样式，如图3-103所示。此时会弹出“套用表格式”对话框，修改设置样式的表格区域范围，单击“确定”按钮，如图3-104所示。

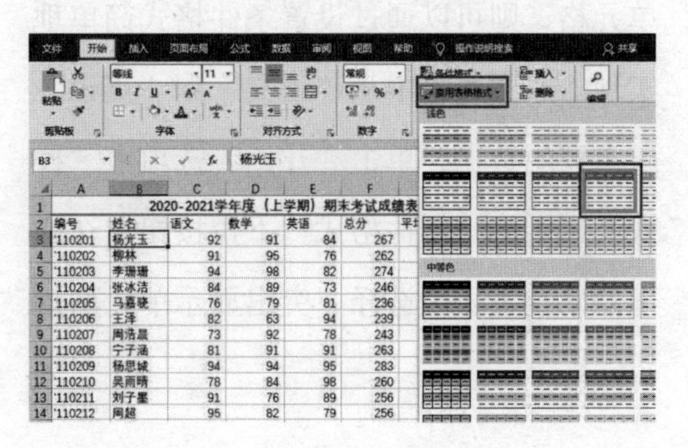

图3-103

也可将套用表格样式的表格区域转换为普通区域。单击“表格工具—设计”选项卡“工具”组中的“转换为区域”按钮，如图3-105所示。此时会弹出提示对话框，单击“是”按钮，确定区域转换，如图3-106所示。

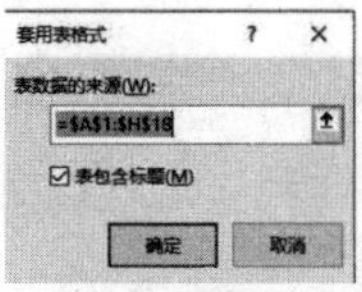

图3-104 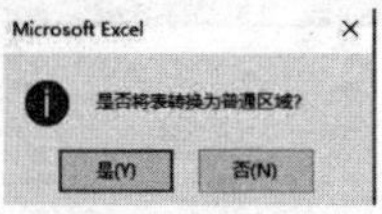　　图3-106

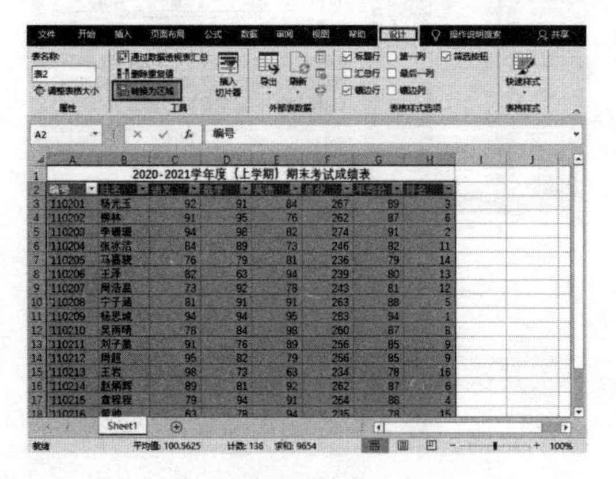

图3-105

步骤六：设置条件格式，突出显示数据。

如果想要突出显示成绩超过90分的单元格，则可以通过设置条件格式简单地实现。选中表格中从“语文”到“英语”所有列的数据，单击“开始”选项卡“样式”组中的“条件格式”下拉按钮，在弹出的下拉列表中选择“突出显示单元格规则”选项，在级联列表中选择“大于”选项，如图3-107所示。

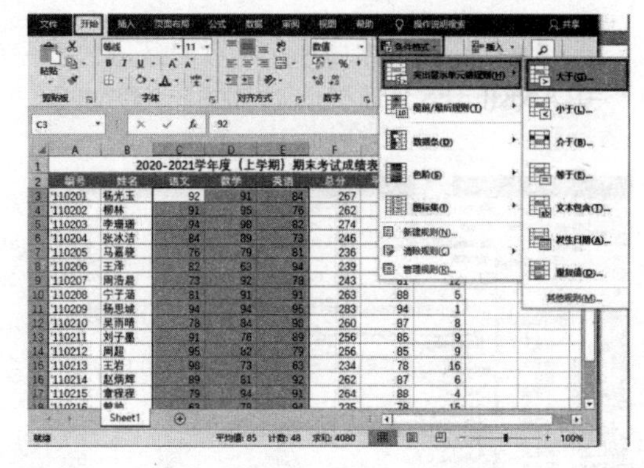

图3-107

在弹出的“大于”对话框中输入“90”，表示突出显示成绩大于90分的单元格，单击“确定”按钮，如图3-108所示。此时在选中的数据列中，大于90分的单元格都被突出显示出来，单元格底色为浅红色，如图3-109所示。

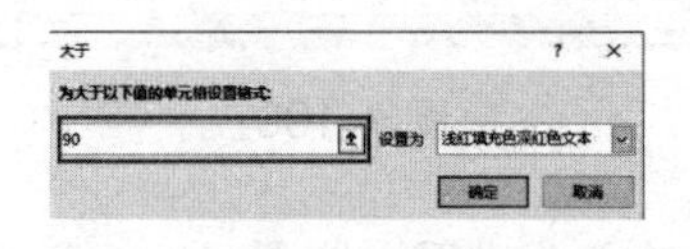

图3-108

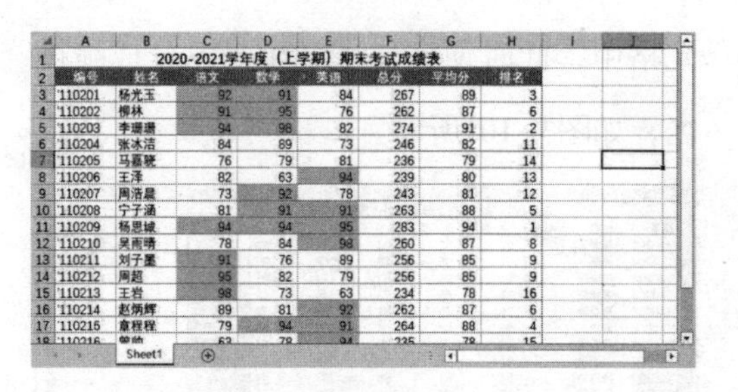

图3-109

3.5 Excel工作表中图表的应用——制作“业绩统计图”

在很多时候，企业会利用图表来呈现员工的业绩，便于进行考核。在考核的项目生成表格后，可以将不同的得分制作成柱形图，以便更直观地分析数据。在制作“业绩统计图”时，我们的制作思路如下。

（1）创建柱形图表。

（2）调整图表布局。

3.5.1 创建柱形图表

在创建三维的柱形图表前，先创建一个基础的Excel工作表，并填写好数据。选中需要制作成图表的数据，单击“插入”选项卡“图表”组中的“插入柱形图”下拉按钮，在弹出的下拉列表中选择“三维柱形图”选项，如图3-110所示。

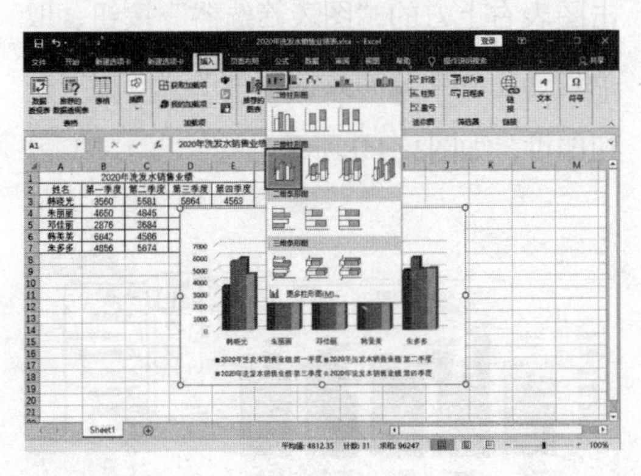

图3-110

此时，根据选中的数据创建出了一个三维柱形图，如图3-111所示。

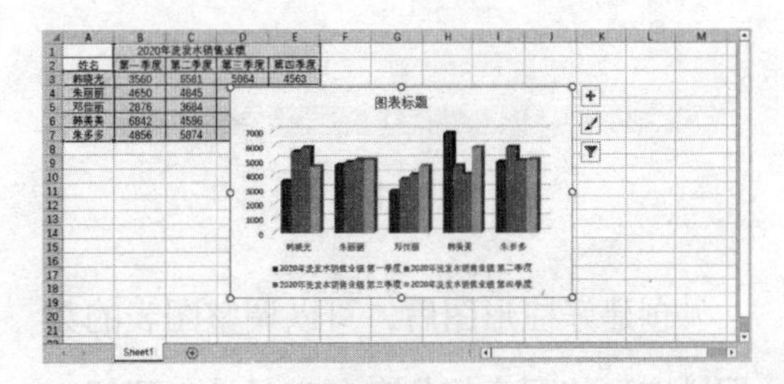

图3-111

如果我们对选择的图表类型不满意，那么，不用删除图表，直接在“更改图表类型”对话框中重新选择图表类型即可。选中图表，单击“图表工具—设计”选项卡“类型”组中的“更改图表类型”按钮，如图3-112所示。在自动弹出的“更改图表类型”对话框中选择“簇状柱形图”，单击“确定”按钮即可，如图3-113所示。

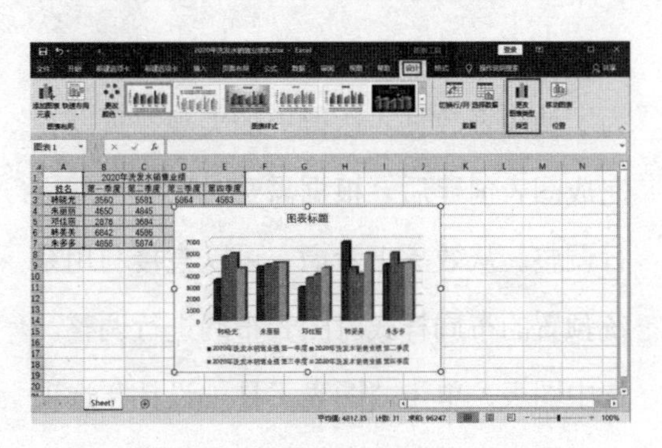

图3-112

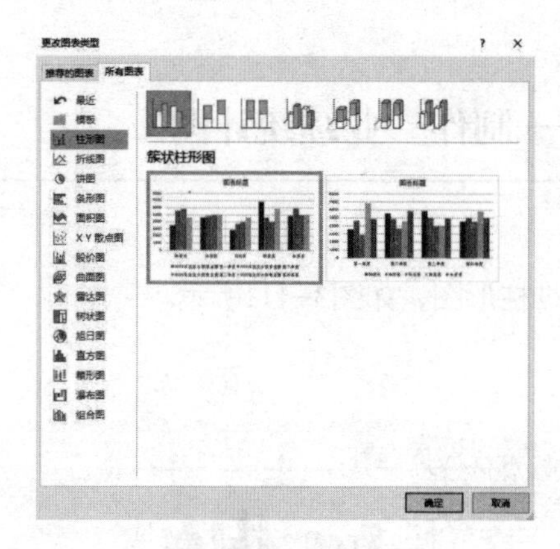

图3-113

创建好柱形图后，可以调整图表的数据排序，使图表的信息更容易被人理解。在表格中选中“第一季度”单元格后，单击“数据”选项卡“排序和筛选”组中的“升序”按钮，如图3-114所示，即可查看第一季度5位员工的销售业绩。

图3-114

3.5.2 调整图表布局

Excel工作表中的图表布局有很多种，为了使图表数据表达得更加美观，可以在完成图表创建后，根据需要对图表布局进行调整。从效率上考虑，可以直接利用系统预置的布局样式对图表布局进行调整。选中图表，单击“图表工具—设计”选项卡“图表布局”组中的“快速布局”下拉按钮，在弹出的下拉列表中选择“布局1”选项，此时图表便会应用“布局1”样式中的布局，如图3-115所示。

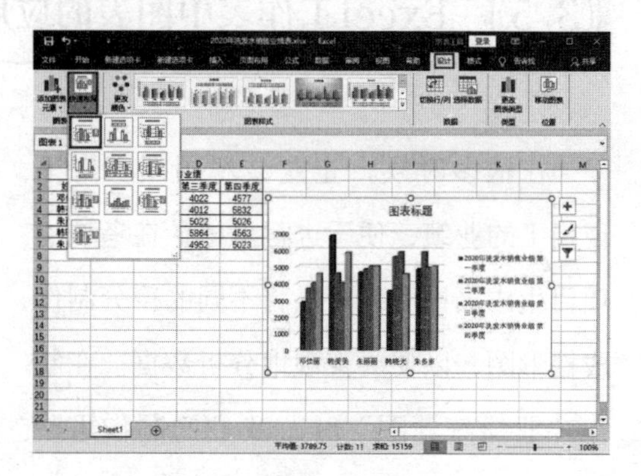

图3-115

如果快速布局样式不能满足要求，那么，还可以自定义布局。可以手动更改图表元素、图表样式，以及使用图表筛选器自定义图表布局或样式。首先，选择图表并单击图表右上方的“图表元素”按钮，从弹出的“图表元素”窗格中勾选需要的图表布局，如图3-116所示。其次，选择图表样式。单击图表右上方的“图表样式”按钮，在打开的样式列表中选择喜欢的图表样式，如图3-117所示。最后，单击图表右上方的“图表筛选器”按钮，取消勾选想要隐藏的数据，单击“应用”按钮即可，如图3-118所示。

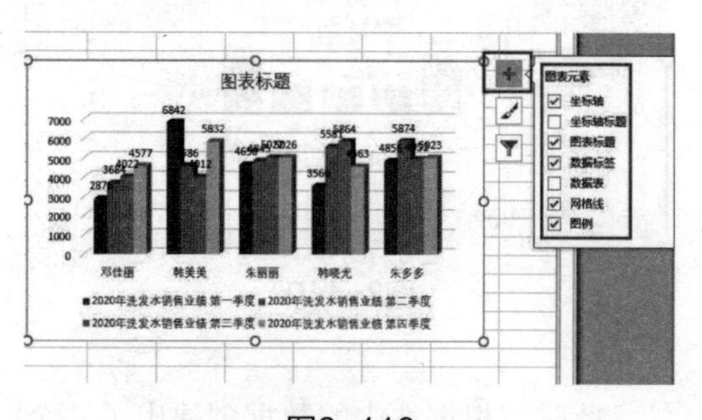

图3-116

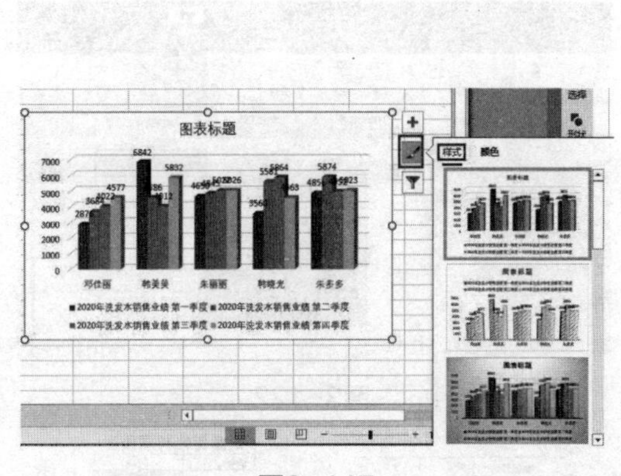

图3-117

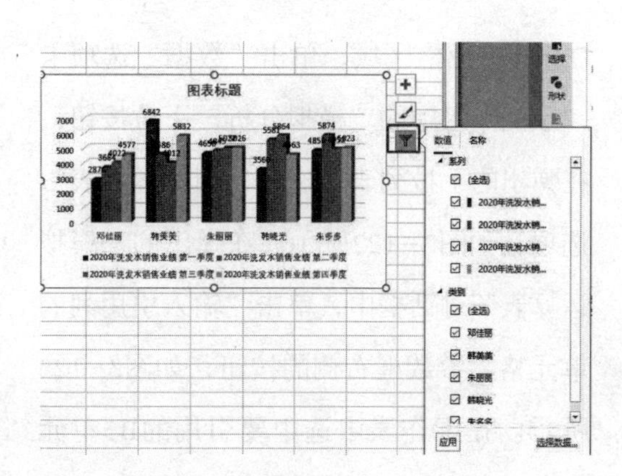

图3-118

利用Excel工作表对数据进行分析与处理——制作“产品利润预测表”

我们可以利用Excel工作表制作“产品利润预测表”来分析产品销量和利润。在“产品利润预测表”中，通过对固定成本、单位变动成本、单位售价、销量进行假设，来完成一个模拟运算。企业通常会在将商品正式投入市场前比较、分析商品在不同销量、不同单位售价下的利润大小，从而找出让利润最大化的方案。因此，我们在制作“产品利润预测表”时的思路如下。

（1）预测销量对利润的影响。

（2）预测销量和单位售价变化对利润的影响。

3.6.1 预测销量对利润的影响

新建工作表，并在工作表Sheet1中输入已知数据标签及数据，如图3-119所示。继续在单元格区域中添加数据内容及修饰单元格，如图3-120所示。

图3-119

选中E3单元格，输入公式“=(B2-B4)＊B5-B3”，按“Enter”键，计算出由已知数据得到的利润，如图3-121所示。选择

D3:E8单元格区域，单击“数据”选项卡“预测”组中的“模拟分析”下拉按钮，在弹出的下拉列表中选择“模拟运算表”选项，如图3-122所示。在弹出的“模拟运算表”对话框中，单击“输入引用列的单元格”参数框右侧的按钮，如图3-123所示。在工作表中选中要引用的B5单元格，单击参数框右侧的“折叠”按钮。返回“模拟运算表”对话框，单击“确定”按钮确认引用，最后可以查看模拟运算结果，如图3-124所示。

图3-120

图3-121

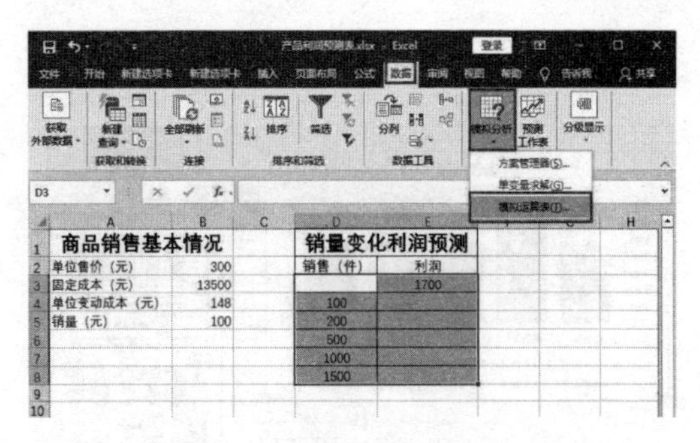

图3-122

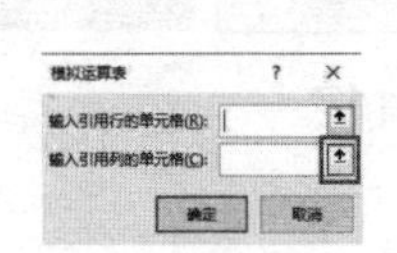

图3-123　　图3-124

3.6.2　预测销量和单位售价变化对利润的影响

在工作表Sheet2中输入已知数据字段及数据，并创建模拟运算表区域。在A8:G18单元格区域中添加数据内容及单元格修饰，如图3-125所示。

图3-125

在B10单元格中输入公式“=(B2-B4)＊B5-B3”，按“Enter”键，计算出数据的结果，如图3-126所示。

当我们创建好模拟运算的数据区域和计算公式后，就可以利用“模拟运算表”功能进行计算，当公式中某些数据发生变化，则会得到相应的结果了。首先，选中B10:G18单元格区域，单击“数据”选项卡“预测”组中的“模拟分析”下拉按钮，在弹出的下拉列表中选择“模拟运算表”选项，如图3-127所示。其次，在弹出的“模拟运算表”对话框的“输入引用行的单元格”参数框中引用单元格B5，在“输入引用列的单元格”参数框中引用单元格B2，单击“确定”按钮，如图3-128所示。最后，查看模拟运算结果，如图3-129所示。

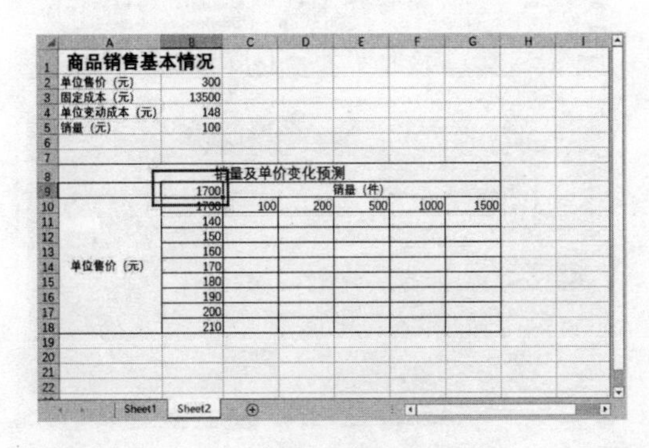

图3-126

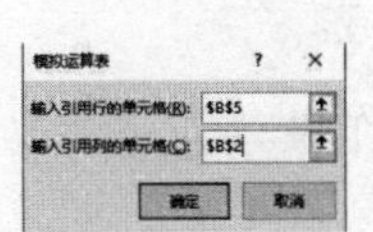

图3-128

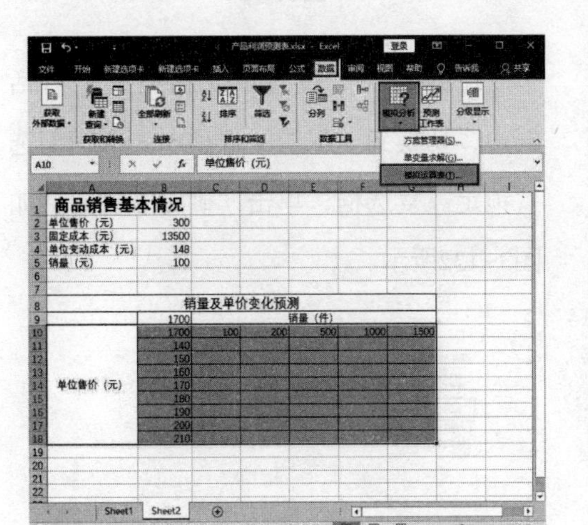

图3-127

		销量及单价变化预测				
	1700	销量（件）				
单位售价（元）	1700	100	200	500	1000	1500
	140	-14300	-15100	-17500	-21500	-25500
	150	-13300	-13100	-12500	-11500	-10500
	160	-12300	-11100	-7500	-1500	4500
	170	-11300	-9100	-2500	8500	19500
	180	-10300	-7100	2500	18500	34500
	190	-9300	-5100	7500	28500	49500
	200	-8300	-3100	12500	38500	64500
	210	-7300	-1100	17500	48500	79500

图3-129

3.7 保护和共享工作表

很多工作表在制作完成后会需要保护并可能要向其他相关人员分享。我们在保护和分享工作表的同时要先在信任中心对工作表进行相关设置，这样操作主要是为了避免后期的共享失败。然后设置可编辑区域，对工作表添加保护密码，避免共享后重要信息被修改。最后设置工作表的共享命令。那么，具体的操作流程思路如下。

（1）设置可编辑的区域。

（2）保护要共享的工作表。

（3）共享工作表。

3.7.1 设置可编辑的区域

在共享工作表之前，要对表格中的重要数据进行保护，防止他人随意修改。

打开要共享的工作表，选中任意一个空白单元格，如图3-130所示。

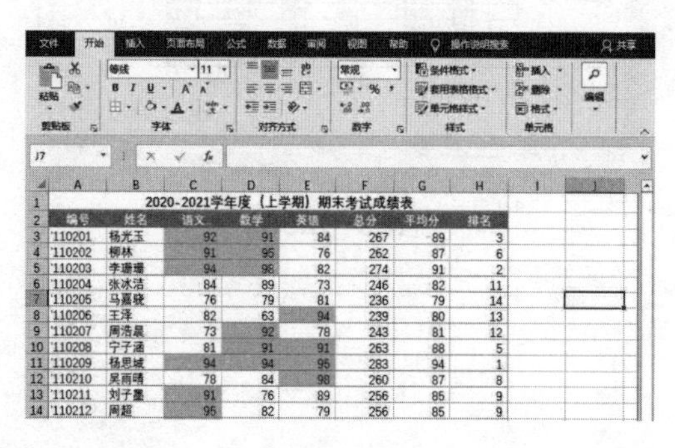

图3-130

按下“Ctrl+A”快捷键，选中表格中的所有单元格。单击“开始”选项卡“数字”组中的对话框启动器按钮，如图3-131所示。

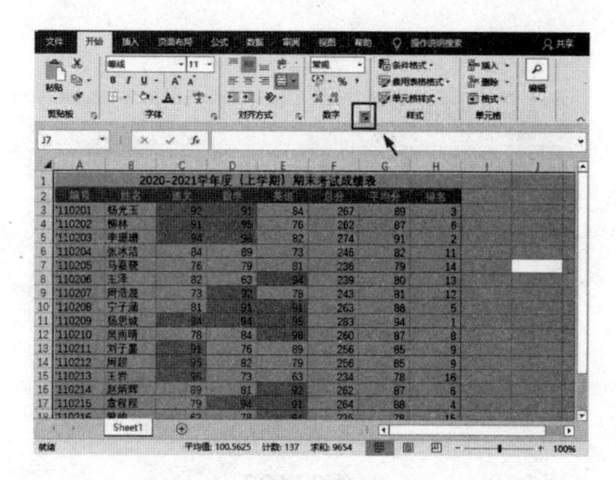

图3-131

在弹出的“设置单元格格式”对话框中，切换到“保护”选项卡，取消勾选“锁定”复选框，单击“确定”按钮，如图3-132所示。

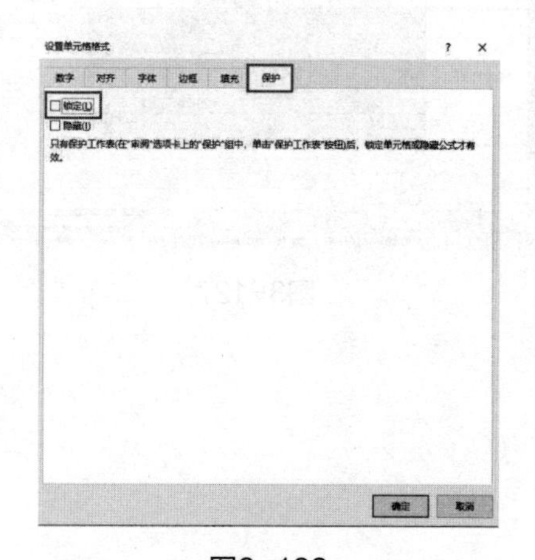

图3-132

选择已编辑的所有内容，单击“开始”选项卡“数字”组中的对话框启动器按钮，如图3-133所示。

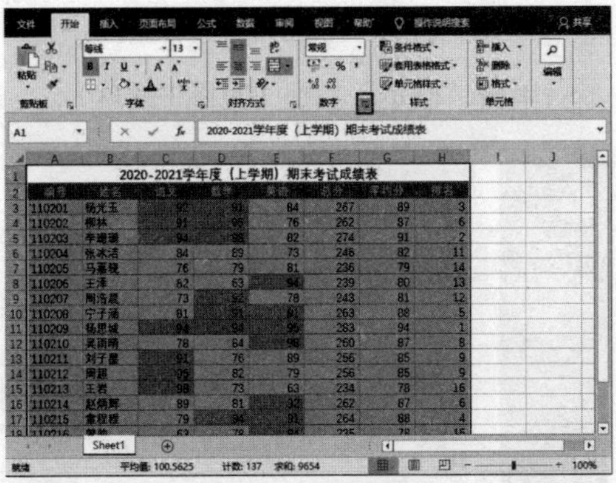

图3-133

在弹出的“设置单元格格式”对话框中，切换到“保护”选项卡，与之前设置单元格保护状态的操作不同，这一步勾选“锁定”复选框，单击“确定”按钮，如图3-134所示。

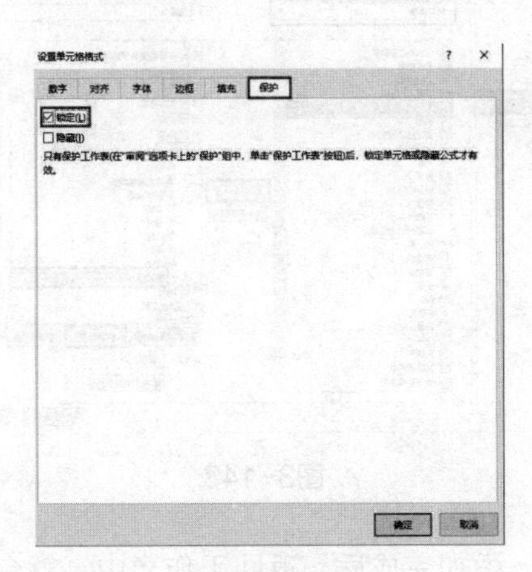

图3-134

单击“审阅”选项卡“保护”组中的“允许用户编辑区域”按钮，如图3-135所示，在弹出的“允许用户编辑区域”对话框中单击“新建”按钮，如图3-136所示。

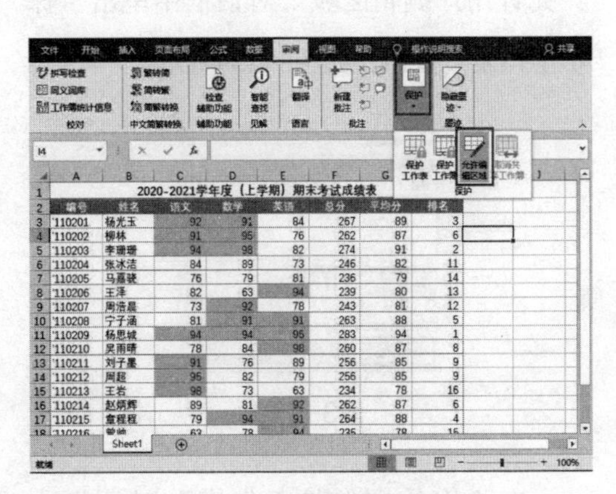

图3-135

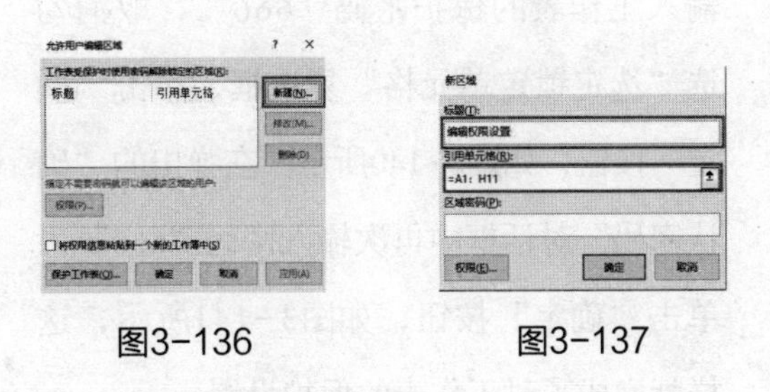

图3-136　　图3-137

在弹出的“新区域”对话框中，输入区域标题，设置“引用单元格”为需要限制编辑的区域，单击“确定”按钮设置区域，如图3-137所示。单击“应用”按钮，就完成了可编辑区域的设置，如图3-138所示。

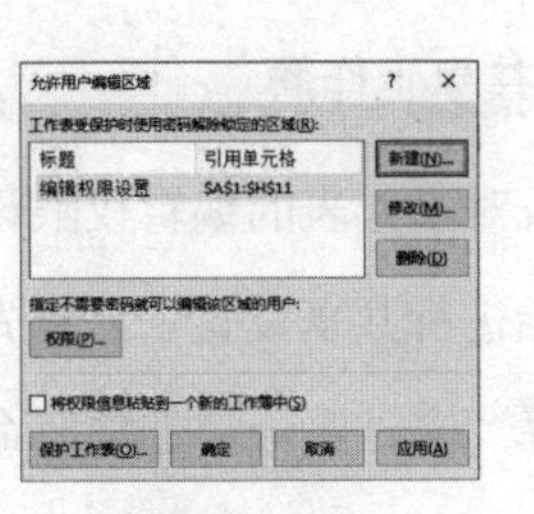

图3-138

3.7.2 保护要共享的工作表

单击“审阅”选项卡“保护”组中的“允许用户编辑区域”按钮，在弹出的“允许用户编辑区域”对话框中单击“保护工作表”按钮，如图3-139所示。

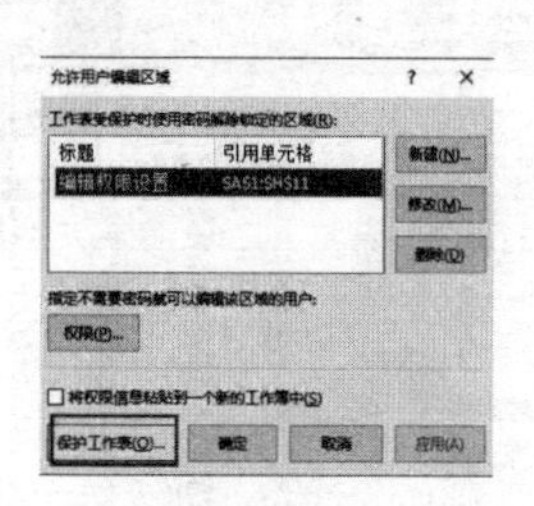

图3-139

在弹出的“保护工作表”对话框中输入工作表的保护密码“666”，取消勾选“选定锁定单元格”复选框，单击“确定”按钮，如图3-140所示。在弹出的“确认密码”对话框中再次输入密码“666”，单击“确定”按钮，如图3-141所示，这样就完成了对工作表的保护设置。

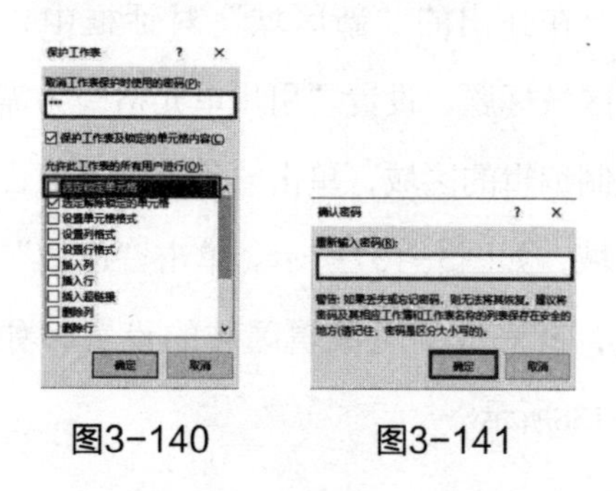

图3-140　　图3-141

3.7.3 共享工作簿

完成对工作表的编辑权限设置后，就可以开始进行共享设置了。首先在工作表界面选择“文件”→“选项”命令，如图3-142所示。在弹出的对话框中，点击左侧列表中的“自定义功能区”选项，在其右侧的“从下列位置选择命令”的下拉列表中选择“所有命令”，并在列表中找到“共享工作簿（旧版）”选项，选择后直接点击“添加”按钮，将此功能添加到新建的组中，最后单击“确定”按钮（见图3-143）。

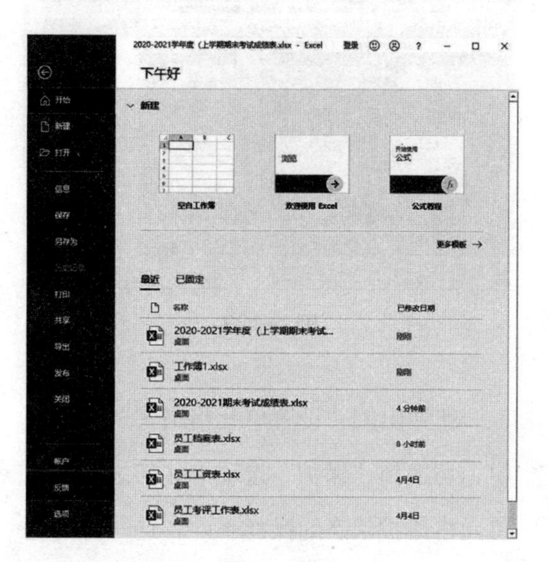

图3-142

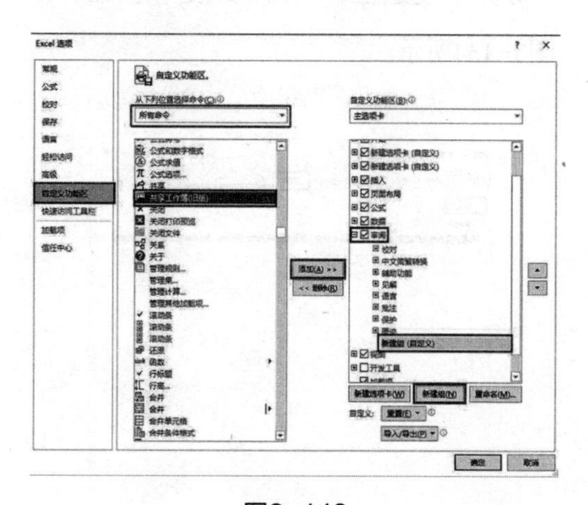

图3-143

添加完成后，返回工作表中，就会在“审阅”选项卡下出现“共享工作簿（旧版）”功能，如图3-144所示。单击该功能，弹出“共享工作簿”对话框，切换到

“编辑”选项卡，勾选“使用旧的共享工作簿功能，而不是新的共同创作体验”复选框，单击“确定”按钮，如图3-145所示。返回工作表中，可以看到文件名中带有“已共享”字样，说明该工作表已经实现了共享，如图3-146所示。

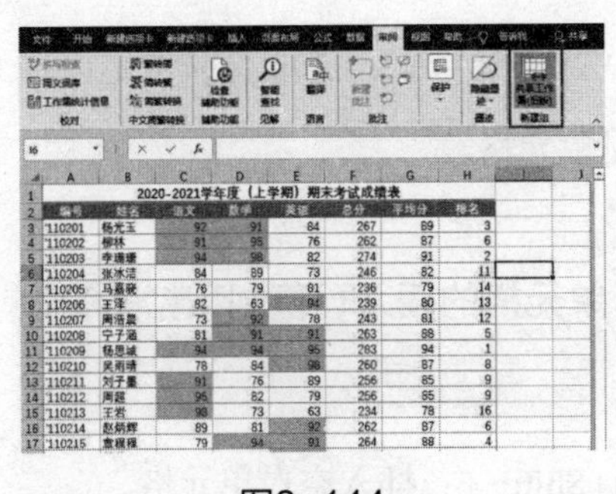

图3-144

图3-145

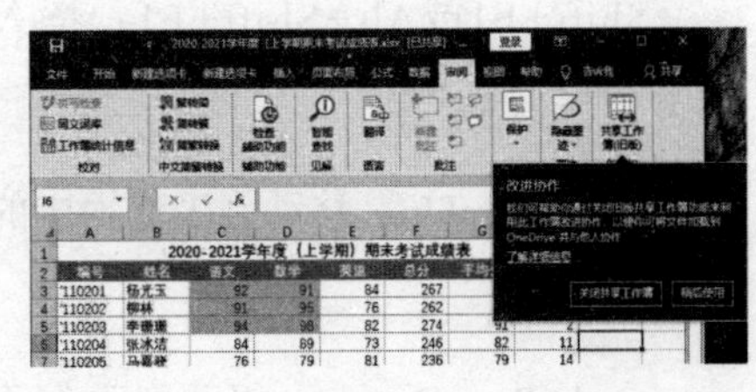

图3-146

3.8 工作表的打印

工作表制作完成后，就可以进行打印了。在打印前要进行预览，在确认工作表无误后再进行打印。

在工作表界面中选择“文件”→“打印”命令（见图3-147），在打印预览中检查要打印的工作表。如果页面需要调整，则单击“打印”项下的“设置”下方的“页面设置”按钮进行调整即可，如图3-148所示。调整完成后，单击“打印”按钮，开始打印工作表，如图3-149所示。

图3-147

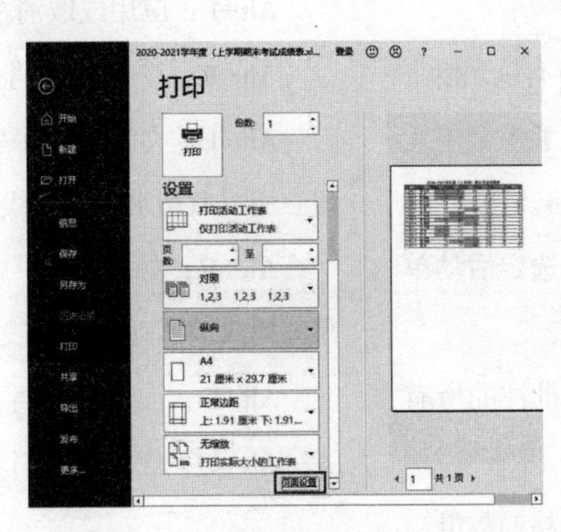

图3-148

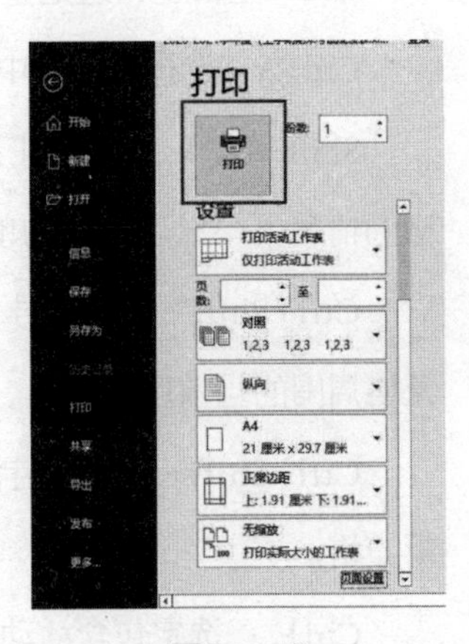

图3-149

3.9 Excel常用操作快捷键

3.9.1 Excel工作表的操作快捷键

Shift+F1或Alt+Shift+F1：插入新工作表。

Ctrl+PageUp：移动到工作簿中的上一张工作表。

Ctrl+PageDown：移动到工作簿中的下一张工作表。

Shift+Ctrl+PageUp：选定当前工作表和上一张工作表。

Shift+Ctrl+PageDown：选定当前工作表和下一张工作表。

Alt+O+H+R：对当前工作表重命名。

Alt+E+M：移动或复制当前工作表。

Alt+E+L：删除当前工作表。

3.9.2 选择单元格、行或列等的快捷键

Ctrl+空格键：选定整列。

Shift+空格键：选定整行。

Ctrl+A：选择工作表中的所有单元格。

Shift+Backspace：在选定了多个单元格的情况下，只选定活动单元格。

Ctrl+Shift+＊（星号）：选定活动单元格周围的当前区域。

Ctrl+Shift+O：选定含有批注的所有单元格。

Ctrl+/：选定包含活动单元格的数组。

Alt+；（分号）：选取当前选定区域中的可见单元格。

3.9.3 单元格的插入、复制和粘贴等快捷键

Ctrl+Shift++：插入空白单元格。

Ctrl+-：删除选定的单元格。

Delete：清除选定单元格的内容。

Ctrl+Shift+=：插入单元格。

Ctrl+X：剪切选定的单元格。

Ctrl+V：粘贴复制的单元格。

Ctrl+C：复制选定的单元格。

3.9.4 通过“边框”对话框设置有关边框的快捷键

Alt+T：应用或取消上框线。

Alt+B：应用或取消下框线。

Alt+L：应用或取消左框线。

Alt+R：应用或取消右框线。

Alt+H：如果选定了多行中的单元格，则应用或取消水平分隔线。

Alt+V：如果选定了多行中的单元格，则应用或取消垂直分隔线。

Alt+D：应用或取消下对角框线。

Alt+U：应用或取消上对角框线。

3.9.5 数字格式设置快捷键

Ctrl+1：打开“设置单元格格式”对话框。

Ctrl+Shift+~：应用“常规”数字格式。

Ctrl+Shift+$：应用带有两个小数位的“货币”格式（负数放在括号中）。

Ctrl+Shift+%：应用不带小数位的“百分比”格式。

Ctrl+Shift+空格键：应用带两个小数位的“科学计数”数字格式。

Ctrl+Shift+#：应用含有年、月、日的“日期”格式。

Ctrl+Shift+@：应用含有小时和分钟并标明上午（AM）或下午（PM）的“时间”格式。

Ctrl+Shift+！：应用带有两个位小数位、使用千位分隔符且负数用负号（-）表示的“数字”格式。

3.9.6 输入并计算公式的快捷键

=：输入格式。

F2：关闭单元格的编辑状态后，将插入点移动到编辑栏内。

Enter：在单元格或编辑栏中完成单元格输入。

Ctrl+Shift+Enter：将公式作为数组公式输入。

Shift+F3：在公式中，打开“插入函数”对话框。

Ctrl+A：当插入点位于公式中公式名称的右侧时，打开“函数参数”对话框。

Ctrl+Shift+A：当插入点位于公式中函数名称的右侧时，插入参数名和括号。

F3：将定义的名称粘贴到公式中。

Alt+=：用SUM函数插入“自动求和”公式。

Ctrl+’：将活动单元格上方单元格中的公式复制到当前单元格或编辑栏。

Ctrl+`（左单引号）：计算活动工作表。

Ctrl+Alt+Shift+F9：重新检查公式，计算打开的工作簿中的所有单元格，包括未标记而需要计算的单元格。

3.9.7 输入与编辑数据的快捷键

Ctrl+；（分号）：输入日期。

Ctrl+Shift+：（冒号）：输入时间。

Ctrl+D：向下填充。

Ctrl+R：向右填充。

Ctrl+K：插入超链接。

Ctrl+F3：定义名称。

Alt+Enter：在单元格中换行。

Ctrl+Delete：删除从插入点到行末的文本。

3.9.8 创建图表和选定图表元素的快捷键

F11或Alt+F1：创建当前区域中数据的图表。

Shift+F10+V：移动图表。

↓：选定图表中的上一组元素。

↑：选定图表中的下一组元素。

←：选择分组中的上一个元素。

→：选择分组中的下一个元素。

Ctrl+PageDown：选择工作簿中的下一张工作表。

Ctrl+PageUp：选择工作簿中的上一张工作表。

3.9.9 筛选数据的快捷键

Ctrl+Shift+L：添加筛选下拉箭头。

Alt+↓：在包含下拉箭头的单元格中，显示当前列的“自动筛选”列表。

↓：选择“自动筛选”列表中的下一项。

↑：选择“自动筛选”列表中的上一项。

Alt+↑：关闭当前列的“自动筛选”列表。

Home：选择“自动筛选”列表中的第一项（“全部”）。

End：选择“自动筛选”列表中的最后一项。

Enter：根据“自动筛选”列表中的选项筛选区域。

第4章 PowerPoint 幻灯片演示文稿的应用

第一部分　PowerPoint幻灯片演示文稿入门

4.1 幻灯片演示文稿的基础操作

PowerPoint是一款常用的幻灯片演示文稿软件。在编辑演示文稿的过程中，经常需要对幻灯片进行各种操作，如幻灯片的页面编辑、幻灯片的版式设置、删除幻灯片、移动幻灯片、复制幻灯片、隐藏幻灯片等。

4.1.1 新建与删除幻灯片

1. 新建幻灯片

在进行幻灯片的新建与删除操作前，先创建一个PowerPoint演示文稿。直接单击“开始”菜单并创建新的“空白演示文稿”，如图4-1所示。

可以通过功能区命令创建新的幻灯片，也可以通过鼠标右键的快捷菜单方式创建新的幻灯片。

选择一张幻灯片，单击“开始”选项卡“幻灯片”组中的“新建幻灯片”下拉按钮，从展开的下拉列表中选择一种合适的版式，如图4-2所示，就完成了新幻灯片的创建。还可以在所选幻灯片后面添加一张特定版式的幻灯片。

图4-1

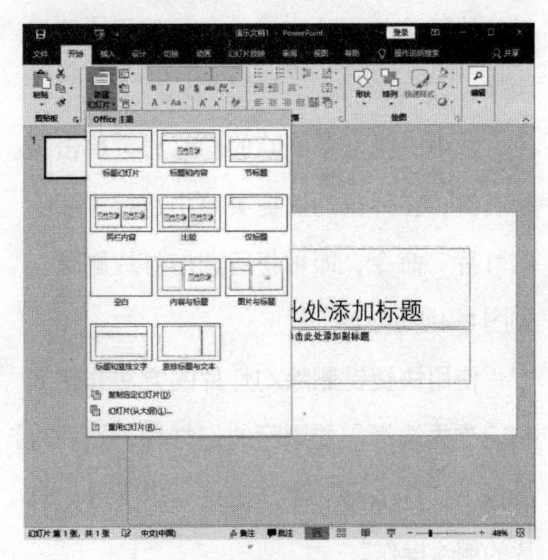

图4-2

还可以直接在打开的幻灯片中单击鼠标右键，在弹出的快捷菜单中选择“新建幻灯片”命令，也能完成新幻灯片的创建，如图4-3所示。

图4-3

2. 删除幻灯片

在制作演示文稿时，为了让演示文稿更简便，常常会将多余的幻灯片删除。删除幻灯片有两种方法：一种是通过鼠标右键的快捷菜单删除；另一种是使用快捷键删除。

选中一张准备删除的幻灯片，单击鼠标右键，在弹出的快捷菜单中选择“删除幻灯片”命令，即可将所选幻灯片删除，如图4-4所示。

使用快捷键删除幻灯片的方法非常简单，首先选择需要删除的幻灯片，然后直接按下“Delete”键，便完成了所选幻灯片的删除操作。

图4-4

4.1.2 移动与复制幻灯片

在编辑演示文稿的过程中，有时候需要调整演示文稿的顺序，这就需要对幻灯片进行移动。如果需要添加一张相同格式的幻灯片，则可以复制幻灯片。

移动幻灯片很简单，只要将一张幻灯片调整到其他位置，就完成了移动幻灯片操作。最常见的操作方法有鼠标右键快捷菜单移动法、功能区按钮移动法和鼠标拖动移动法。

（1）鼠标右键快捷菜单移动法：选择准备移动的幻灯片，单击鼠标右键，在弹出的快捷菜单中选择“剪切”命令，如图4-5所示；单击要移动到的位置，如图4-6所示，单击鼠标右键，在弹出的快捷菜单中选择“粘贴”命令，将幻灯片粘贴至需要移动的位置即可，如图4-7所示。

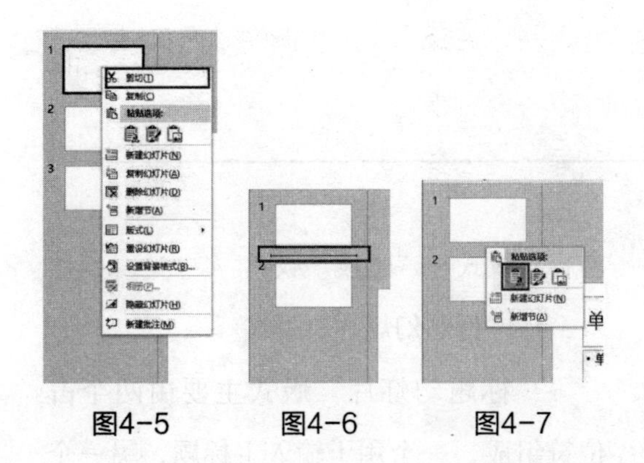
图4-5　图4-6　图4-7

（2）功能区按钮移动法：选择准备移动的幻灯片，单击“开始”选项卡“剪贴板”组中的“剪切”按钮；在需要粘贴的位置插入光标，单击“开始”选项卡“剪切板”组中的“粘贴”下拉按钮，在下拉列表中单击“使用目标主题”按钮，即可将幻灯片移至目标位置，如图4-8所示。

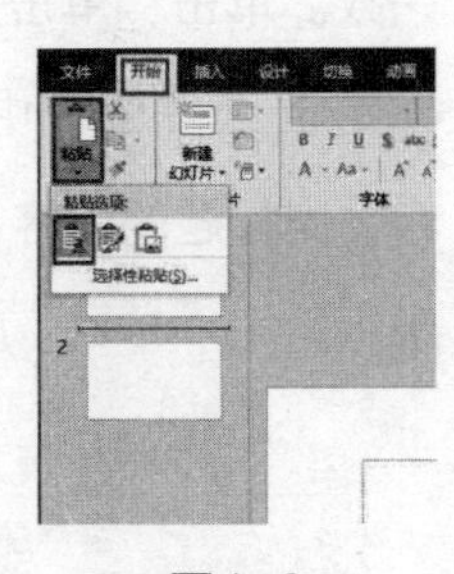
图4-8

（3）鼠标拖动移动法：选择幻灯片，按住鼠标左键并拖动至合适的位置，释放鼠标左键，即可完成幻灯片的移动。

复制幻灯片的操作方法与移动幻灯片的操作方法有些相似。在编辑演示文稿的过程中，若想添加和已编辑完成的幻灯片的格式相同或者相似的幻灯片，可以使用复制功能来实现，从而省去设计幻灯片的时间。复制幻灯片的操作方法也有3种，分别是：功能区按钮复制法、鼠标右键快捷菜单复制法和鼠标+键盘复制法。

（1）功能区按钮复制法：选择想要复制的幻灯片，单击“开始”选项卡“剪贴板”组中的“复制”按钮；在需要粘贴的位置插入光标，单击“粘贴”下拉按钮，在下拉列表中单击“使用目标主题”按钮，如图4-9和图4-10所示。

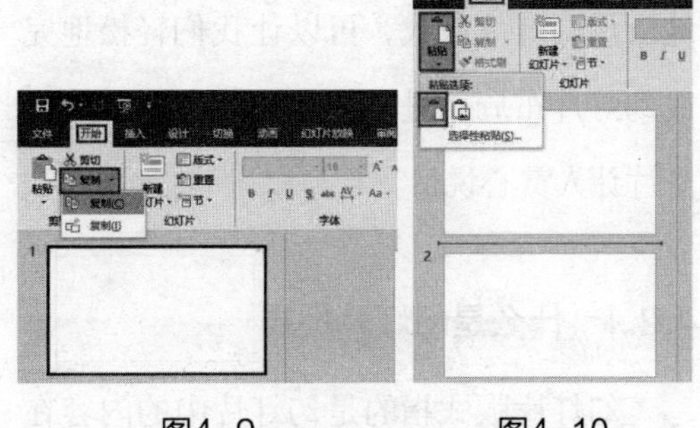
图4-9　图4-10

（2）鼠标右键快捷菜单复制法：选择想要复制的幻灯片，单击鼠标右键，在弹出的快捷菜单中选择“复制幻灯片”命令，如图4-11所示。

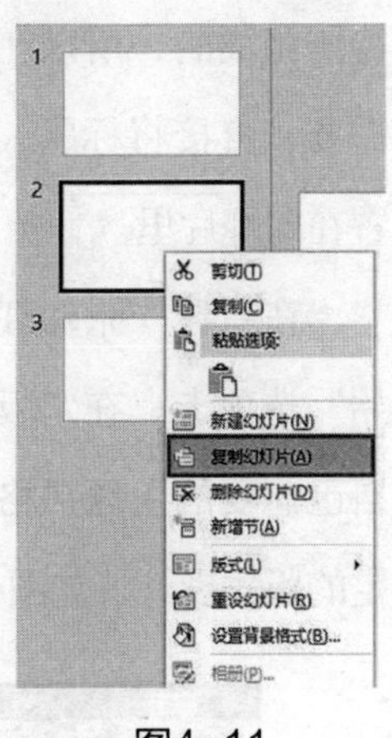
图4-11

（3）鼠标+键盘复制法：选择想要复制的幻灯片，按住鼠标左键拖动到合适位置，同时按住“Ctrl”键；释放鼠标左键后松开“Ctrl”键，即可完成幻灯片的复制，如图4-12所示。

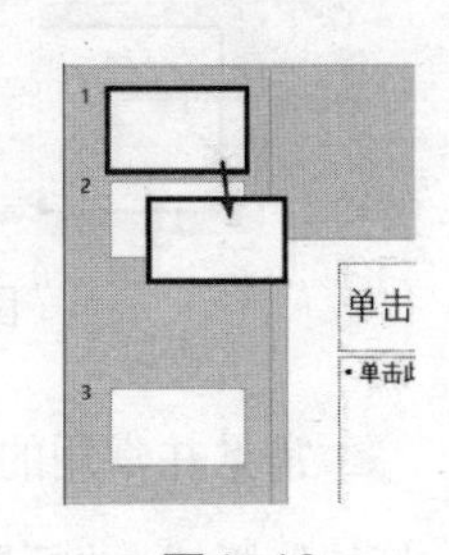
图4-12

4.2 玩转幻灯片版式

幻灯片版式是非常重要的，有了幻灯片版式的存在，才可以很好地解决制作幻灯片时的文字、图片等布局的烦恼。恰当地应用幻灯片版式，可以让我们轻松地完成幻灯片布局，进而使得我们所展示的幻灯片让人赏心悦目。

4.2.1 什么是幻灯片版式

幻灯片版式指的是幻灯片中的内容在幻灯片上的排列方式。因为版式是由占位符所组成的，所以在占位符中，可以根据需要，直接将标题、文字、图片等内容放置在幻灯片里。

在新建一张幻灯片后，直接单击“开始”选项卡，在“版式”下拉列表中选择自己想要的主题风格，每种主题都有它特定的版式设计，如图4-13所示。

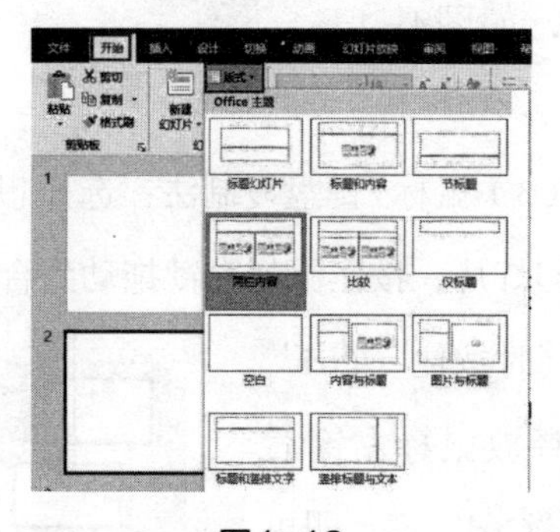

图4-13

常见并常用的幻灯片版式有“标题幻灯片”版式、“标题和内容”版式、“两栏内容”版式和“比较”版式。

1. “标题幻灯片”版式

“标题幻灯片”版式主要由两个占位符组成，一个用于输入主标题，另一个用于输入副标题。当我们输入文本后，文本的字体格式就会按照本身定制好的格式显示，其格式与占位符中的字体预览格式一致。单击“单击此处添加标题”，将光标定位至占位符中，就可以开始添加内容，副标题的内容也这样操作，如图4-14所示。

图4-14

2. “标题和内容版式”

“标题和内容”版式同样也由两个占位符组成，一个是标题占位符，另一个是内容占位符。标题占位符用于输入标题，而内容占位符可以输入文本、插入表格、插入图表、插入SmartArt图形、插入图片或插入联机视频等。单击“单击此处添加标题”，将光标定位至占位符中，就可以开始添加标题。单击“单击此处添加文本”，将光标定位到占位符中，便可以添加文本内容。单击添加对象的图标可以根据提示插入相关内容。例如，想要插入表格，则单击占位符中的表格图标即可，如图4-15所示。

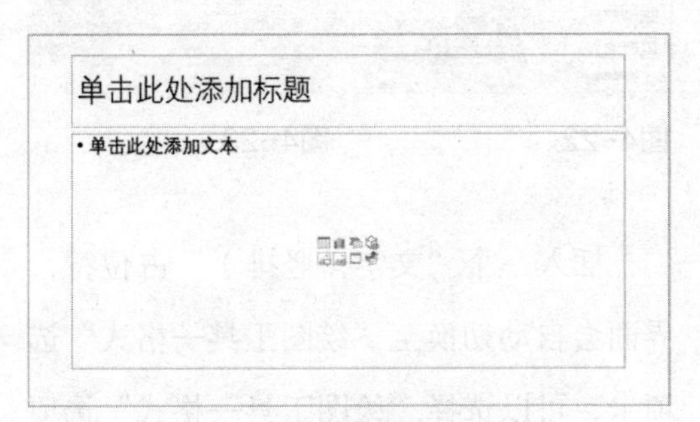

图4-15

3. “两栏内容”版式

“两栏内容”版式是由3个占位符组成的，其中包含一个标题占位符和两个内容占位符，其操作方法与“标题和内容”版式的操作方法一样，如图4-16所示。

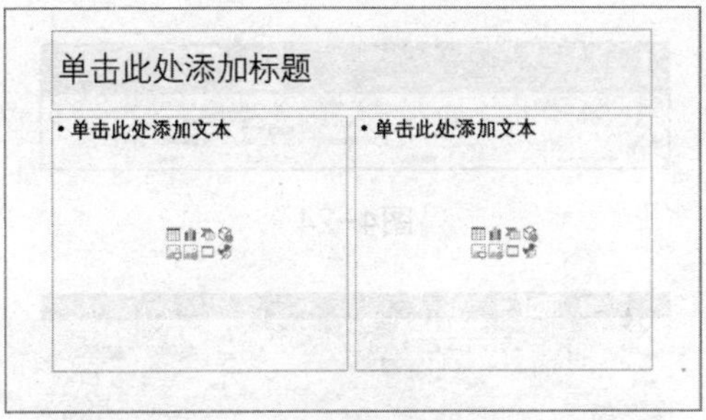

图4-16

4. “比较”版式

“比较”版式是由5个占位符组成的，其中包含一个标题占位符、两个文本占位符和两个内容占位符，如图4-17所示。这样的版式设计更方便观看比较对象的文本等相关信息。其操作方法同样与“标题和内容”版式的操作方法一致。

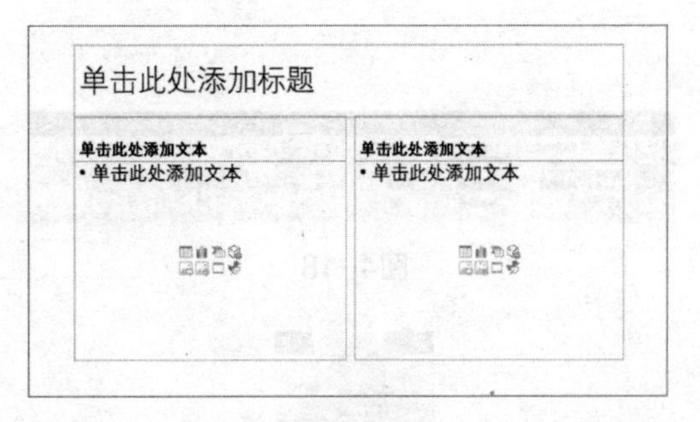

图4-17

4.2.2 怎样设计幻灯片版式

在制作幻灯片时，常常觉得软件当前默认、提供的幻灯片版式主题有些单一。我们可以在母版中设计一个可以满足需求的幻灯片版式。

首先，打开演示文稿，单击“视图”选项卡“母版视图”组中的“幻灯片母版”按钮，如图4-18所示。其次，自动打开“幻灯片母版”选项卡，单击“插入版式”按钮，如图4-19所示。最后，在幻灯片母版设置中添加一个自定义版式，该版式包含一个标题占位符和三个页脚占位符，如图4-20所示。

在“母版版式”组中，取消勾选“标题”和“页脚”复选框，使标题和页脚隐藏，如图4-21所示。当我们单击“插入占位符”下拉按钮时，可以从展开的下拉列表中选择“文字（竖排）”选项，如图4-22所示。当鼠标指针变成十字形状时，按住鼠标左键不放，绘制合适大小的图形，绘制完成后释放鼠标左键，就能插入一个“文字（竖排）”占位符，如图4-23所示。

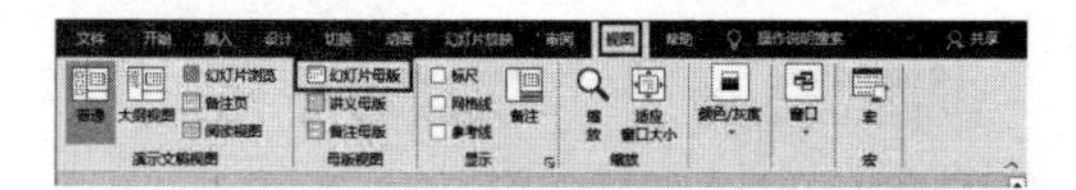
图4-18

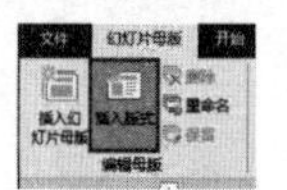
图4-19

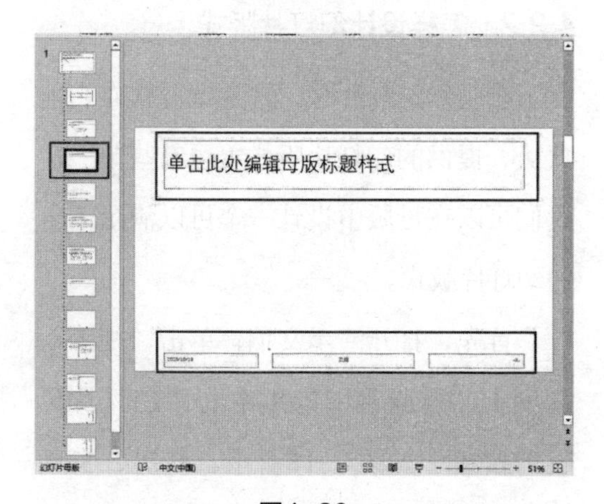

图4-20

图4-21

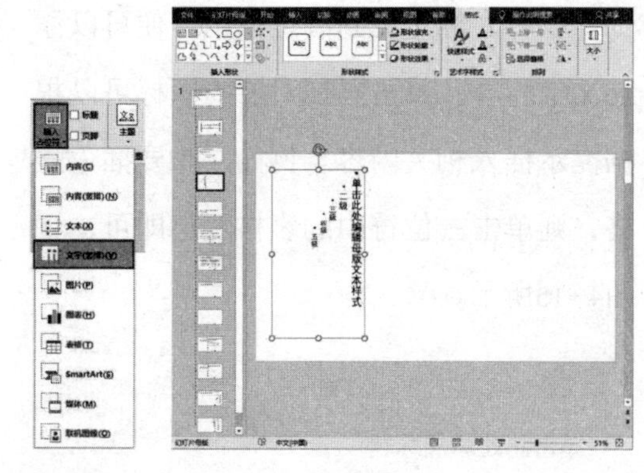
图4-22　　图4-23

插入一个“文字（竖排）”占位符，界面会自动切换至“绘图工具—格式”选项卡，可以选择“绘图工具—格式”选项卡功能区中的命令，还可以对绘制的图形格式进行设置，如图4-24所示。当我们选择“绘图工具—格式”选项卡功能区中的命令时，又自动切换至“开始”选项卡，可以通过“字体”和“段落”组中的命令，对占位符中的字体格式和段落格式进行设置，如图4-25所示。

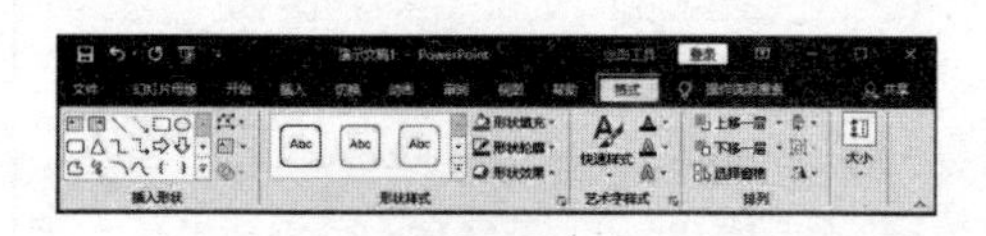
图4-24

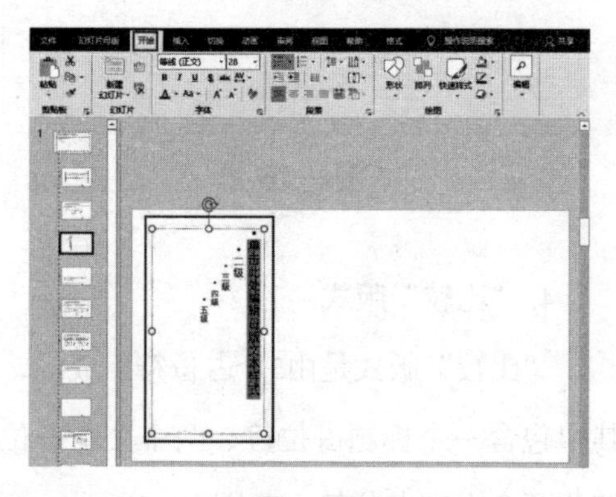
图4-25

再次切换至“幻灯片母版”选项卡，单击“插入占位符”下拉按钮，从展开的下拉列表中选择“图片”选项，可以绘制我们想要的图片大小的占位符，接下来可以对图片占位符进行调整，如图4-26和图4-27所示。

在插入“文字”和“图片”占位符后，为了保持整齐、美观，要将其对齐。首先按“Ctrl+A”快捷键，选中页面中的所有占位符；然后单击“绘图工具—格式”选项卡中的“对齐”按钮，从展开的下拉列表中选择“顶端对齐”选项，如图4-28所示；接着，切换至“幻灯片母版”选项卡，单击“关闭母版视图”按钮，如图4-29所示；最后，单击“开始”选项卡中的“版式”下拉按钮，在展开的下拉列表中就可以找到刚刚设计的“自定义版式”的幻灯片版式，如图4-30所示。

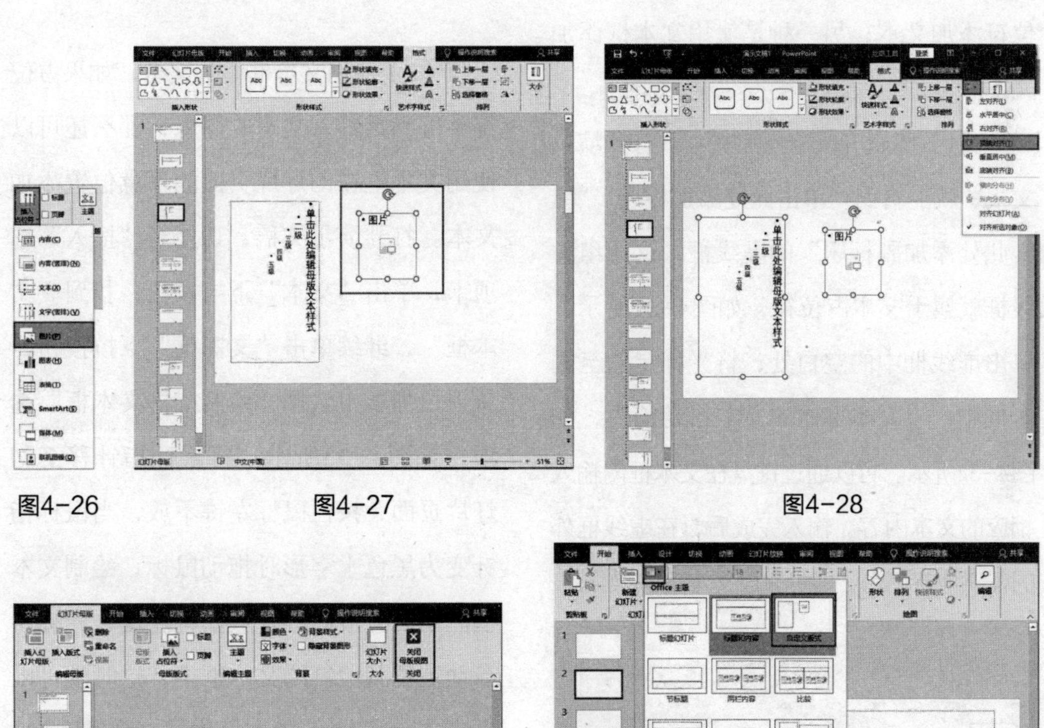

图4-26　　图4-27　　图4-28

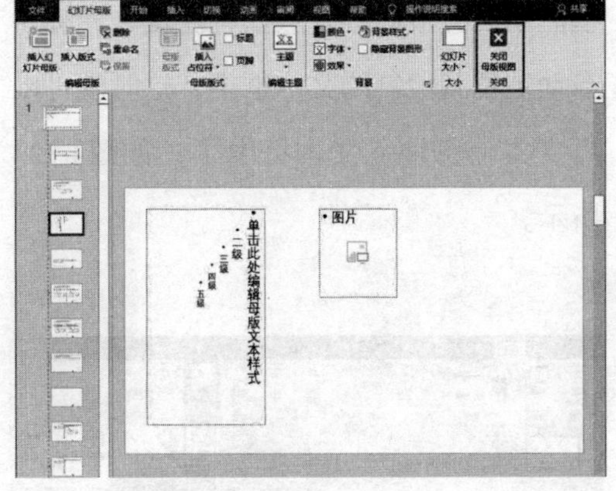

图4-29

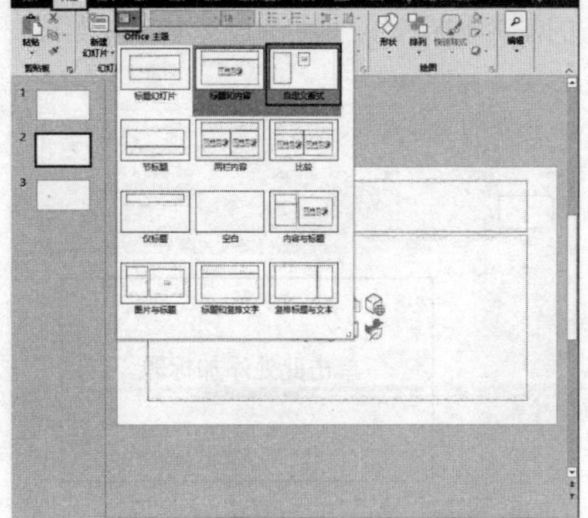

图4-30

4.3 丰富幻灯片页面

4.3.1 文本的输入与编辑

无论在哪一个演示文稿中，都少不了文本内容。那么，文本的输入与编辑是如何操作的呢？

1. 输入文本

输入文本有两种方法：一种是使用占位符添加文本；另一种是使用文本框添加文本。

（1）使用占位符添加文本。打开演示文稿，就能看到“单击此处添加标题”“单击此处添加副标题”的虚线框，这两组虚线框就属于文本占位符，如图4-31所示。单击虚线框中的空白处，将光标定位至文本框中，原文本框内的文字自动消失，如图4-32所示。可以通过键盘在文本框内输入相应的文本内容。输入完成后，在虚线框外的任意地方单击，即可完成文本输入操作。

图4-31

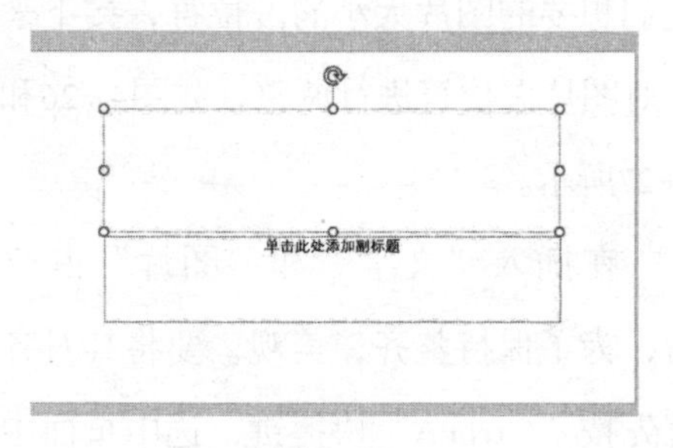

图4-32

（2）使用文本框添加文本。如果占位符不能满足输入文本的需求，那么还可以使用文本框在幻灯片页面的任意位置添加文本。打开演示文稿，切换至“插入”选项卡，单击“文本”下拉按钮，找到“文本框”，继续单击“文本框”下拉按钮，从下拉列表中选择“绘制横排文本框”选项，如图4-33所示。将鼠标指针移至幻灯片页面，按住鼠标左键不放，当鼠标指针变为黑色十字形时拖动鼠标，绘制文本框。绘制完成后，释放鼠标左键，光标将自动定位到绘制的文本框中，这时就可以将文本信息输入文本框中了，如图4-34所示。

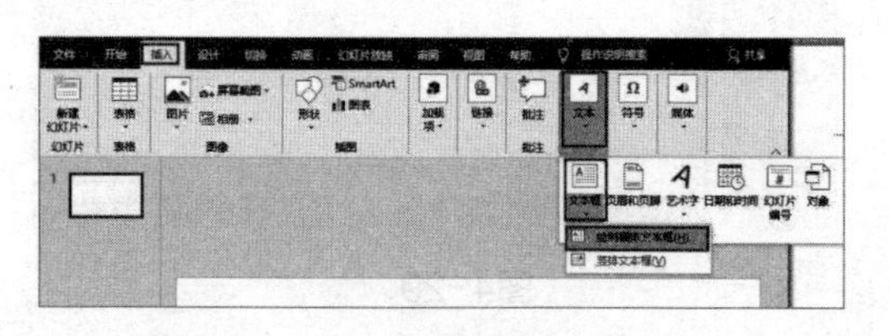
图4-33

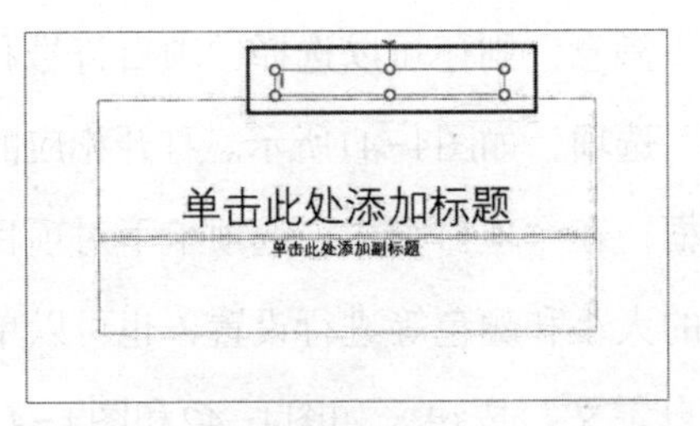

图4-34

2. 编辑文本

输入文本后，如果默认的字体格式不符合当前需求，则可以对字体格式进行设置。首先，选择需要编辑的文本，单击“开始”选项卡“字体”组中的“字体”下拉按钮，从展开的下拉列表中选择合适的字体选项，如图4-35所示。

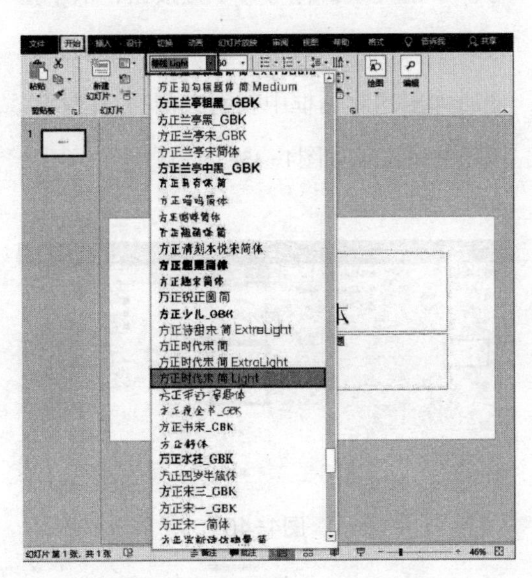

图4-35

接下来继续设置文本的“字号”和“字体颜色”。先选择需要编辑的文本，单击“开始”选项卡“字体”组中的“字号”下拉按钮，从展开的下拉列表中选择合适的字号选项；再单击“字体颜色”下拉按钮，从展开的下拉列表中选择合适的字体颜色，如图4-36所示。

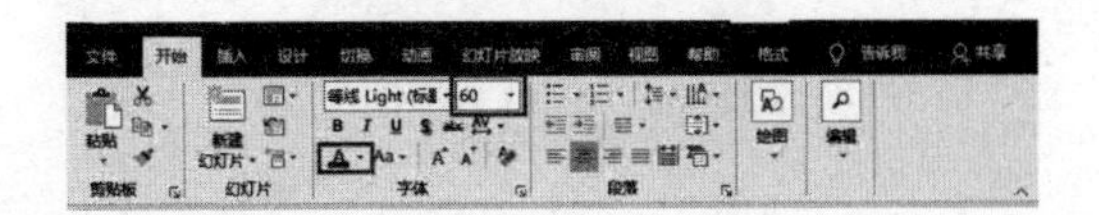

图4-36

用户还可以通过“字体”组中的“加粗”“倾斜”“下画线”“阴影”等功能对文本进行设置。如果经过多次设置后，仍对文本格式不满意，则可以单击“清除所有格式”按钮，清除所选文本的所有格式，只留下普通、无格式的文本，如图4-37所示。

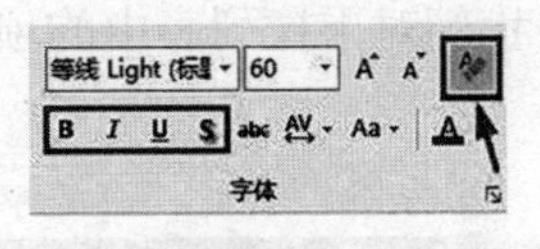

图4-37

3. 设置文本段落

如果在幻灯片页面中有大量文本内容，为了使输入的文本变得整齐且美观，可以对这些文本进行段落格式的设置，如设置文字方向、对齐方式、项目符号和编号等。

（1）设置文字方向。选择需要更改文字方向的文本，单击“开始”选项卡“段落”组中的“文字方向”下拉按钮，从展开的下拉列表中选择“竖排”选项即可，如图4-38所示。

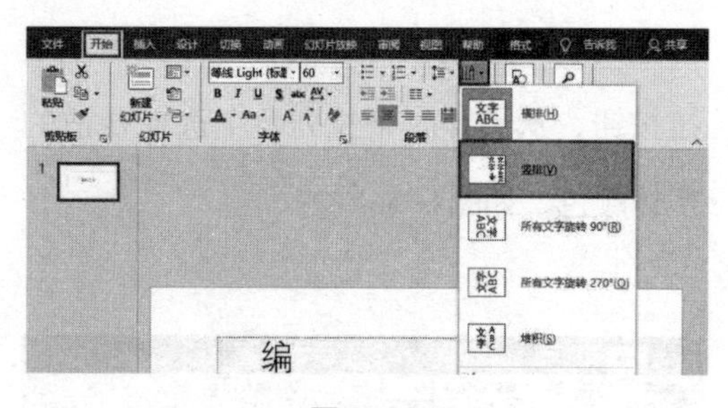

图4-38

（2）设置对齐方式。选择文本，单击“开始”选项卡“段落”组中的“对齐文本”下拉按钮，从展开的下拉列表中选择“中部对齐”选项，如图4-39所示。

（3）设置项目符号和编号。选择文本，单击“开始”选项卡“段落”组中的“项目符号”下拉按钮，从展开的下拉列表中选择合适的项目符号样式即可，如图4-40所示。

如果我们对下拉列表中的项目符号样式不满意，则还可以选择“项目符号和编号”选项，如图4-41所示。打开相应的对话框，在“项目符号”选项卡下对项目符号的大小和颜色等进行设置，也可以单击“自定义”按钮，如图4-42和图4-43所示。在自动弹出的“符号”对话框中选择一种合适的样式，然后单击“确定”按钮即可，如图4-44所示。

全部设置完毕后，返回“项目符号和编号”对话框，再针对符号的大小和颜色进行设置，设置完成后单击“确定”按钮即可。

还可以用自己喜欢的图片作为项目符号。单击“项目符号”下拉按钮，从下拉列表中选择“项目符号和编号”选项，在随后弹出的对话框中找到右侧的“图片”按钮并单击，如图4-45所示。

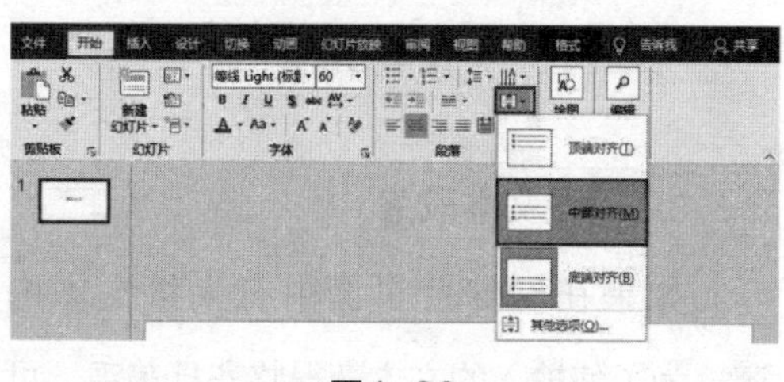

图4-39

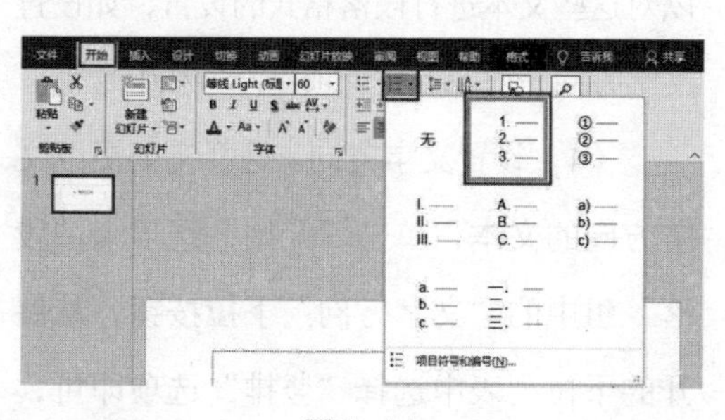

图4-41

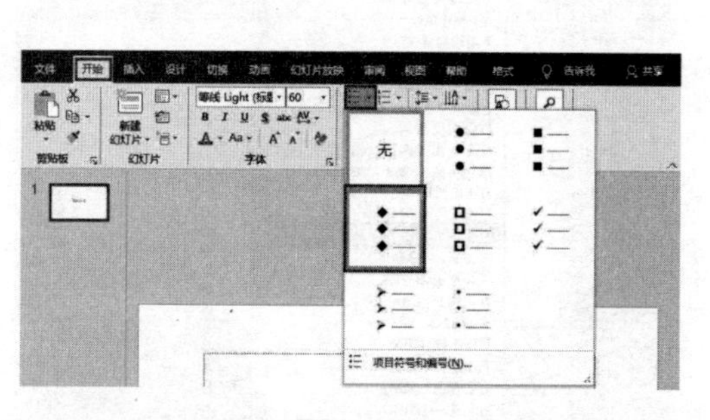

图4-40

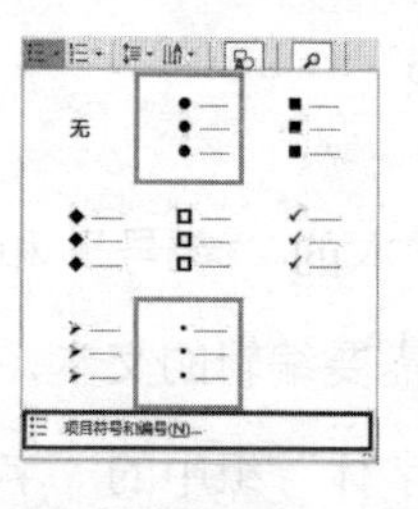

图4-42

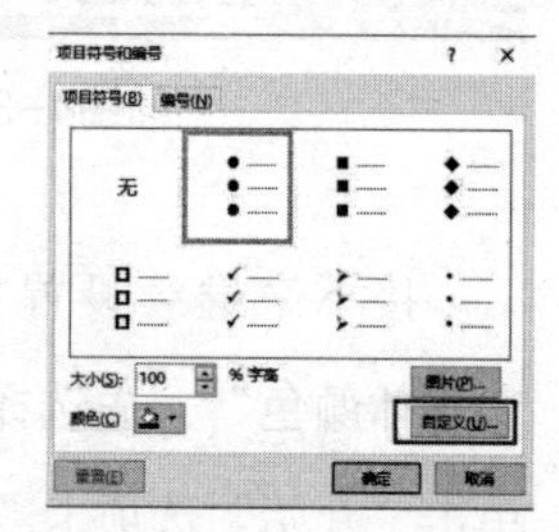

图4-43

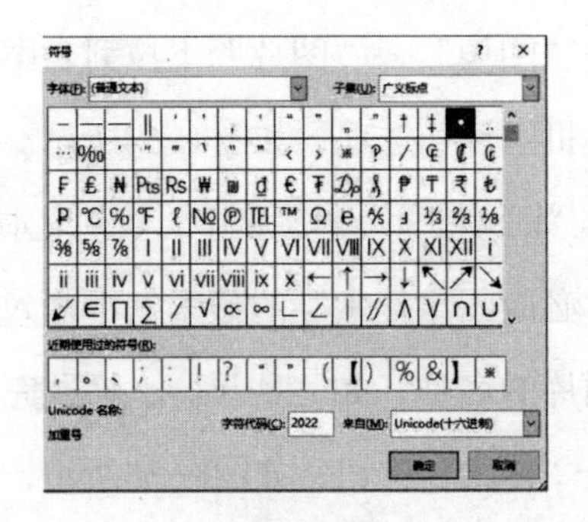

图4-44

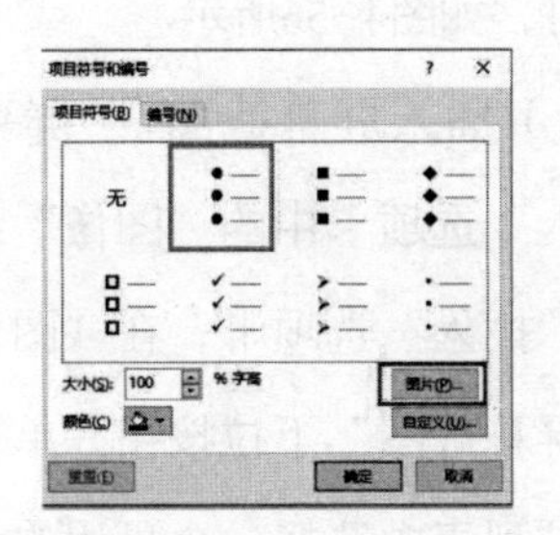

图4-45

打开“插入图片”面板，选择“从文件”选项，在弹出“插入图片”对话框后，选择合适的图片，单击“插入”按钮，返回对话框并单击“确定”按钮，即可将所选图片作为项目符号使用，如图4-46所示。

图4-46

设置项目编号同设置项目符号很相似，首先选择文本，然后单击“开始”选项卡“段落”组中的“编号”下拉按钮，从展开的下拉列表中选择合适的项目编号样式即可。同样，如果对“编号”下拉列表中的项目编号样式不满意，则还可以选择“项目符号和编号”选项，如图4-47所示，打开对应的对话框，在“编号”选项卡下对其颜色、起始编号进行设置。

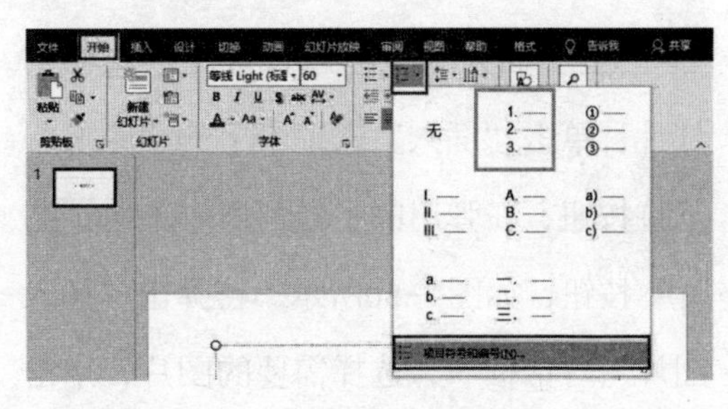

图4-47

设置段落格式是对文本整体的一个设置。依旧选择要设置的文本，单击“开始”选项卡“段落”组中的对话框启动器按钮，如图4-48所示，在弹出的“段落”对话框中可以直接对文本的对齐方式、缩进、段落间距进行详细设置，如图4-49所示。

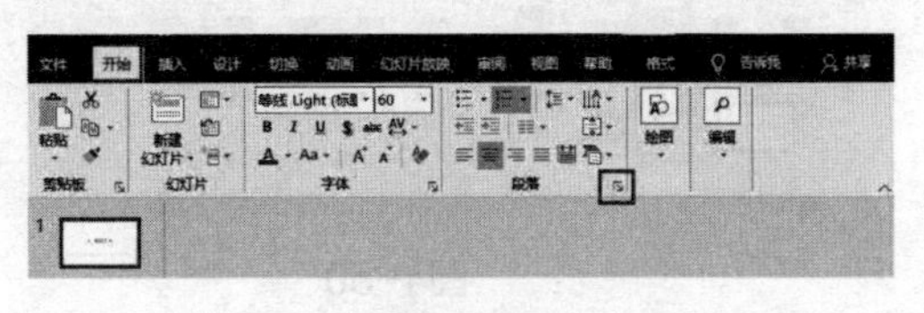

图4-48

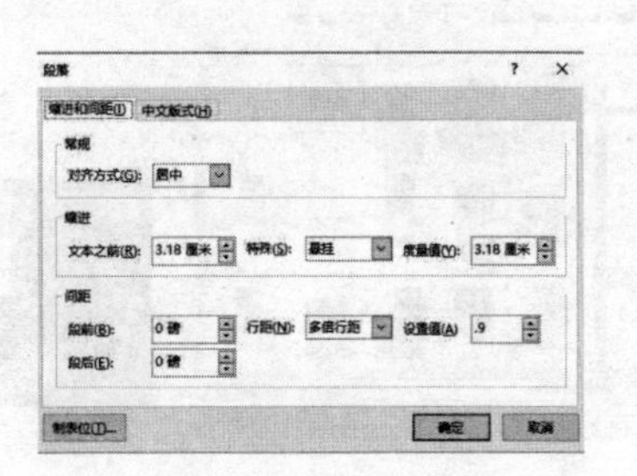

图4-49

4.3.2 插入图片对象

为了使展示的幻灯片内容清晰明了且吸引观众的注意，通常会在幻灯片中插入一些配图。那么，如何插入和编辑图片呢？

1. 插入图片

插入图片最常用的方式是“插入本地图片”“插入联机图片”和“插入屏幕截图”。

（1）插入本地图片。首先，选择幻灯片，单击“插入”选项卡下的“图像”下拉按钮，在弹出的下拉列表中单击“图片”按钮，如图4-50所示。待弹出“插入图片”对话框后，选择需要的图片，单击“插入”按钮，如图4-51所示。接下来将图片插入幻灯片页面，将鼠标指针移至图片右下角的控制点，按住鼠标左键不放并拖动，调整图片的大小，如图4-52所示。最后，选中图片，按住鼠标左键不放，将图片移至合适的位置，如图4-53所示。

（2）插入联机图片。在“插入”选项中的“图像”→“图片”下拉列表中选择“联机图片”选项，如图4-54所示。在弹出的“插入图片”对话框中，找到文本框，在“必应图像搜索”的搜索框中输入需要的图片的名称，如“秋天”，输入完成后单击“搜索”按钮，如图4-55所示，当我们找到需要的图片时，直接单击“插入”按钮即可，如图4-56所示。

（3）插入屏幕截图。“屏幕截图”在“插入”选项卡中的“图像”组里。直接单击“插入”选项卡，在“图像”组里找到“屏幕截图”下拉按钮并单击，从展开的下拉列表中选择一个可用的视窗，即可将该视窗截图并插入当前幻灯片，如图4-57所示。如果想要插入部分屏幕截图，则可以在“屏幕截图”下拉列表中选择“屏幕剪辑”选项，此时鼠标指针会变为十字形状，按住鼠标左键不放，截取合适的图片即可。

图4-50

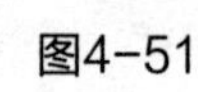

图4-51

图4-52

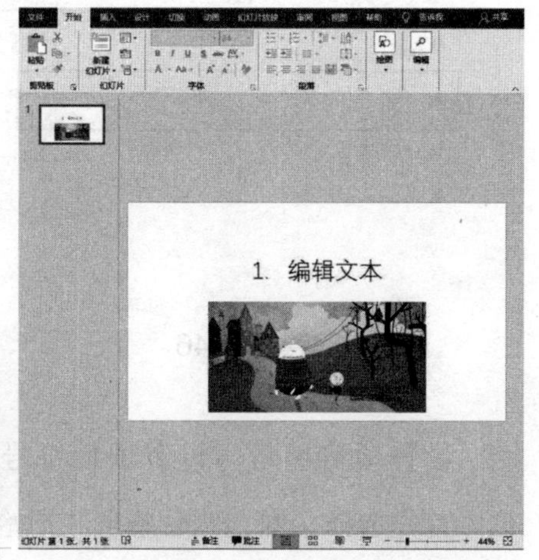

图4-53

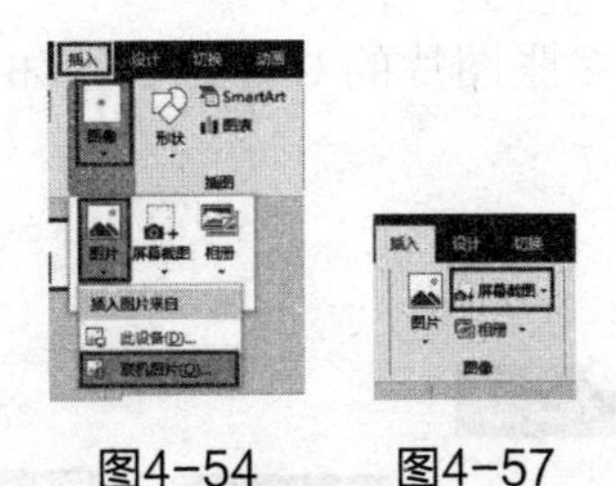

图4-54　　图4-57

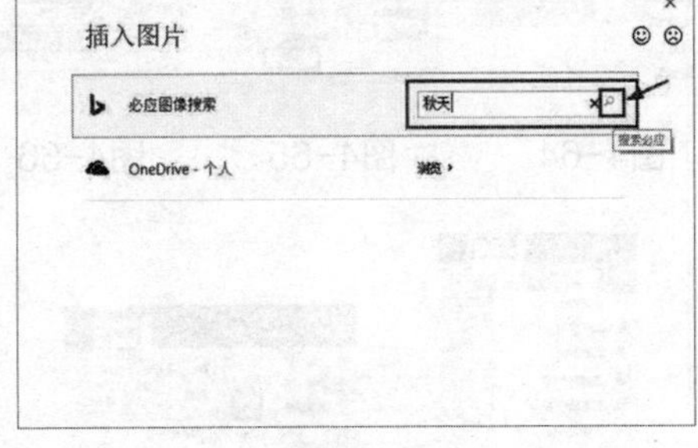

图4-55

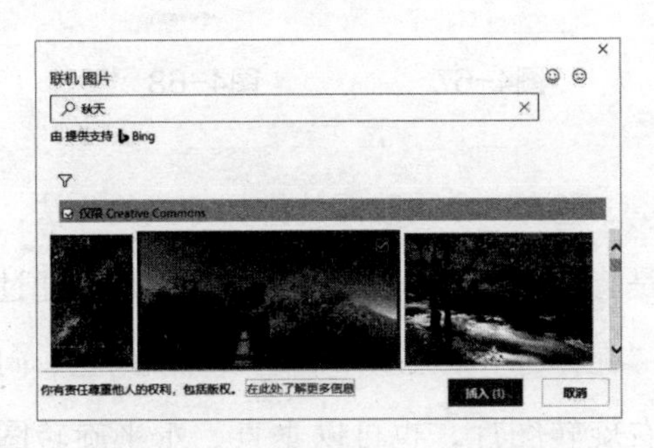

图4-56

2. 编辑图片

当我们在页面中插入了需要的图片后，可以根据整体文稿效果的需要对图片进行编辑，包括更改图片、删除图片背景、对图片进行美化等。

（1）更改图片。如果我们对插入的图片不满意，则可以更改已经插入的图片。单击“图片工具—格式”选项卡中的“更改图片”下拉按钮，在下拉列表中选择“来自文件”选项，如图4-58所示。待弹出“插入图片”对话框后，根据提示插入所需的图片即可，如图4-59所示。

图4-58

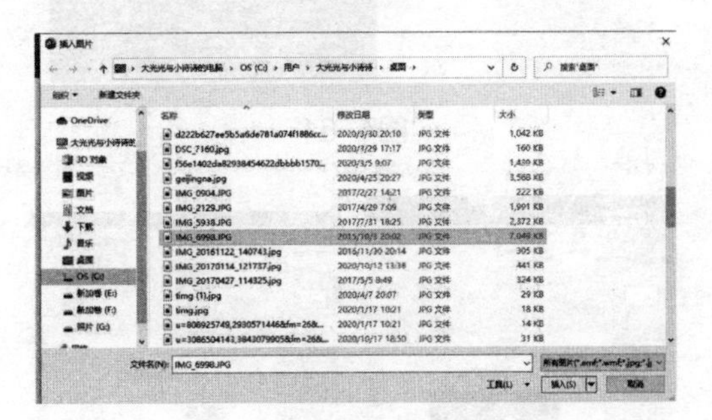

图4-59

（2）删除图片背景。如果我们只需要插入的图片主题而不需要图片背景，则可以选择删除图片背景。先打开演示文稿，选择图片，单击“图片工具—格式”选项卡中的“删除背景”按钮，如图4-60所示。接着，切换至“背景消除”选项卡，单击“标记要保留的区域”按钮，如图4-61所示。当选框中的光标变为笔的样式时，依次在需要保留的区域涂抹，标记完成后，单击“保留更改”按钮，如图4-62所示。完成后在图片外单击，再单击退出“背景消除”选项卡，就能呈现出最后的效果了，如图4-63所示。

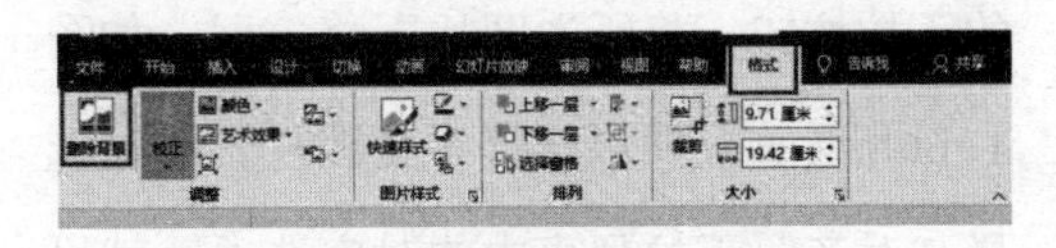

图4-60

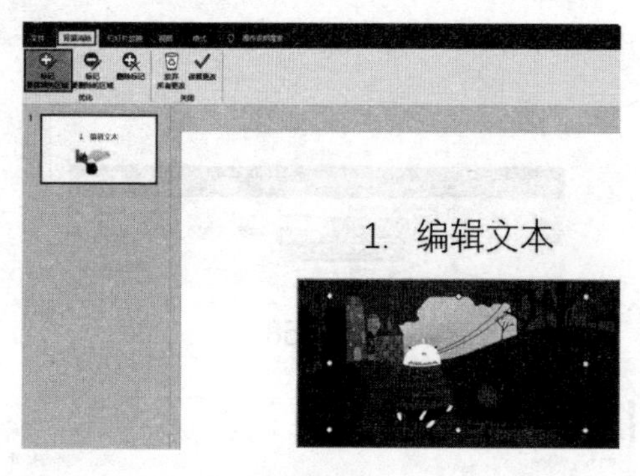

图4-61

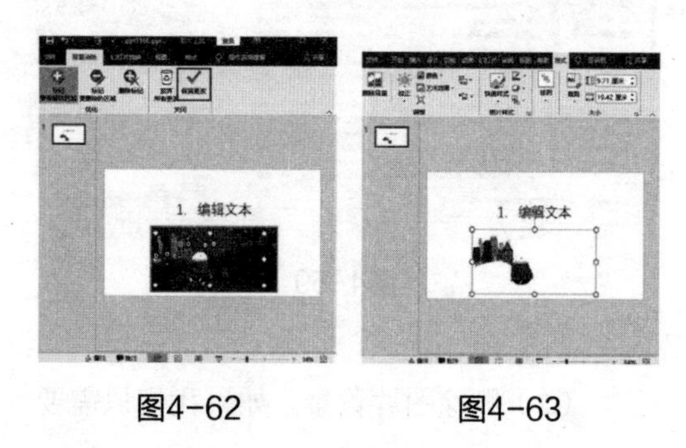

图4-62　图4-63

（3）裁剪图片。选择图片，单击“图片工具—格式”选项卡中的“裁剪”下拉按钮，展开下拉列表，可以看到“裁剪”“将图片裁剪为形状”按“纵横比”裁剪等选项，可以根据需求来选择合适的选项，如图4-64所示。

（4）更改图片的排列方式。选择“图片工具—格式”选项卡“排列”组中的命令，可以调整图片的排列方式，如图4-65所示。可以单击“上移一层”下拉按钮，然后单击“置于顶层”按钮，可以将所选图片置于顶层；也可以单击“下移一层”的下拉按钮，将所选图片下移一层，如图4-66所示；还可以选择多张图片，通过选择“对齐”下拉列表中的对应选项，就可以设置多张图片的对齐方式，如图4-67所示。

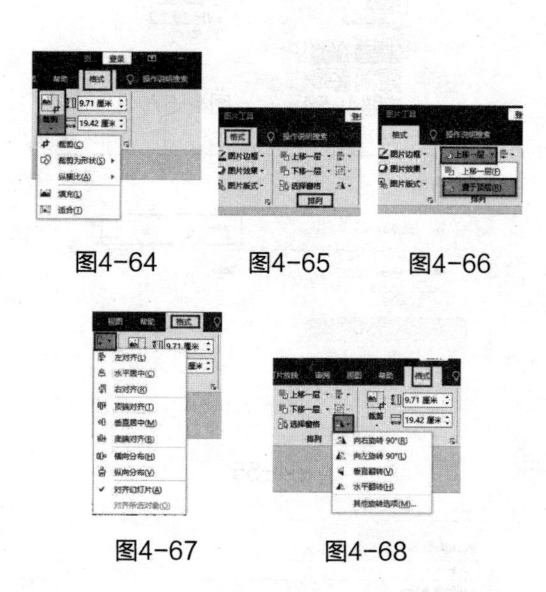

图4-64　图4-65　图4-66

图4-67　图4-68

还有一个更改图片排列方式的方法，是将图片进行“旋转”。选择图片，通过“旋转”下拉列表中的选项可以向左、向右旋转图片，也可以垂直、水平旋转图片，如图4-68所示。

（5）美化图片。选择图片，单击“图片工具—格式”选项卡中的“校正”下拉按钮，在展开的下拉列表中选择合适的选项，可以对图片的锐化/柔化及亮度/对比度进行调整，如图4-69所示。还可以通过对“颜色”选项的调整来改变图片的颜色饱和度、色调以及进行重新着色。选择图片，在“图片工具—格式”选项卡中找到“颜色”选项，就可以进行颜色方面的调整了，如图4-70所示。

图4-69

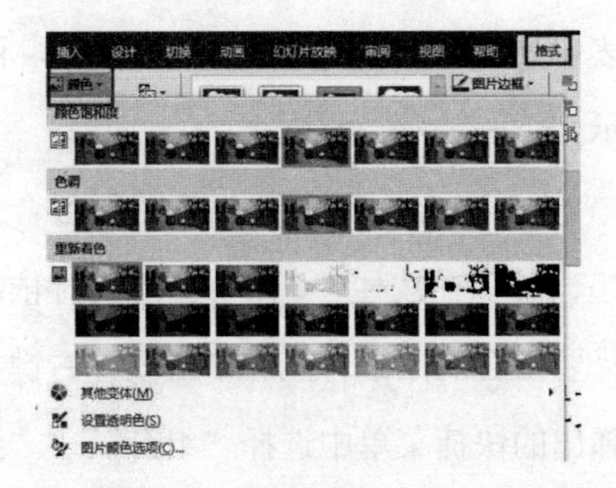

图4-70

在“艺术效果”下拉列表中选择合适的选项，可以为图片设置相应的艺术效果，如图4-71所示。单击“图片样式”组中“其他”按钮，在展开的列表中还可以为图片选择合适的样式，如图4-72和图4-73所示。

图4-71

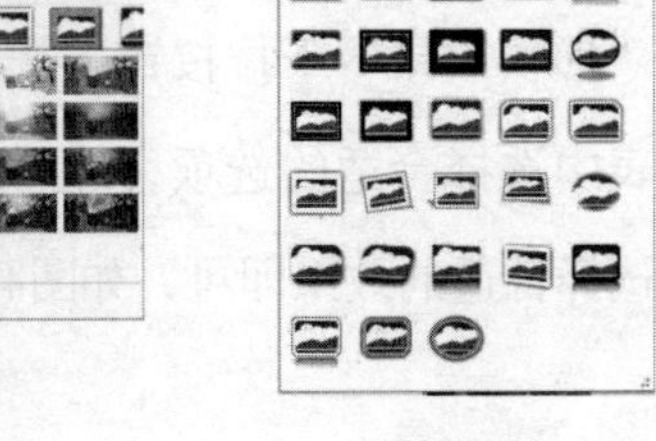

图4-73

图4-72

另外，单击“图片边框”下拉按钮，通过下拉列表中的选项或者其级联列表中的选项，可以为图片设置合适的边框，如图4-74所示。当我们选择“图片效果”下拉列表中的选项时，还能为图片设置如阴影、映像、发光、柔滑边缘等特殊效果，如图4-75所示。在美化图片时，还可以对图片的版式进行设置，单击“图片版式”下拉按钮，在下拉列表中选择我们需要的图片版式就可以了，如图4-76所示。

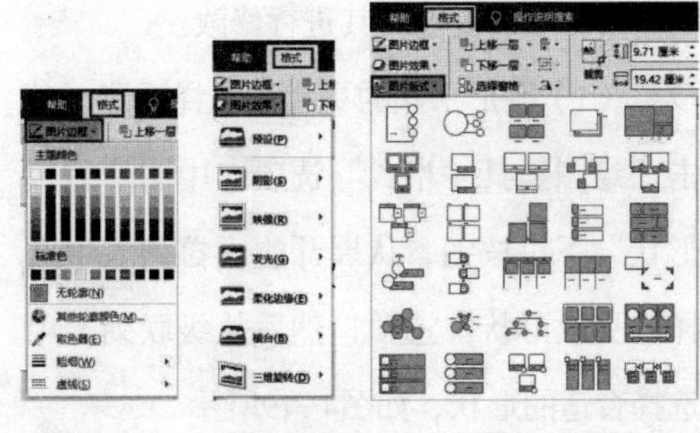

图4-74　图4-75　图4-76

4.3.3　插入图形对象

我们在对演示文稿中的内容进行说明时，往往会用“插入图形对象”功能来简化内容并更好地突出重点。因为图形可以有效地吸引观众眼球，让观众能抓住重点。那么，怎样才能更好地运用图形对象呢？下面从插入图形和编辑图形两个方面进行介绍。

1. 插入图形

选择幻灯片，切换至“插入”选项卡，单击“形状”下拉按钮，从展开的下拉列表中选择想要的形状，如图4-77所示。以“矩形”为例，单击“插入”选项卡中的“形状”下拉按钮，从展开的下拉列表中选择“矩形”形状，在幻灯片中当鼠标指针变为十字形状时，按住鼠标左键不放并拖动，就能绘制出矩形形状，按住鼠标左键不放还能调整矩形的大小，如图4-78所示。绘制完成后，释放鼠标左键即可。

2. 编辑图形

插入的图形往往是自带颜色和边框的，可根据需要要对其进行修改。

（1）图形形状的更改。选择图形，单击“绘图工具—格式”选项卡中的“编辑形状”下拉按钮，从展开的下拉列表中选择“更改形状”选项，然后从级联列表中选择合适的形状，如图4-79所示。

（2）编辑图形顶点。编辑图形顶点主要是在原有图形的基础上，对图形进行改动。单击“绘图工具—格式”选项卡中的“编辑形状”下拉按钮，在展开的下拉列表中选择“编辑顶点”选项，如图4-80所示。单击图形之后，就会发现在图形的周围出现了黑色的小点，这些就是可以编辑的顶点。将鼠标指针放在顶点上，按住鼠标左键不放并拖动，对其进行编辑，如图4-81所示。

（3）更改图形的颜色和边框。首先，在幻灯片中根据需要插入一个矩形。然后选择矩形，单击“绘图工具—格式”选项卡中的“形状填充”下拉按钮，从展开的下拉列表中选择喜欢的颜色，如图4-82所示。如果不想要轮廓，则可以直接单击“形状轮廓”下拉按钮，从展开的下拉列表中选择“无轮廓”选项，如图4-83所示。

（4）组合图形。若想将图形组合到一起，首先在按住“Ctrl”键的同时依次选择要组合的图形，然后单击鼠标右键，在弹出的快捷菜单中选择“组合”→“组合”命令，如图4-84所示。当图形组合到一起后，就可以自由地复制到其他位置了。

（5）对齐图形。选择所有组合图形，单击“绘图工具—格式”选项卡中的“对齐”下拉按钮，从展开的下拉列表中选择需要的对齐方式即可，如图4-85所示。

（6）设置图形三维格式。选择图形后，单击“绘图工具—格式”选项卡中的“形状效果”下拉按钮，从展开的下拉列表中选择合适的选项，然后从级联列表中选择合适的效果即可，如图4-86所示。

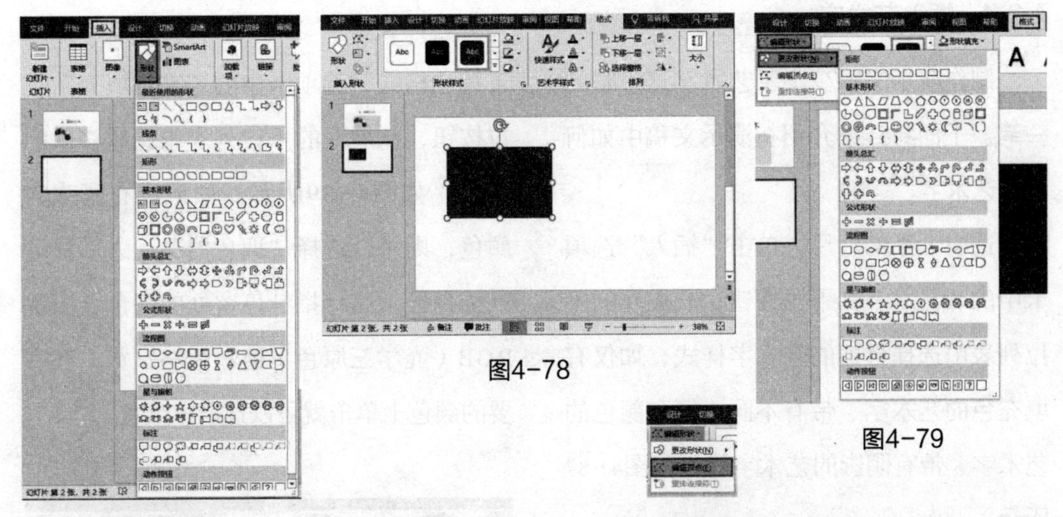

图4-77

图4-78

图4-79

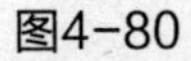

图4-80

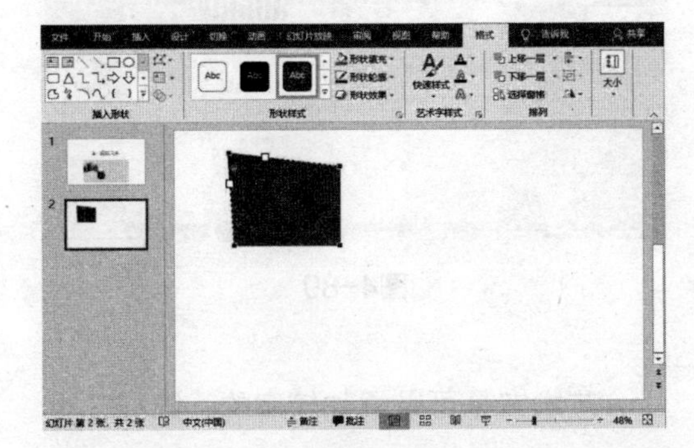

图4-81

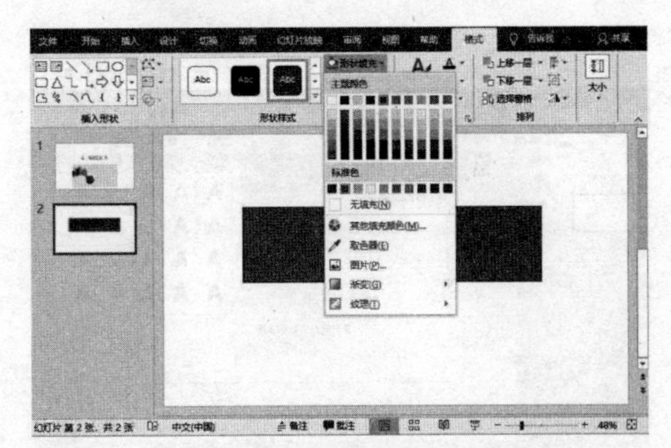

图4-82

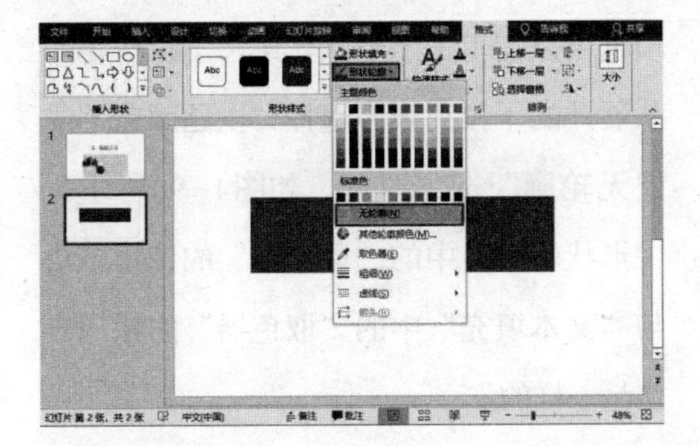

图4-83

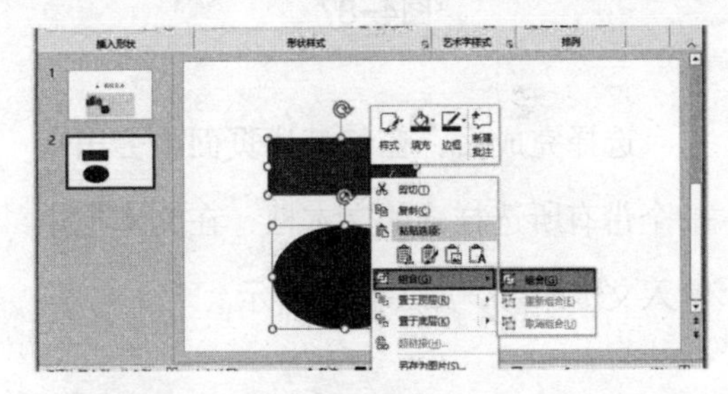

图4-84

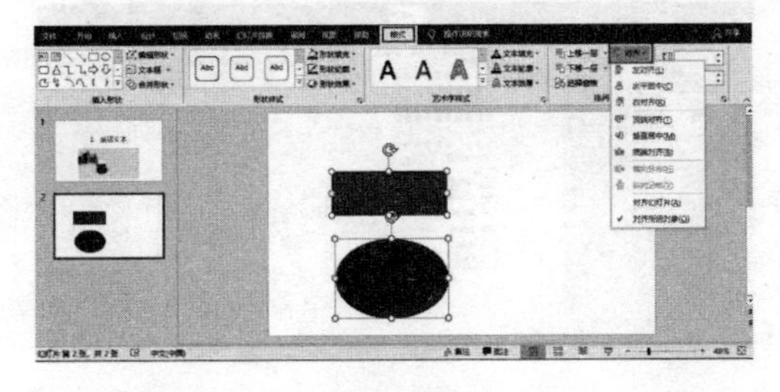

图4-85

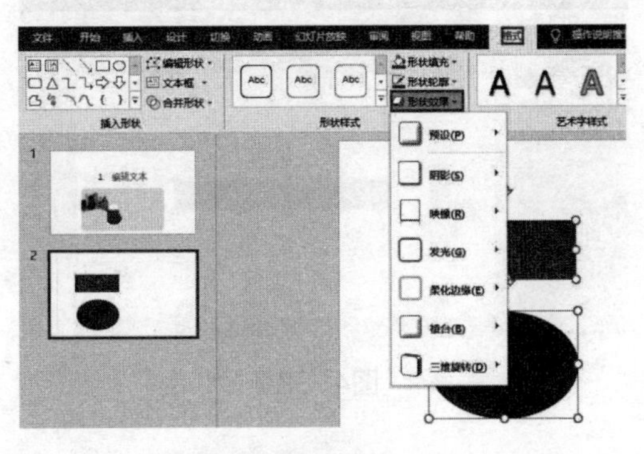

图4-86

4.3.4 插入艺术字

制作演示文稿少不了艺术字这点睛的一笔。下面将详细介绍在演示文稿中如何添加艺术字。

选中一张幻灯片，单击“插入”选项卡中的“艺术字”下拉按钮，从展开的下拉列表中选择合适的艺术字样式，如仅有填充色的艺术字、带有不同边框和颜色的艺术字、带有阴影的艺术字等，如图4-87所示。

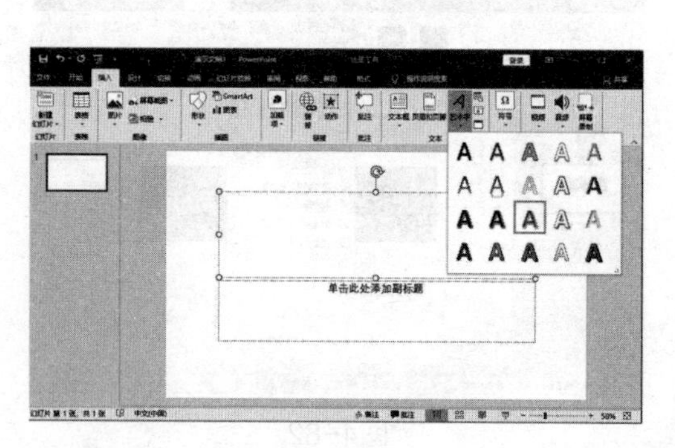

图4-87

选择完成后，在幻灯片页面中会出现一个带有所选样式的文本框，在文本框中输入文本即可，如图4-88所示。

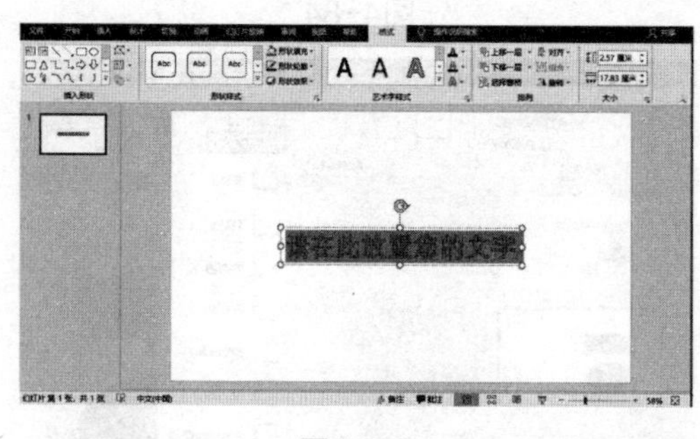

图4-88

选择文本“艺术字”，单击“绘图工具—格式”选项卡中的“文本填充”下拉按钮，从展开的下拉列表中选择喜欢的颜色，如图4-89所示。如果没有喜欢的颜色，则可以选择“取色器”，之后移动鼠标指针，鼠标指针停留处的颜色会出现RGB（光学三原色）值和色块预览，在需要的颜色上单击就可以选取该颜色。

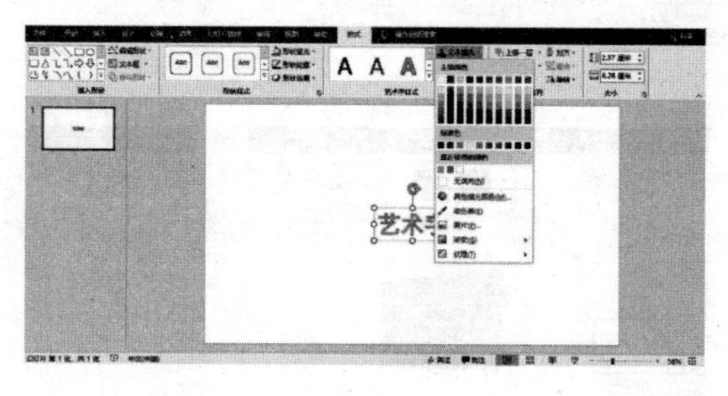

图4-89

艺术字是可以添加轮廓的，同样，也可以取消轮廓。在“绘图工具—格式”选项卡中只需单击“形状轮廓”下拉按钮，从展开的下拉列表中选择“主题颜色”或“无轮廓”选项即可，如图4-90所示。“形状轮廓”中的“取色器”的使用方法与“文本填充”中的“取色器”的使用方法是一样的。

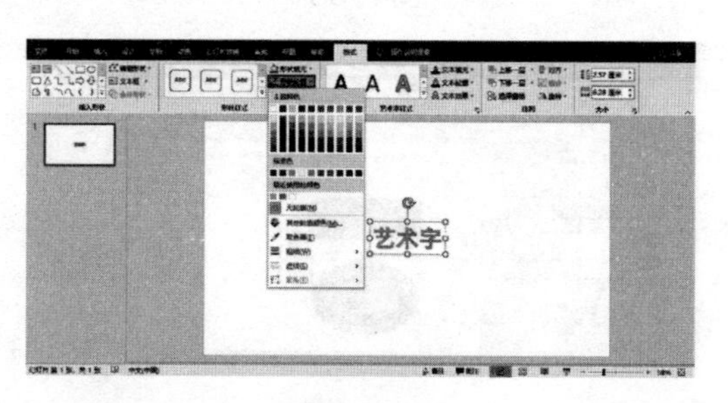

图4-90

在演示文稿的文本内容中还有很多的“文本效果”可以添加。在“绘图工具—格式”选项卡中单击“文本效果”下拉按钮，就可以选择所需要的文本效果，如图4-91所示。

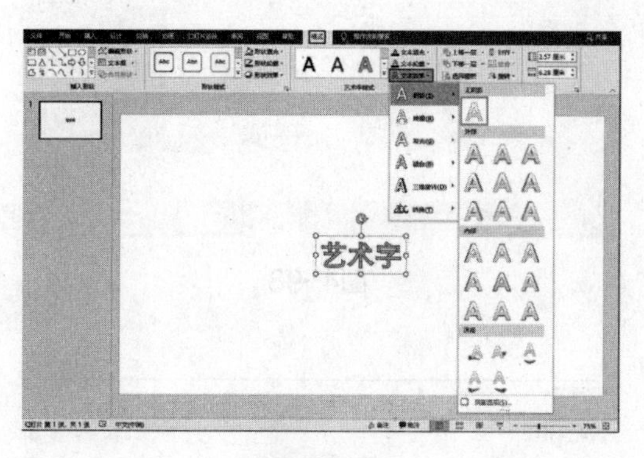

图4-91

如果默认的文本效果不能满足需求，则可以单击“艺术字样式”组中的对话框启动器按钮，如图4-92所示。打开“设置形状格式”窗格，就可以对文本的阴影、映像、发光等效果进行详细设置，如图4-93所示。

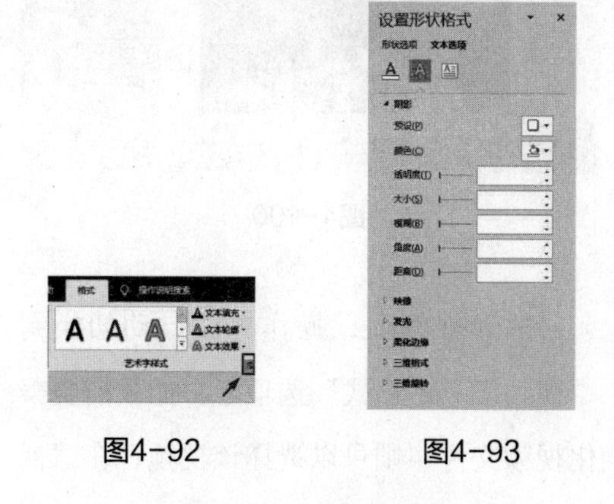

图4-92　　图4-93

4.3.5 插入声音和视频对象

在演示文稿的过程中，可以通过为幻灯片添加一些符合场景的声音或视频来使演示氛围更加愉悦，让观众的注意力更加集中。接下来将介绍在演示文稿中如何插入声音和视频。

1. 插入声音

打开演示文稿，选择一张幻灯片，单击“插入”选项卡中的“音频”下拉按钮，从展开的下拉列表中选择“PC上的音频”选项，如图4-94所示。弹出“插入音频”对话框，选择合适的音频文件，单击“插入”按钮，即可将我们需要的音频插入幻灯片中，如图4-95所示。将音频插入幻灯片中后，会自动出现“小喇叭”图标，可以根据需要将其移至合适位置，如图4-96所示。

图4-94

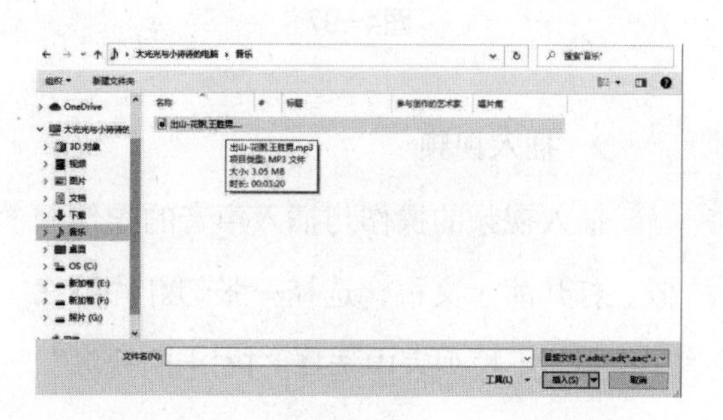

图4-95

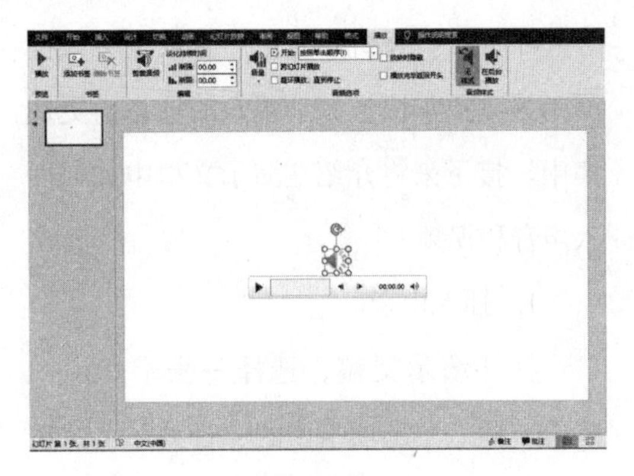

图4-96

如果我们不想用电脑中的音频，而想插入自己录制的音频，则可以在“音频”下拉列表中选择“录制音频”选项，如图4-97所示。在弹出“录音”对话框后，单击“录制”按钮，即可开始录制音频。录制完成后，单击“停止”按钮，即可停止录制。随后单击“播放”按钮，试听录制的音频。

图4-97

2. **插入视频**

插入视频的操作与插入声音的操作相似。打开演示文稿，选择一张幻灯片，在“视频”下拉列表中选择“PC上的视频”选项，如图4-98所示。弹出“插入视频文件”对话框，根据需要选择合适的视频文件，单击“插入”按钮即可完成视频的插入，如图4-99和图4-100所示。

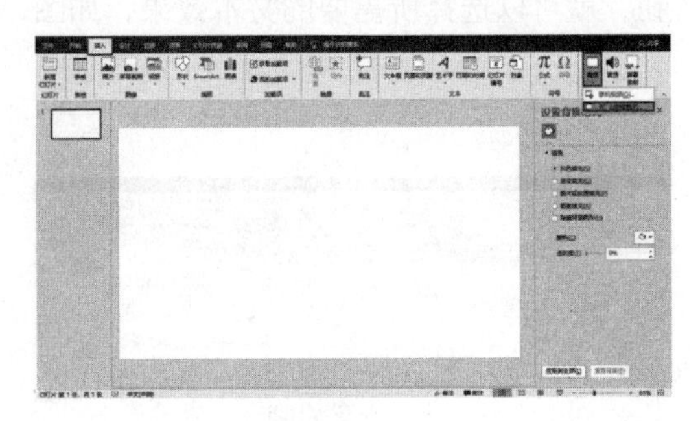

图4-98

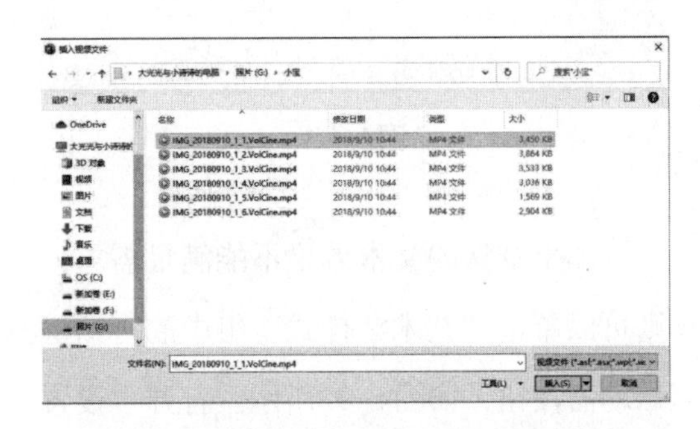

图4-99

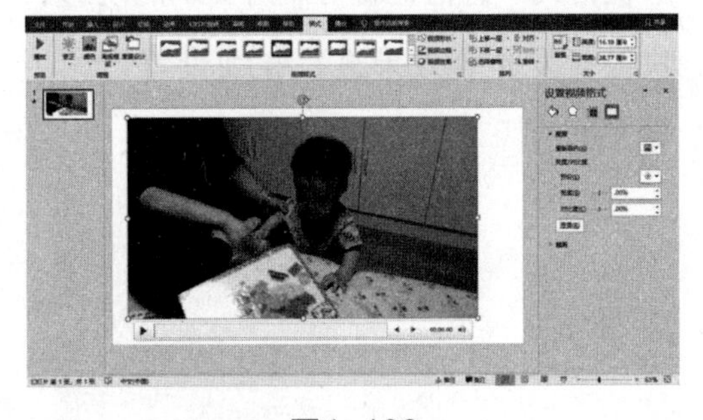

图4-100

插入视频后，操作界面自动切换到“视频工具—格式”选项卡。如果需要美化视频文件，则可以选择该视频，在“视频工具—格式”选项卡中对视频进行适当美化，如图4-101所示。还可以通过“视频工具—播放”选项卡对该视频的播放进行适当设置，如图4-102所示。

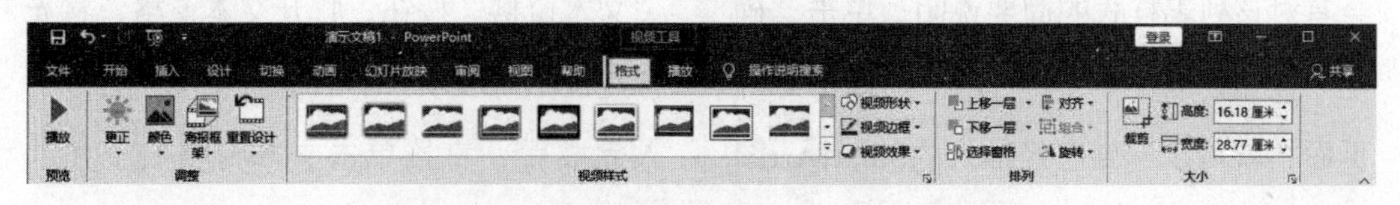

图4-101

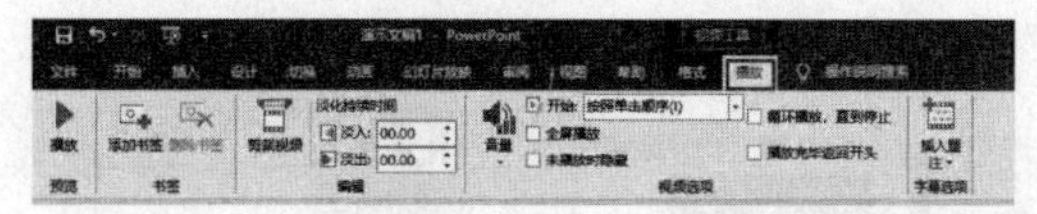

图4-102

4.4 打造有逻辑的立体化幻灯片

在制作演示文稿时，不能将所有的文字输入幻灯片中，而要提炼出大量的总结性文本，而在这些文本之间必然存在一定的逻辑关系，此时就需要借助SmartArt图形。使用SmartArt图形不但可以清晰地阐述这些逻辑关系，还可以使幻灯片更加立体、生动。下面将介绍如何在幻灯片中应用 SmartArt图形。

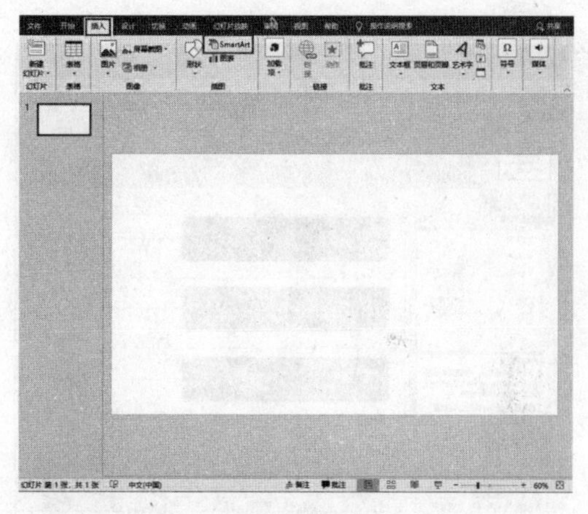

图4-103

4.4.1 插入SmartArt图形

打开演示文稿，选择一张幻灯片，单击“插入”选项卡中的SmartArt按钮，如图4-103所示。在弹出“选择SmartArt图形”对话框后，在其中选择需要的样式，比如列表、循环、层次结构、棱锥图等，如图4-104所示。

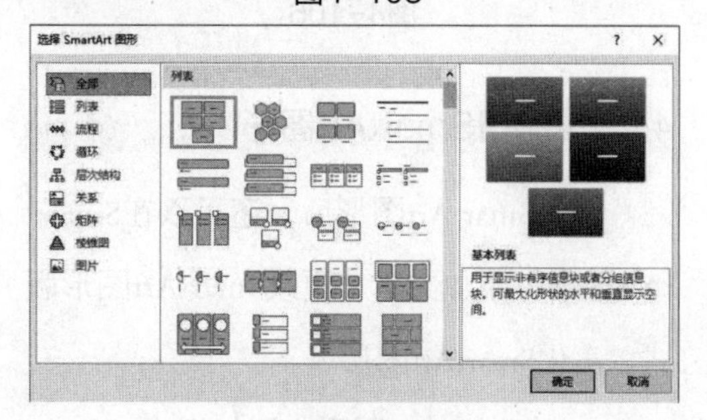

图4-104

比如，在“列表”选项面板中选“垂直框列表”样式，在右上方的预览区域将会出现该样式的效果，并且在右下方会有对该列表样式的简要说明，单击“确定”按钮，如图4-105所示。返回幻灯片页面，就可以看到已经插入的SmartArt图形，如图4-106所示。

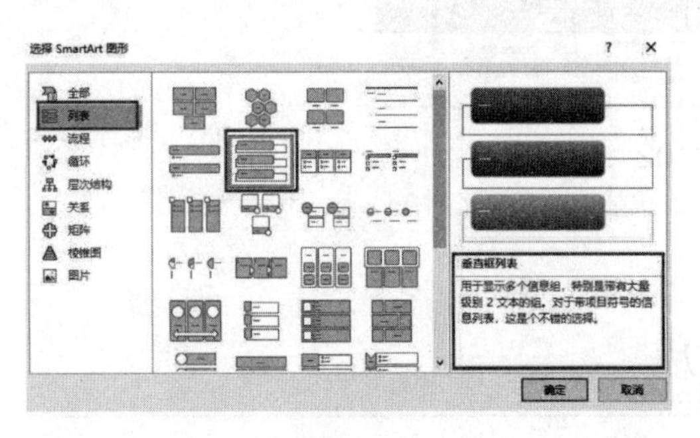

图4-105

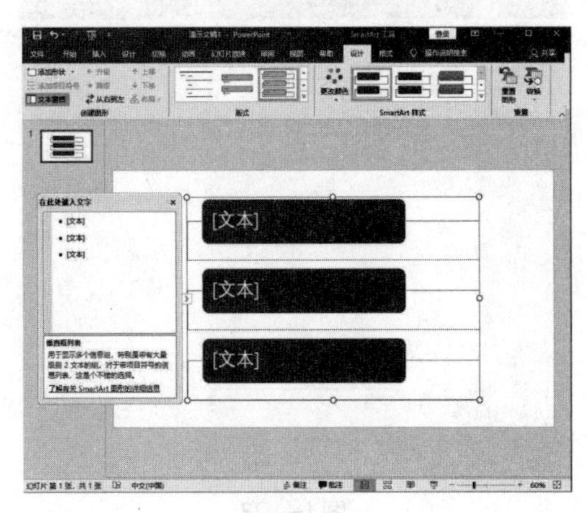

图4-106

4.4.2 编辑SmartArt图形

插入SmartArt图形后，还可以在SmartArt图形中添加文本、更改SmartArt图形版式、美化SmartArt图形等。

1. 在SmartArt图形中添加文本

插入SmartArt图形后，将光标直接定位至需要添加文本的形状中，输入文本内容即可，如图4-107所示。也可以在“SmartArt工具—设计”选项卡中单击“文本窗格”按钮，打开文本窗格，将光标定位至对应项，然后输入文本内容。输入完成后，直接单击文本窗格右上角的“关闭”按钮，如图4-108所示。

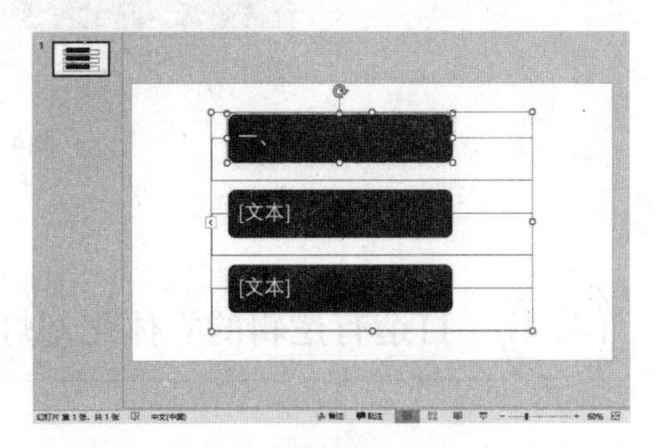

图4-107

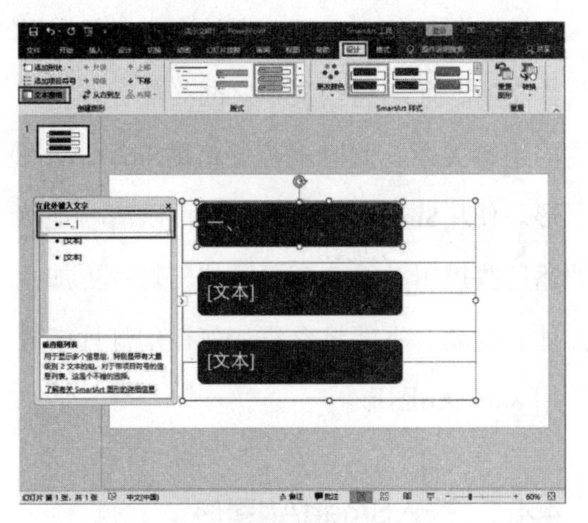

图4-108

2. 更改SmartArt图形版式

如果目前插入的这个SmartArt图形不太符合我们的要求，则可以对它进行更改。选择 SmartArt图形，单击“SmartArt工具—设计”选项卡“版式”组中的“其他”按钮，如图4-109所示，在打开的版式列表中选择我们需要的版式即可，如图4-110所示。

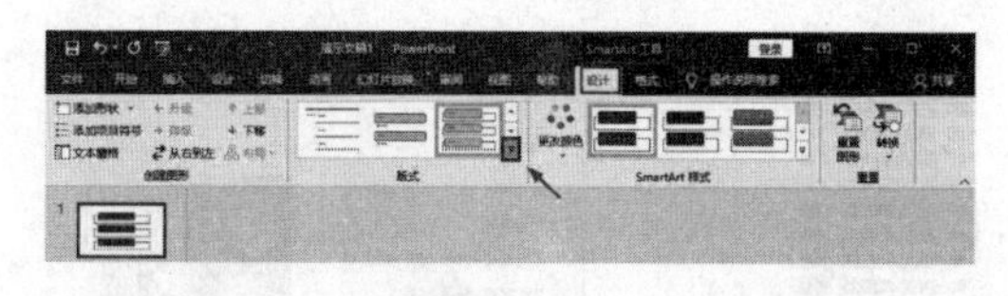

图4-109

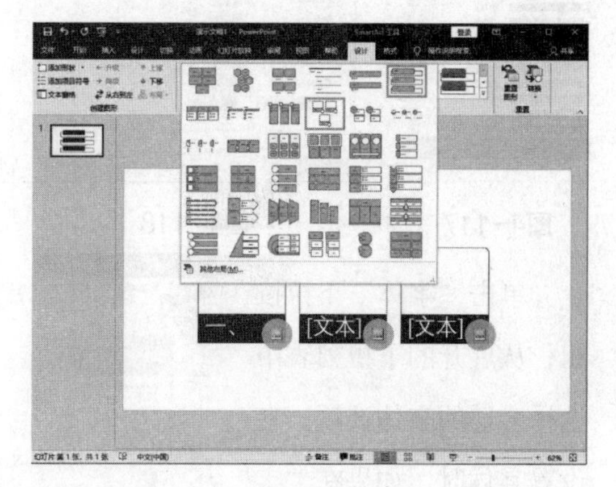

图4-110

3. 美化SmartArt图形

完成SmartArt图形的创建后，可以对其进行美化，例如，更改图形颜色、图形样式等。选择一个SmartArt图形，利用“SmartArt工具—设计”选项卡，就能对SmartArt图形进行更改颜色、更改图形样式等操作，只需选择需要的样式即可，如图4-111所示。

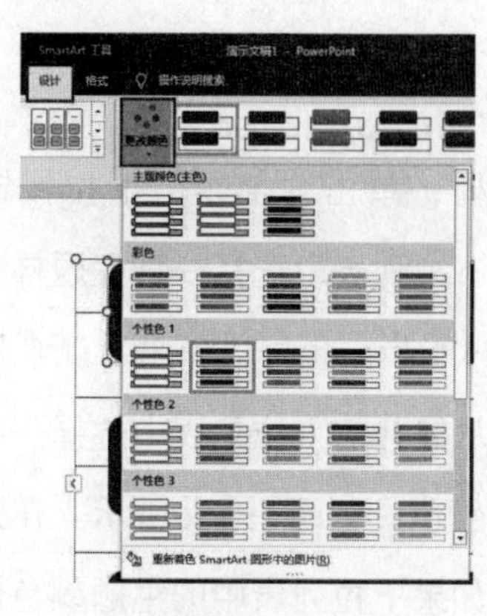

图4-111

4.5 母版的使用

母版可以帮我们将演示文稿中所有的幻灯片统一为一种风格。

4.5.1 幻灯片母版

利用“幻灯片母版”功能，可以轻松地为演示文稿中的幻灯片设置统一的背景、页面颜色、字体格式等。

新建一个演示文稿，单击“视图”选项卡中的“幻灯片母版”按钮，如图4-112所示。此时菜单栏会自动切换至“幻灯片母版”选项卡，在其中查看第一张幻灯片版式，如图4-113所示。单击“母版版式”按钮，在弹出的“母版版式”对话框中，选择在母版中显示哪些占位符，单击“确定”按钮，如图4-114所示。

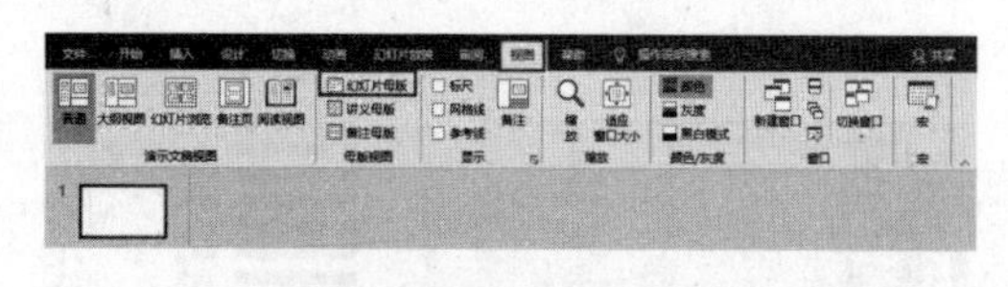

图4-112

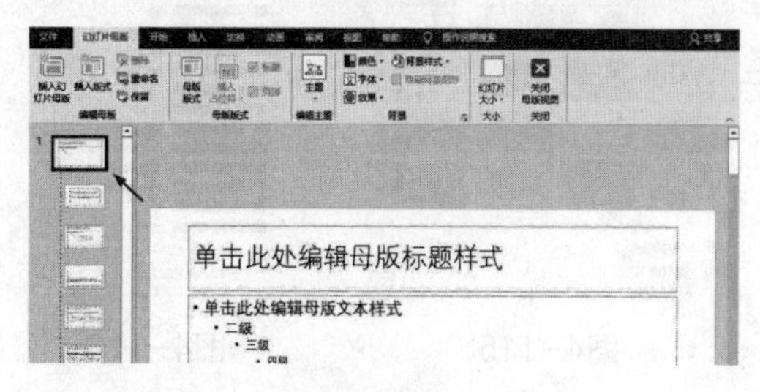

图4-113

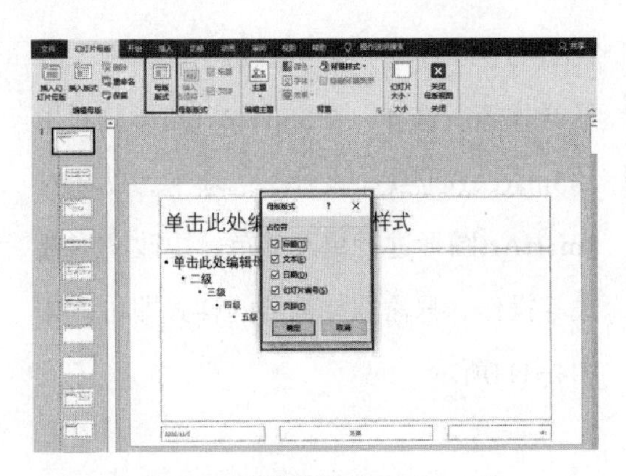

图4-114

同样，单击“主题”下拉按钮，从展开的下拉列表中选择一种主题样式，如图4-115所示。也可以单击“颜色”下拉按钮，从展开的下拉列表中选择一种合适的主题颜色，如图4-116所示。在选择颜色时，如果下拉列表中的主题颜色都不是我们想要的，则可以返回上一步，选择“自定义颜色”选项，在弹出的“新建主题颜色”对话框中对主题颜色进行详细设置后，单击“保存”按钮，这样就可以直接应用我们自定义的主题颜色了，如图4-117和图4-118所示。

图4-115

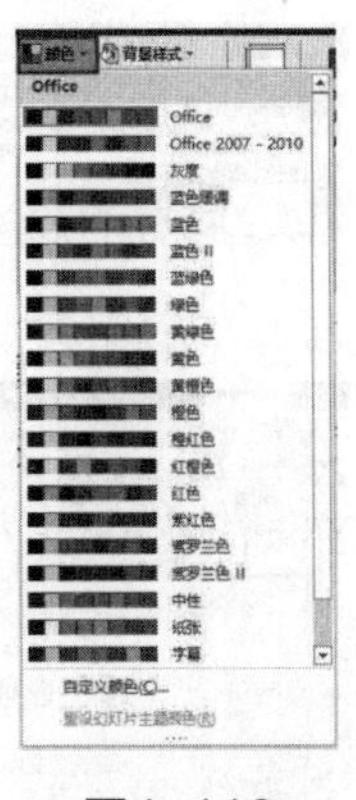

图4-116

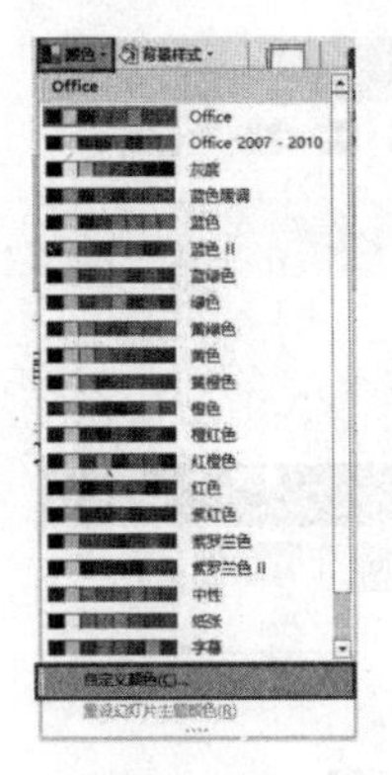

图4-117

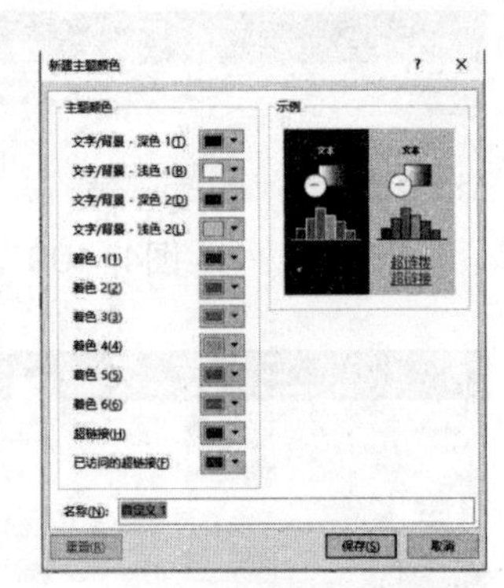

图4-118

单击“字体”下拉按钮，从展开的下拉列表中选择合适的字体选项。在设置字体时，如果在“字体”下拉列表中没有我们需要的字体，则可以用同自定义主题颜色一样的方式去自定义字体的样式，如图4-119所示。

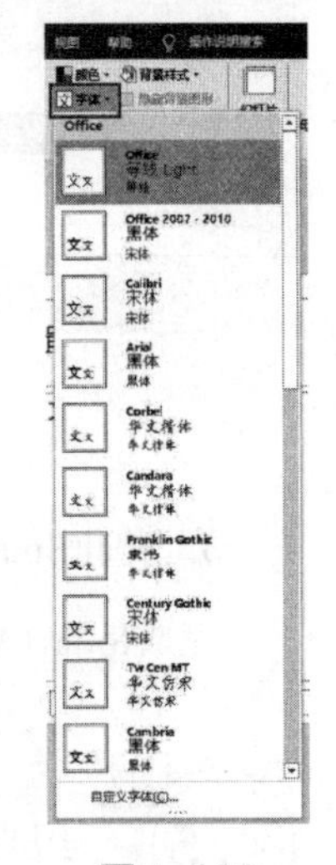

图4-119

设置“效果”和“背景样式”的操作方法与以上设置“主题”“颜色”“字体”的操作方法相似。单击“效果”下拉按钮，在展开的下拉列表中选择合适的效果选项，如图4-120所示。单击“背景样式”下拉按钮，从展开的下拉列表中选择合适的背景样式，如图4-121所示。如果我们需要其他背景，则可以选择“设置背景格式”选项，如图4-122所示。在打开的“设置背景格式”窗格中，可选择设置一个漂亮的背景，可以是纯色，也可以是渐变色或者图片等，如图4-123所示。

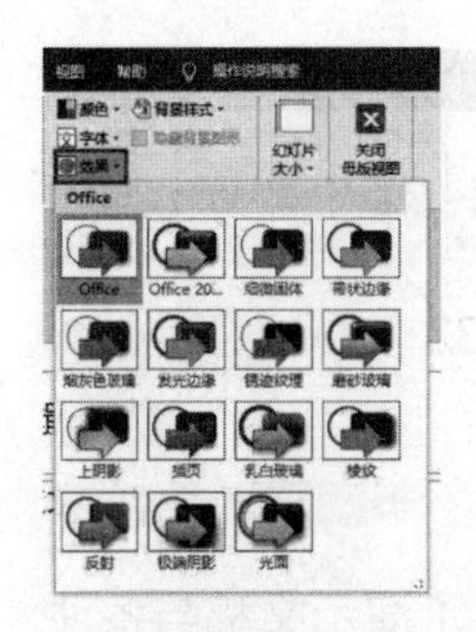

图4-120

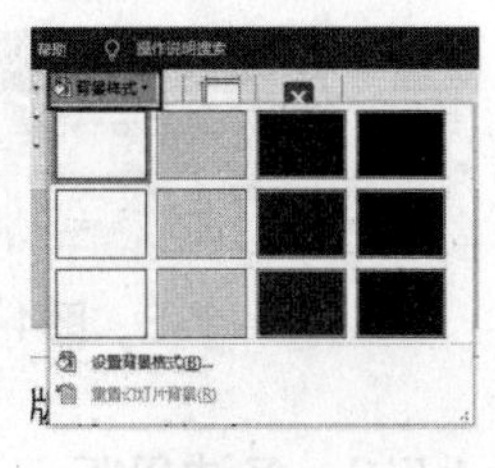

图4-121

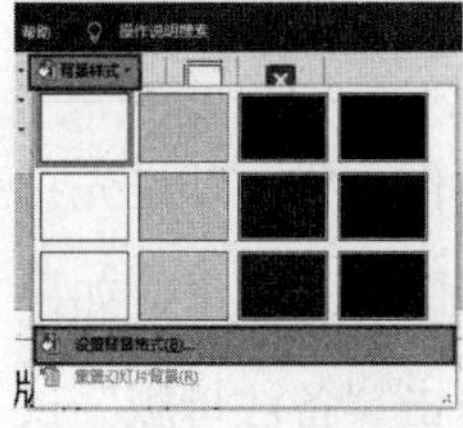

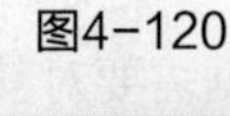

图4-122

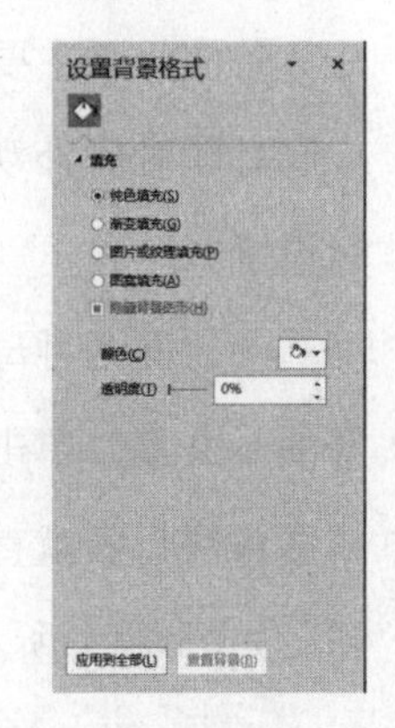

图4-123

在“幻灯片母版”选项卡中还可以设置“幻灯片大小”。单击“幻灯片大小”下拉按钮，在展开的下拉列表中选择合适的大小，也可以选择“自定义幻灯片大小”选项，如图4-124所示。在随后弹出的“幻灯片大小”对话框中，可以设置幻灯片的方向、大小、幻灯片编号起始值等。设置完成后，单击“确定”按钮，如图4-125所示。这时会弹出一个提示框，单击“确保适合”按钮即可，如图4-126所示。

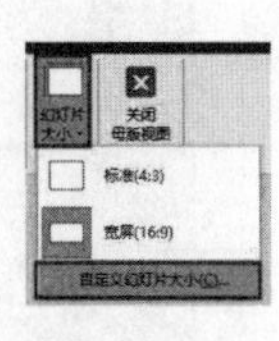

图4-124

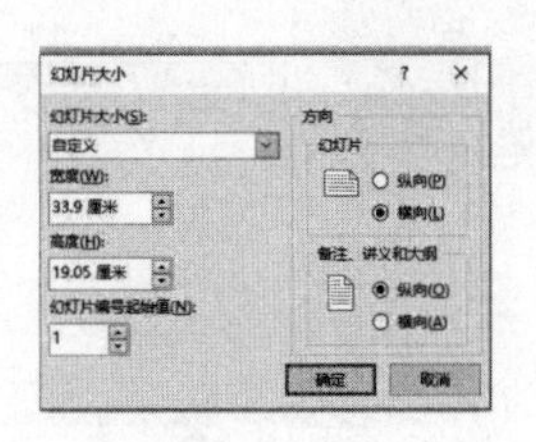

图4-125

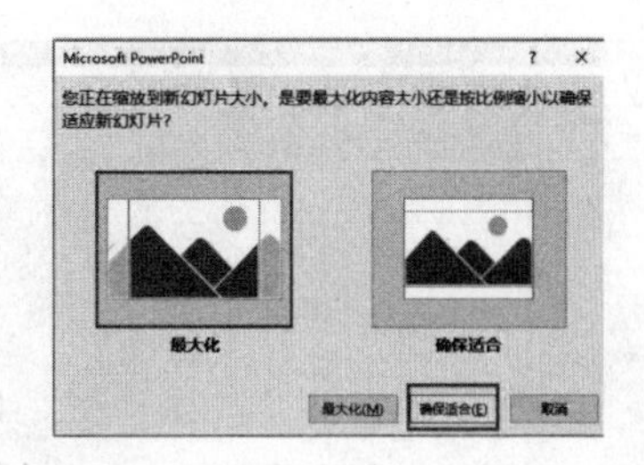

图4-126

当我们完成了幻灯片页面设置后，单击“关闭母版视图”按钮，退出母版视图，如图4-127所示。

图4-127

4.5.2 讲义母版

讲义母版主要定义了演示文稿用作讲义时的格式，可以根据需要来自由定义讲义的设计和布局。

讲义母版的操作相对简单，首先打开演示文稿，单击“视图”选项卡中的“讲义母版”按钮，如图4-128所示。然后单击“讲义母版”选项卡中的“讲义方向”下拉按钮，在展开的下拉列表中可以设置讲义方向，如图4-129所示。若想设置幻灯片的大小，可以直接单击“幻灯片大小”下拉按钮，在展开的下拉列表中选择合适的大小，如图4-130所示。

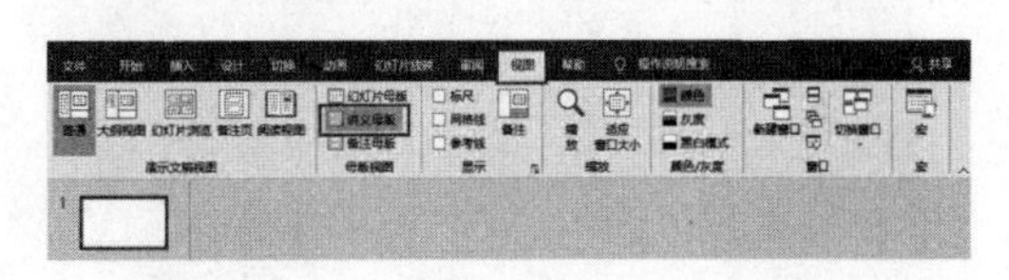

图4-128

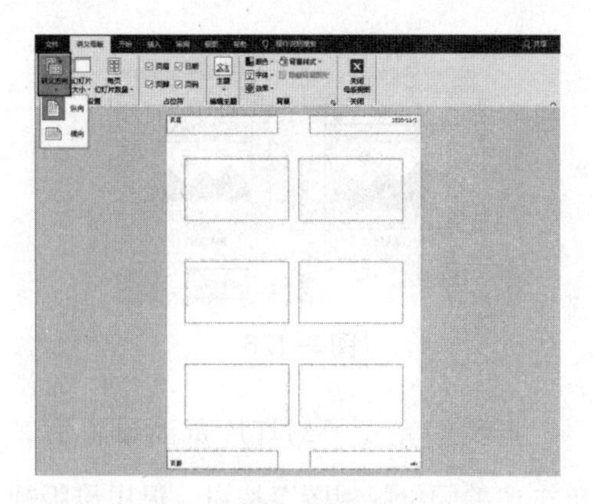

图4-129

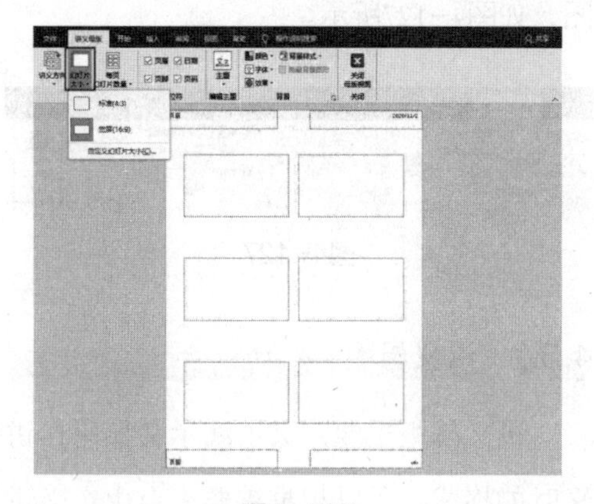

图4-130

单击“每页幻灯片数量”下拉按钮，从展开的下拉列表中选择“2张幻灯片”选项，如图4-131所示。在“占位符”组中，可以自定义在讲义中显示哪些占位符。设置完成后，单击“关闭母版视图”按钮，退出母版模式，如图4-132所示。

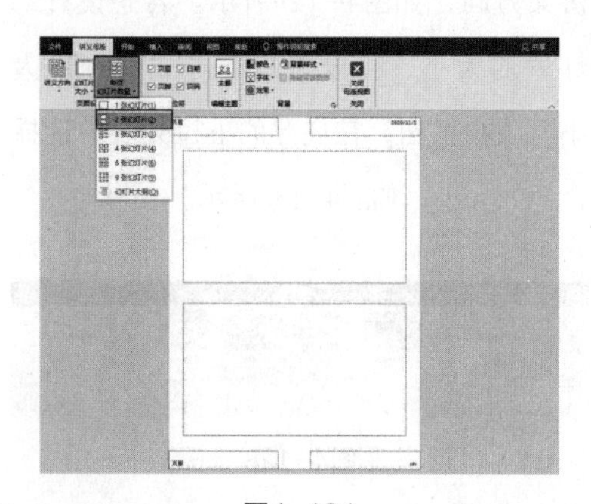

图4-131

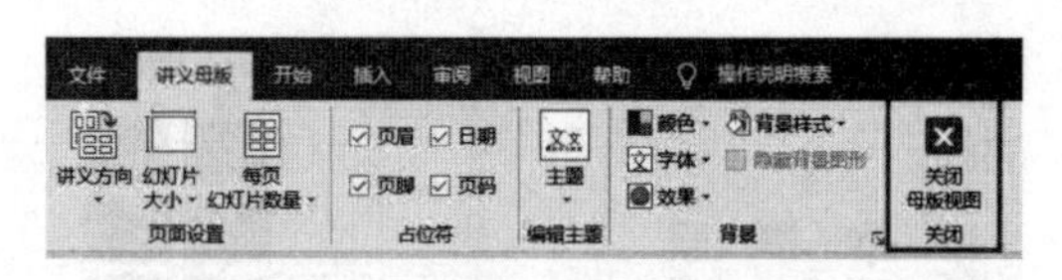

图4-132

4.5.3 备注母版

备注母版主要定义了演示文稿与备注一起打印时的外观，可以根据需要对其进行设置。

同前面两种母版操作一样，都是先打开演示文稿，单击“视图”选项卡，如果需要备注母版就直接单击“备注母版”按钮，如图4-133所示。

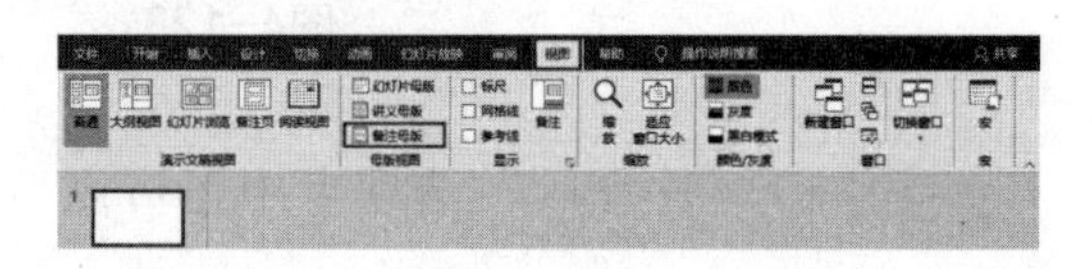

图4-133

进入“备注母版”选项卡后，通过该选项卡中的命令，就可以自由设计备注母版的格式，设置完成后，退出“备注母版”模式即可，如图4-134所示。

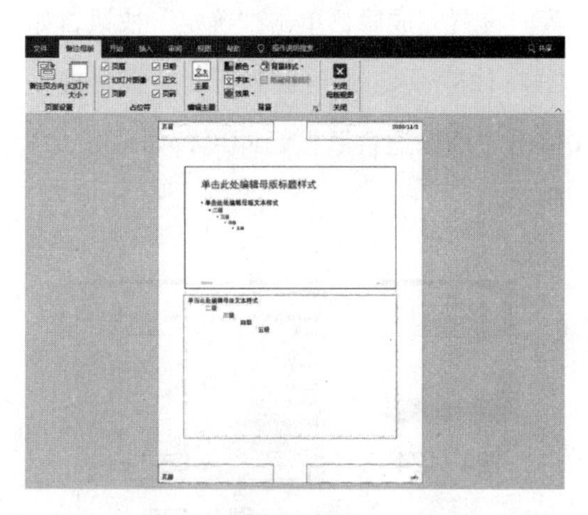

图4-134

4.6 隐藏与显示幻灯片

完成演示文稿的制作后，如果我们发现某张幻灯片并不符合整体内容，但又不想删除，只想在放映的时候不显示出来，那么可以将该幻灯片隐藏起来。同样，如果想要将隐藏的幻灯片放映出来，则可以再将其显示出来。

4.6.1 隐藏幻灯片

将不需要放映的幻灯片隐藏起来很简单，常用的有两种方法，即“功能区命令隐藏法”和“鼠标右键快捷菜单隐藏法”。

（1）功能区命令隐藏法。首先选择需要隐藏的幻灯片，然后单击“幻灯片放映”选项卡中的“隐藏幻灯片”按钮，如图4−135所示，就可以将所选择的幻灯片隐藏。已经隐藏的幻灯片缩略图左上角的序号会出现隐藏符号。

图4−135

（2）鼠标右键快捷菜单隐藏法。选择需要隐藏的幻灯片，单击鼠标右键，在弹出的快捷菜单中选择“隐藏幻灯片”命令，就可以完成对幻灯片的隐藏操作，如图4−136所示。

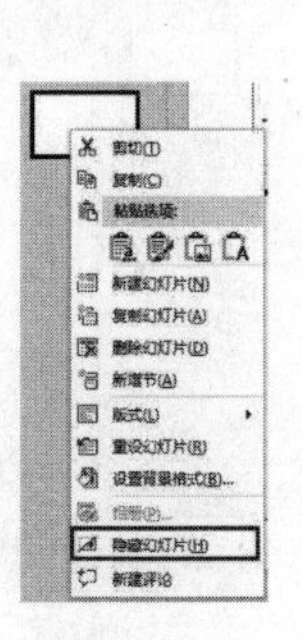

图4−136

4.6.2 显示幻灯片

如果想要把隐藏的幻灯片在放映时显示出来，就可以用显示幻灯片的方法去实现。显示幻灯片的方法同隐藏幻灯片的方法一样，也分为两种，即“功能区命令显示法”和“鼠标右键快捷菜单显示法”。

（1）功能区命令显示法。选择隐藏的幻灯片，单击“幻灯片放映”选项卡中的“隐藏幻灯片”按钮，如图4−137所示，就可以将隐藏的幻灯片显示出来了。

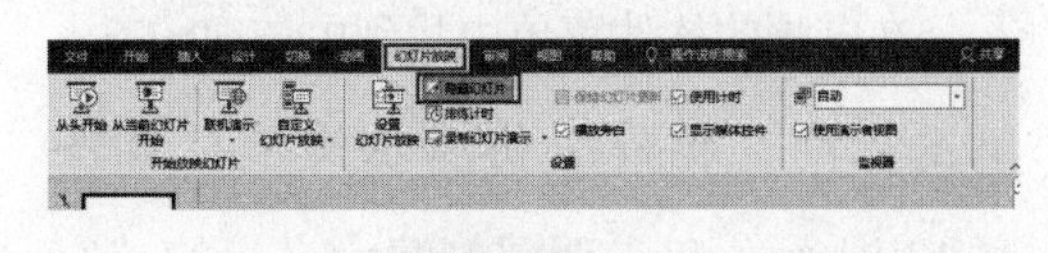

图4−137

（2）鼠标右键快捷菜单显示法。选中隐藏的幻灯片，单击鼠标右键，在弹出的快捷菜单中再次选择“隐藏幻灯片”命令，即可将隐藏的幻灯片显示出来，如图4−138所示。

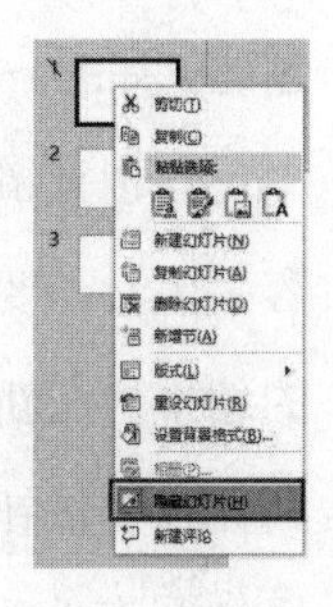

图4−138

幻灯片的编辑与设计——制作培训类演示文稿

培训类演示文稿是职场中常用的一种演示文稿类型。在制作培训类演示文稿时，首先要明确培训的内容，然后根据培训内容找到风格相当的模板，之后对模板进行简单修改，完成培训课件制作。具体的制作流程及思路如下。

（1）创建演示文稿。

（2）编辑模板内容。

4.7.1 创建演示文稿

1. 自创演示文稿

在电脑的软件菜单中找到PowerPoint，单击启动，创建一份演示文稿，如图4-139所示。单击新建的演示文稿的“空白演示文稿”，此时便完成新演示文稿的创建，如图4-140所示。

在创建新演示文稿后，为了防止内容丢失，需要先正确地保存，再进行内容的编排。在新创建的演示文稿左上方单击“保存”按钮，如图4-141所示；或者选择“另存为”命令，然后单击“浏览”按钮，如图4-142所示；在弹出的“另存为”对话框中选择文件保存位置，输入文件名并单击“保存”按钮，即可将演示文稿保存，如图4-143所示。

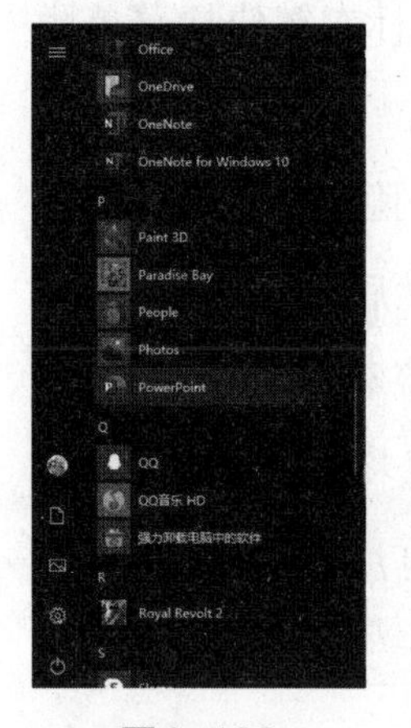

图4-139

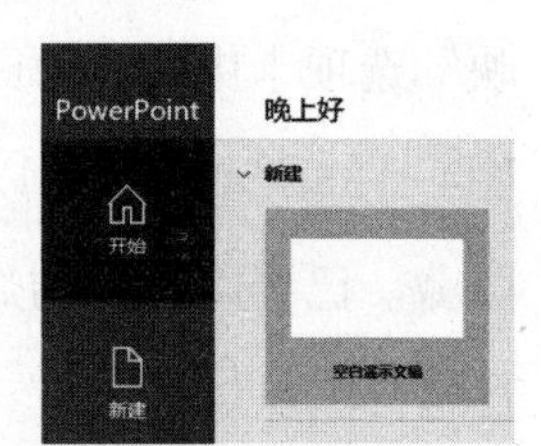

图4-140

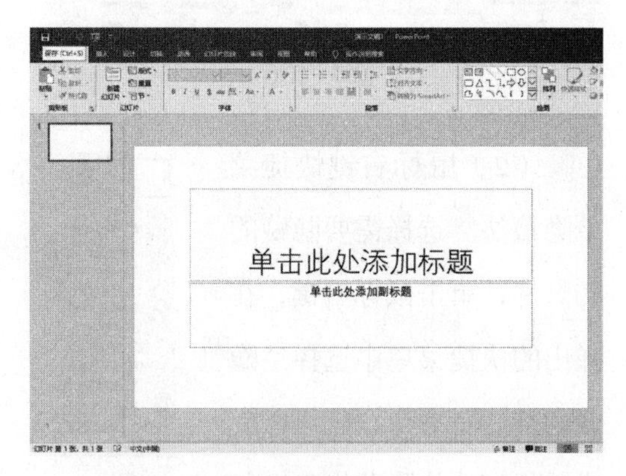

图4-141

图4-142

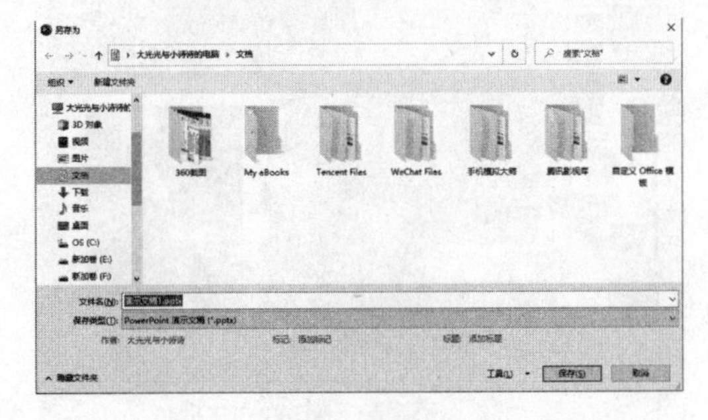

图4-143

2. 使用模板创建演示文稿

启动PowerPoint 2020，选择“新建”命令，选择你喜欢的模板类型（见图4-144），并在所选的模板类型中进一步选择贴合需要的模板（见图4-145）。

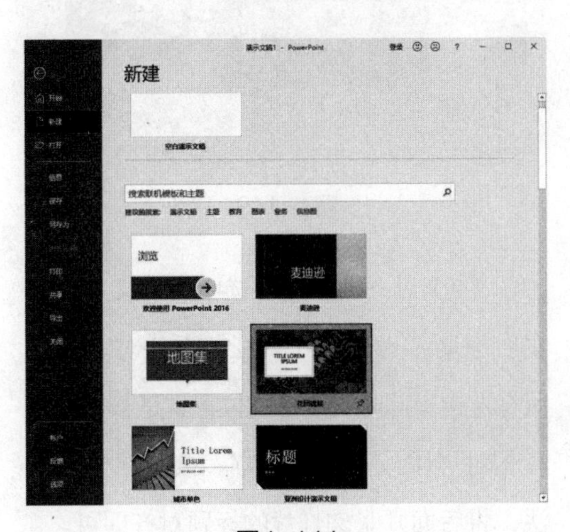

图4-144

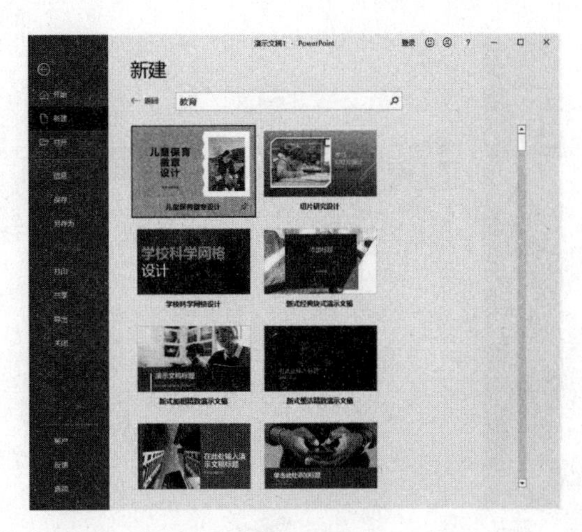

图4-145

选择模板后，直接单击“创建”按钮，下载模板即可。下载完成后，模板会自动打开，浏览模板内容，如图4-146所示。如果认为模板不符合自己的需求，则还可以重新选择。下载完成后要保存模板，按“Ctrl+S”快捷键，打开“另存为”对话框，选择模板的保存位置，输入模板的保存名称，单击“保存”按钮（见图4-147），完成模板文档的创建。

图4-146

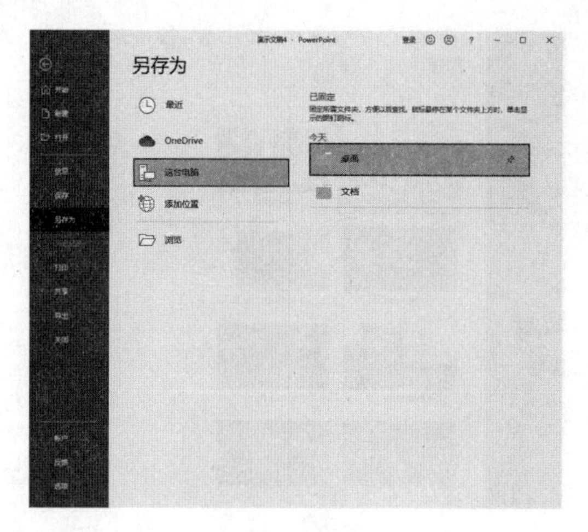

图4-147

4.7.2 编辑演示文稿内容

在用模板创建的演示文稿中进行内容的编辑相对容易，只需从两个方面来进行：一方面是编排文字内容，另一方面是编排图片内容。然而，编辑自创的演示文稿时，就要先设计模板再进行内容的编辑，通常会先设计封面和封底页的幻灯片，再根据封面和封底页的幻灯片中的主要元素完成内容页的幻灯片的设计，最后，对设计完成的模板进行编辑。

1. 编辑用模板创建的演示文稿内容

我们选择的是“教育”类演示文稿的第一个模板，模板中共有5张幻灯片。选中模板后，就可以进入需要更改的幻灯片进行修改。我们从第一张幻灯片开始修改。

在左上方输入新的标题，并按“Delete”键删除不需要的文本框中的文字，如图4-148所示。

（1）调整小标题格式。在按住“Ctrl”键的同时单击，选中标题及副标题。单击“开始”选项卡“段落”组中的“左对齐”按钮，如图4-149所示。用同样的方法设置其他幻灯片的格式。一般我们将格式设置为“居中”或“左对齐”。

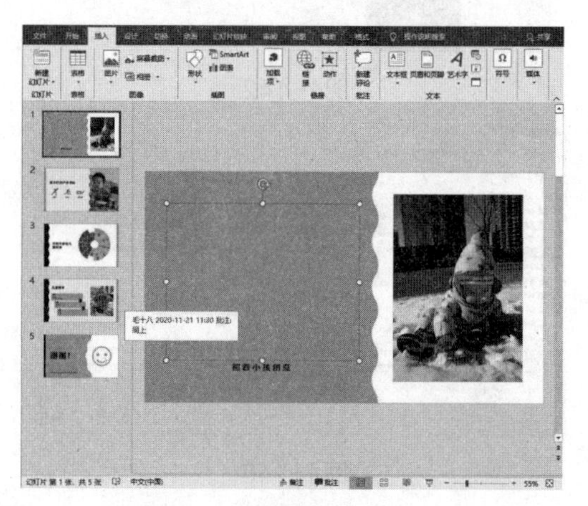

图4-148

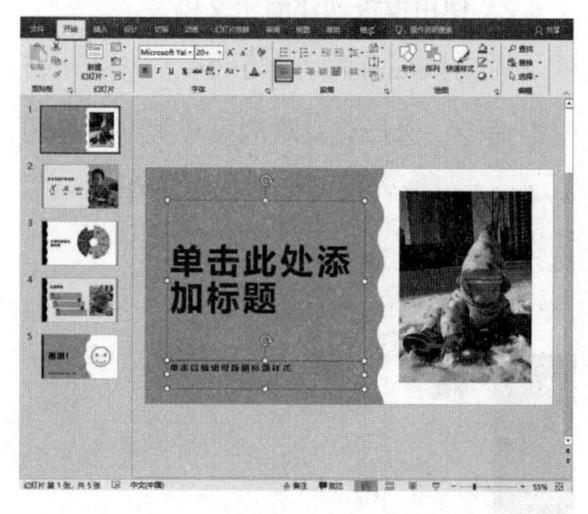

图4-149

（2）对齐文本框。选中一个文本框并左右拖动，当出现一条红色虚线时，松开鼠标左键，此时文本框的位置就是整个幻灯片相对居中或等分的地方。按照同样的方法，将后面几张幻灯片的标题对齐即可。

（3）更改文字的字号。选中副标题，单击“开始”选项卡“字体”组中的“字号”下拉按钮，选择“28”，如图4-150所示。用同样的方法设置其他幻灯片中文字的字号。

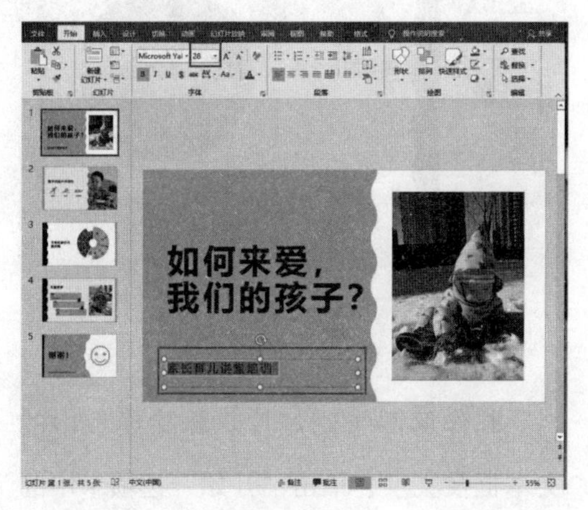

图4-150

接下来修改第二张幻灯片的内容。切换到第二张幻灯片，这张幻灯片也是文字型幻灯片，对里面的文字进行更改，如图4-151所示。选择幻灯片中自带的图标，按“Delete”键删除。单击“插入”选项卡中的“文本框”下拉按钮，在下拉列表中选择“绘制横排文本框”选项，如图4-152所示。绘制完成后，复制3个文本框并对齐，然后修改文本框中的内容，如图4-153所示。

将幻灯片中文字的字号加大，将字号调整为28号。加大文字的字号后，文本框之间变得有些拥挤，那么就选中最下方的文本框，向下拖动，以增加文本框之间的距离。用同样的方法调整其他文本框的位置，并查看制作完成的第二张幻灯片，如图4-154所示。

图4-151

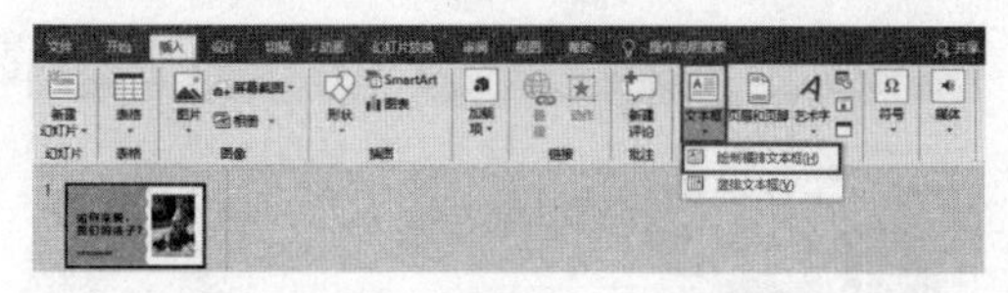

图4-152

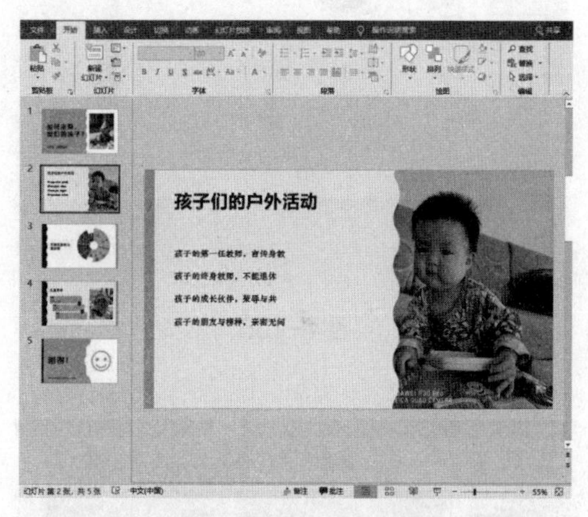

图4-153

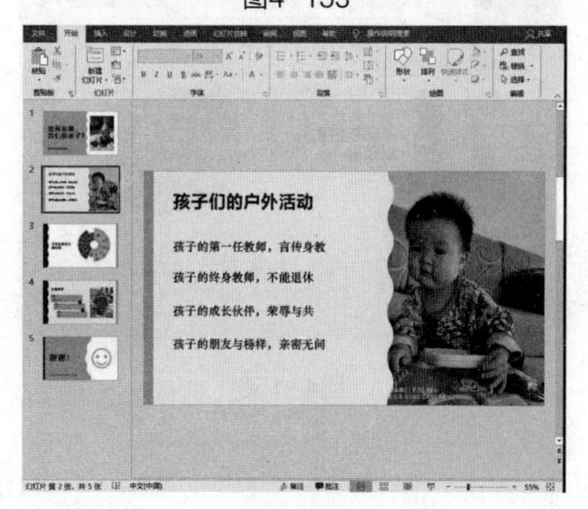

图4-154

在制作第三张幻灯片时，根据需要修改饼图，如图4-155所示。单击“设计”选项卡中的“编辑数据”按钮，在自动弹出的Excel表格中更改数据，使数据符合你演示的内容，如图4-156所示。用同样的方法替换模板幻灯片中的文本框中的文字内容，便完成了第三张幻灯片的制作，如图4-157所示。

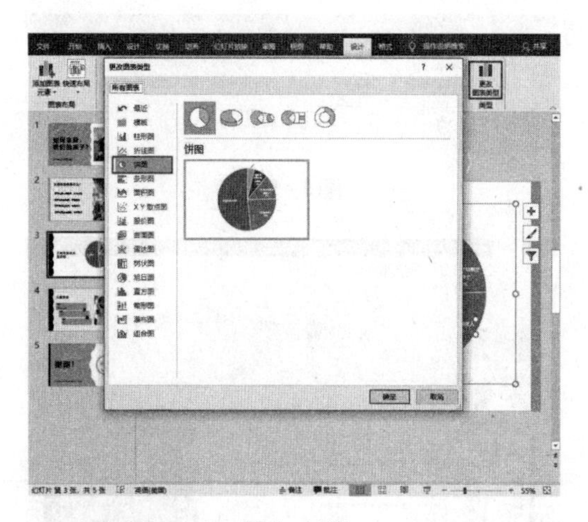

图4-155

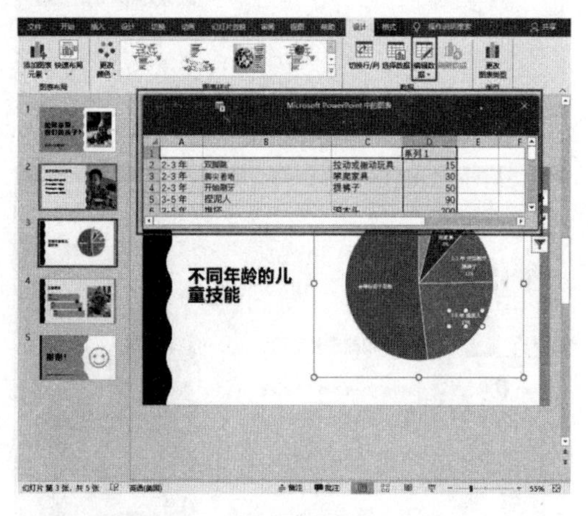

图4-156

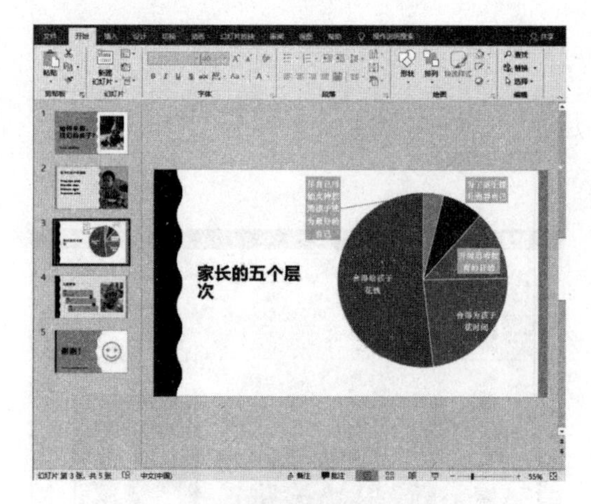

图4-157

制作第四张幻灯片。删除模板中的文本框及文字，单击“开始”选项卡中的“形状”下拉按钮，选择与模板边框形状相同的第七个形状，如图4-158所示；共绘制6个文本框，并对齐，如图4-159所示；输入文本内容，完成第四张幻灯片的制作，如图4-160所示。

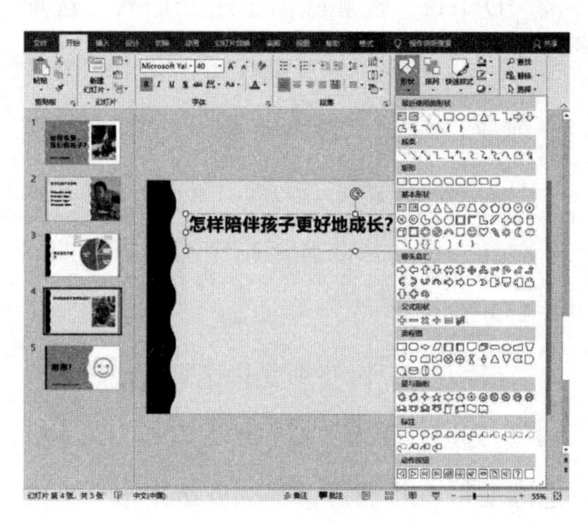

图4-158

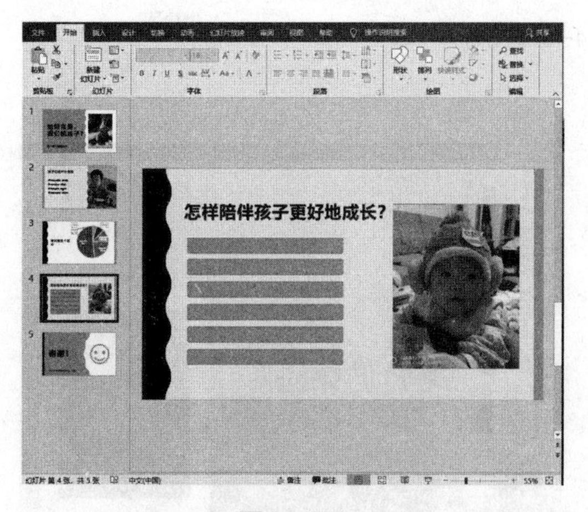

图4-159

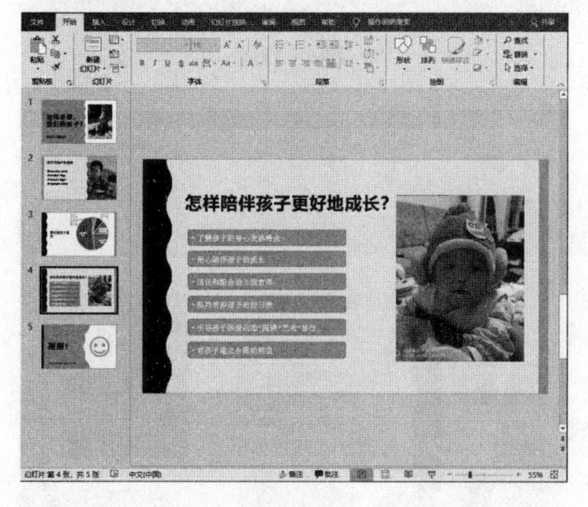

图4-160

制作第五张幻灯片。模板中的第五张幻灯片有我们不需要的图形，将其删除，并替换模板中的文字内容，调整文字的大小，便完成了第五张幻灯片的制作，如图4-161所示。

制作第六张幻灯片。复制模板中的第五张幻灯片，删除多余的图形，将模板中的文字用鼠标拖到中间位置，便完成了最后一张幻灯片的制作，如图4-162所示。

图4-161

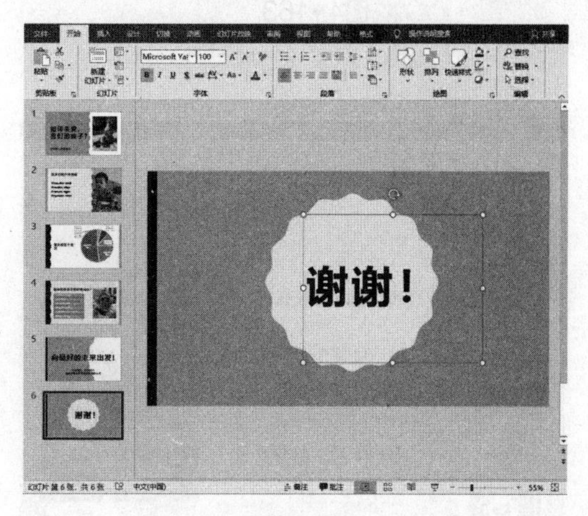

图4-162

编排图片内容。在替换模板中的图片内容时，可以使用“更改图片”的选项。如果图片的形状与模板中图片相差太大，则可以重新调整形状，再替换图片。在这个模板中，我们要替换第一、二、四张幻灯片中的图片。

现在，切换到第一张幻灯片，将光标放在图片上，单击鼠标右键，在弹出的快捷菜单中选择“更改图片”→“来自文件”命令，如图4-163所示。完成图片的更改后，用同样的方法，对后面的幻灯片中的两张图片分别进行替换，如图4-164至图4-166所示。

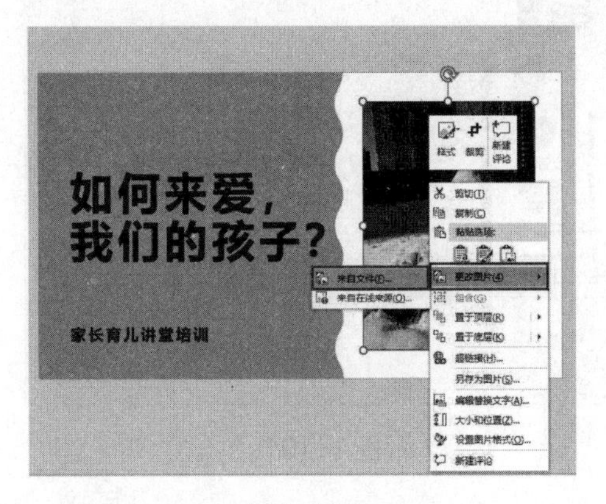

图4-163

图4-164

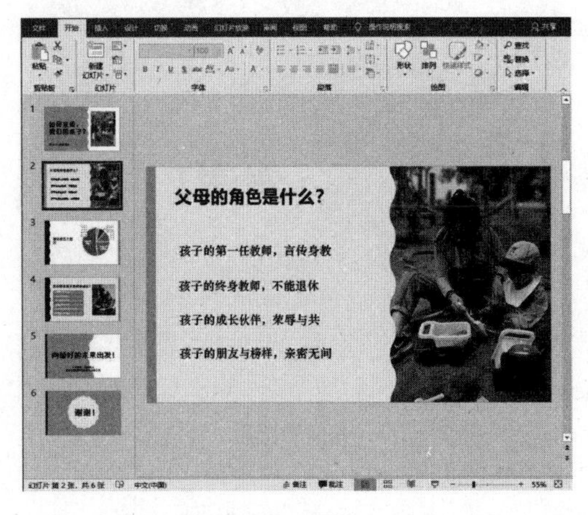

图4-165

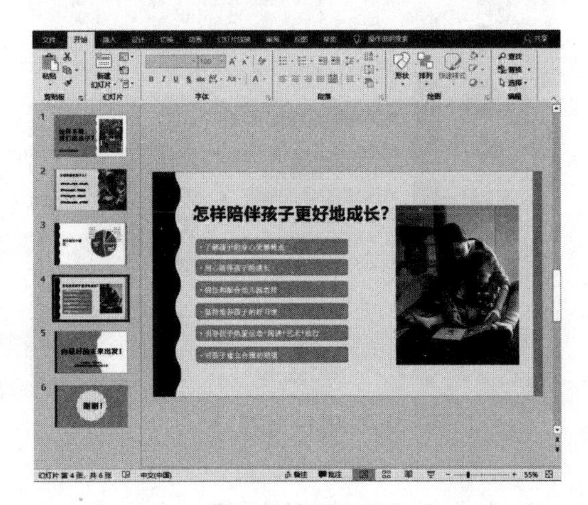

图4-166

2. 编辑自创的演示文稿内容

在创建自创的演示文稿后，就可以编辑其封面与封底的幻灯片了。为了保证风格的统一，一般在制作封面和封底的幻灯片时将其模板统一，只是文字不同。

封面与封底需要两张幻灯片，而在新创建的自创演示文稿中，默认为只有一张幻灯片，所以需要执行幻灯片的创建操作。单击“开始”选项卡“幻灯片”组中的“新建幻灯片”下拉按钮，在弹出的下拉列表中选择“空白”选项，完成一张幻灯片的创建，如图4-167所示。将新创建的幻灯片作为封面幻灯片。

首先绘制封面幻灯片。单击“插入”选项卡下的“形状”下拉按钮，在弹出的下拉列表中选择“矩形”，绘制矩形，如图4-168所示。单击“插入”选项卡下的“形状”下拉按钮，在弹出的下拉列表中选择“基本形状”中的第四个形状“等腰三角形”，绘制等腰三角形；选中形状，按住鼠标左键进行旋转调整；复制出3个三角形形状，再进行大小与方向的旋转调整，此时完成了封面页左侧的装饰。封面页右侧的装饰很简单，单击“插入”选项卡下的“形状”下拉按钮，在弹出的下拉列表中选择“基本形状”中的第五个形状“直角三角形”，同样完成大小和旋转的调整。选中等腰三角形并单击鼠标右键，选择“形状填充”为“蓝色，个性色1，淡色60%”，设置“边框颜色”为“无边框颜色”，也可以根据喜好更改形状的颜色及边框颜色，如图4-169所示。

封底幻灯片完全可以直接复制封面幻灯片。将蓝色的两条“矩形”形状选中并按“Delete”键删除，如图4-170所示。此时便顺利地完成了封面和封底幻灯片的制作。

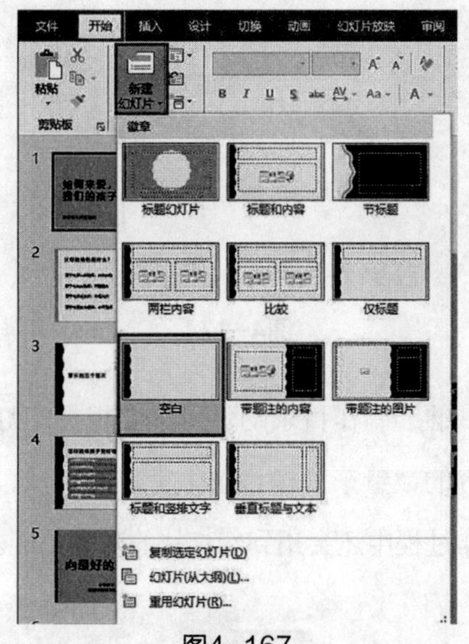

图4-167

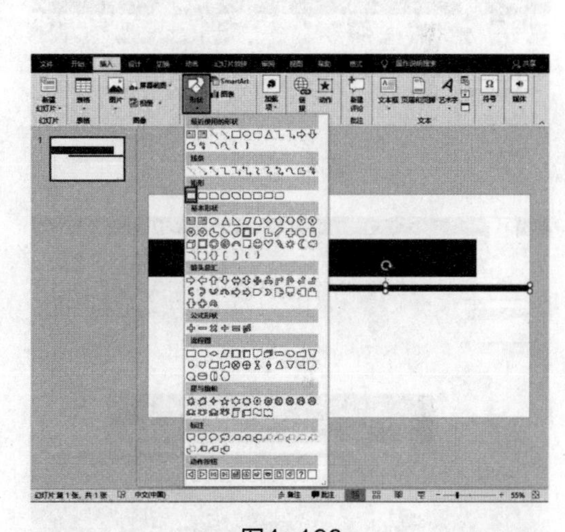

图4-168

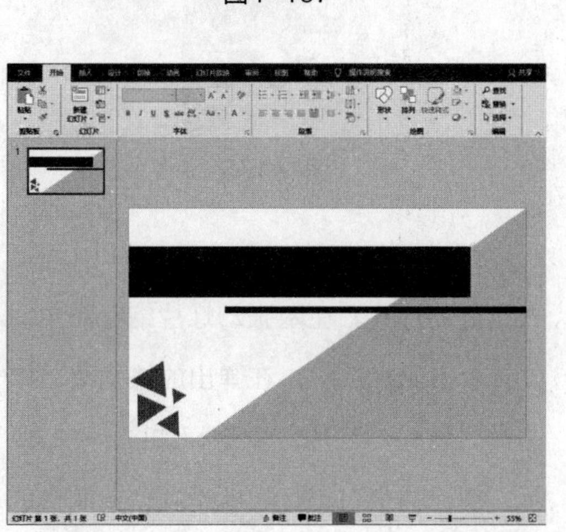

图4-169

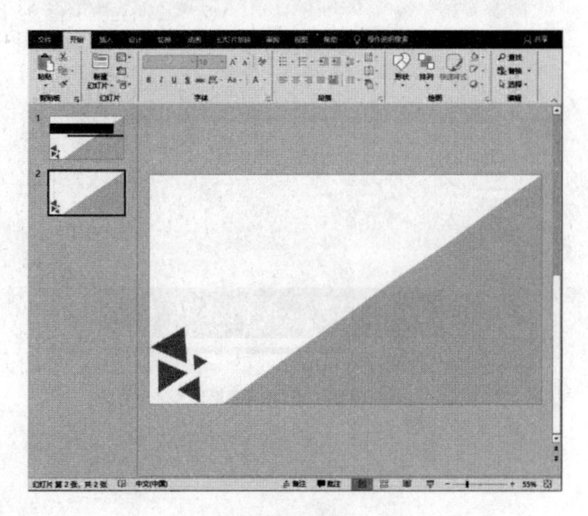

图4-170

编辑封面和封底幻灯片。封面中宽的矩形形状就是标题的文本框背景。单击“插入”选项卡中的“文本框”下拉按钮，在弹出的下拉列表中选择“绘制横排文本框”选项，如图4-171所示。之后，输入标题文字，然后在“开始”选项卡的“字体”组中进行字体、字号及字体颜色的设置，如图4-172所示。用同样的方法添加副标题，便完成了封面幻灯片的制作，如图4-173所示。

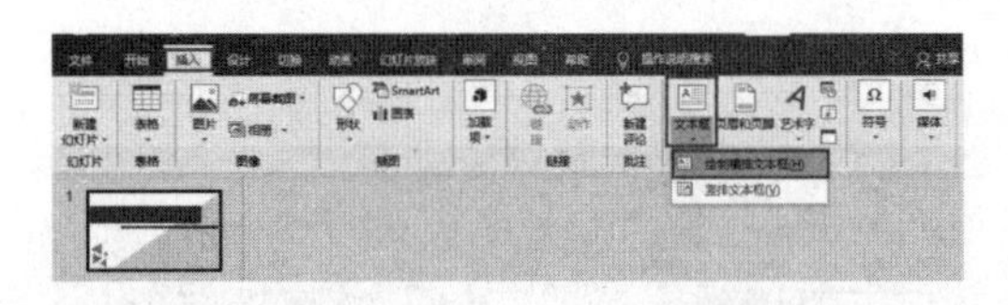

图4-171

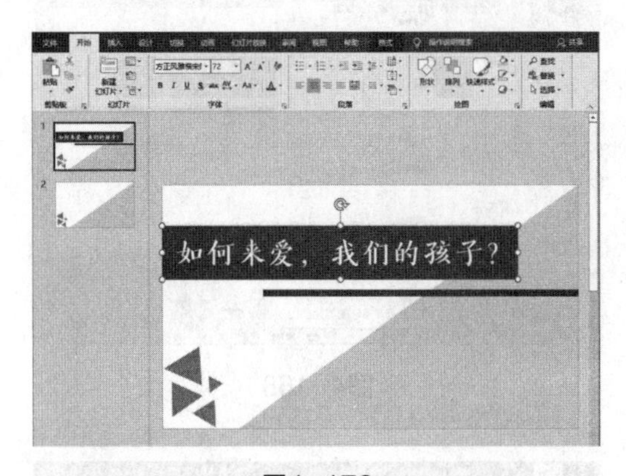

图4-172

图4-173

封底幻灯片的编辑方法与封面的编辑方法一样。单击“插入”选项卡中的“文本框”下拉按钮，在弹出的下拉列表中选择“绘制横排文本框”选项，输入文本内容，便完成了封底幻灯片的制作，如图4-174所示。

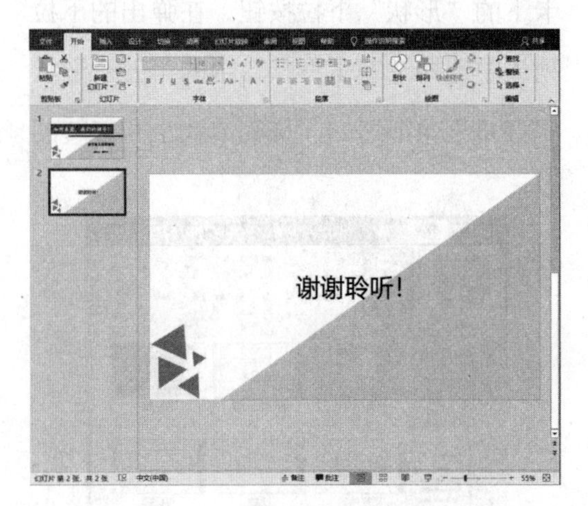

图4-174

继续制作目录幻灯片。要根据幻灯片内容的数量来安排目录中呈现的数量，在制作过程中还会用到幻灯片的对齐功能。

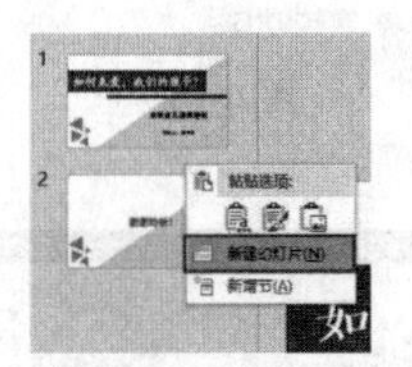

图4-175

在封面幻灯片与封底幻灯片中间插入空白幻灯片。在两张幻灯片缩略图中间位置单击鼠标右键，在弹出的快捷菜单中选择“新建幻灯片”命令，如图4-175所示，创建的空白幻灯片就是我们要制作的目录幻灯片。

插入形状，绘制目录背景。目录的背景设计要遵循与封面、封底设计风格统一的原则。在新建的空白幻灯片中利用形状的插入来绘制目录的背景。单击“插入”选项卡中的“形状”下拉按钮，在弹出的下拉列表中选择“基本形状”中的“斜纹”，绘制一个倾斜的长条矩形，如图4-176所示。再选择“菱形”，绘制出目录中标题的装饰，并按照内容标题的数量复制两个菱形形状，如图4-177所示。

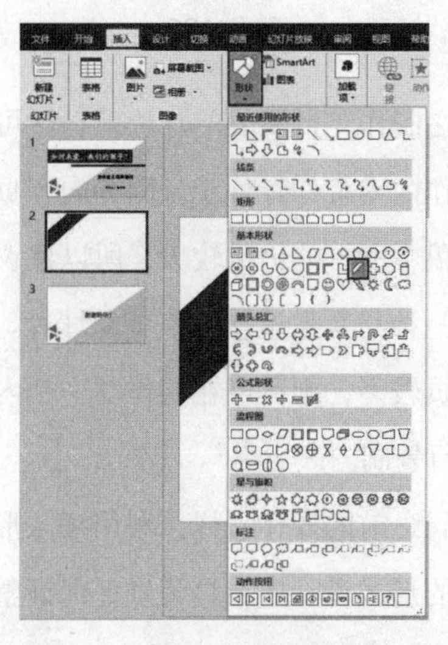

图4-176

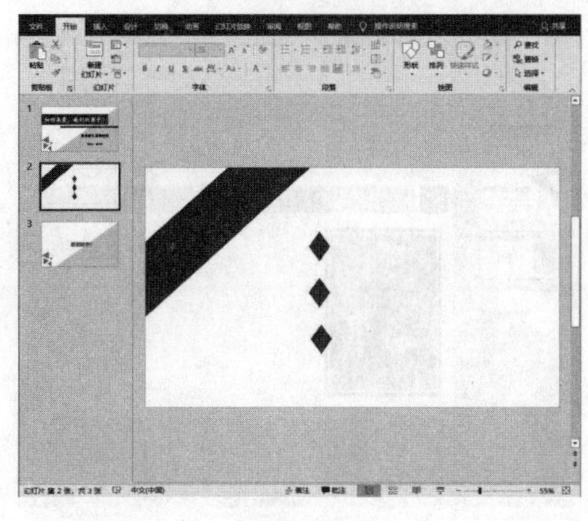

图4-177

绘制矩形形状并将其选中，单击鼠标右键，选择“形状填充”为“蓝色，个性色1，淡色60%”，设置“边框颜色”为“无边框颜色”。再复制两个矩形形状并与菱形形状重叠，如图4-178所示。选中矩形形状，单击鼠标右键，在弹出的快捷菜单中选择“置于底层”命令，将矩形形状置于菱形形状的下面，如图4-179所示。

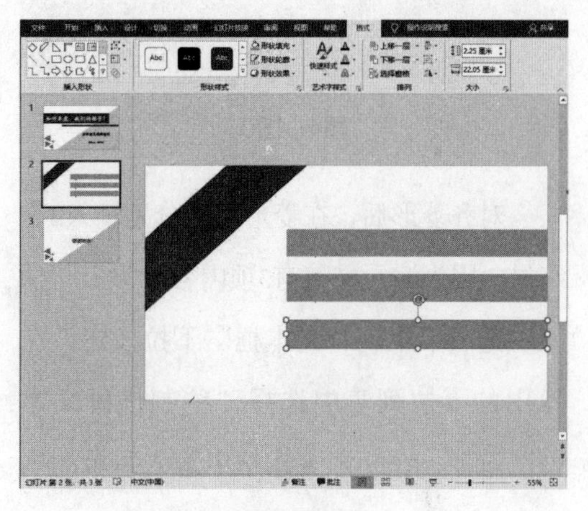

图4-178

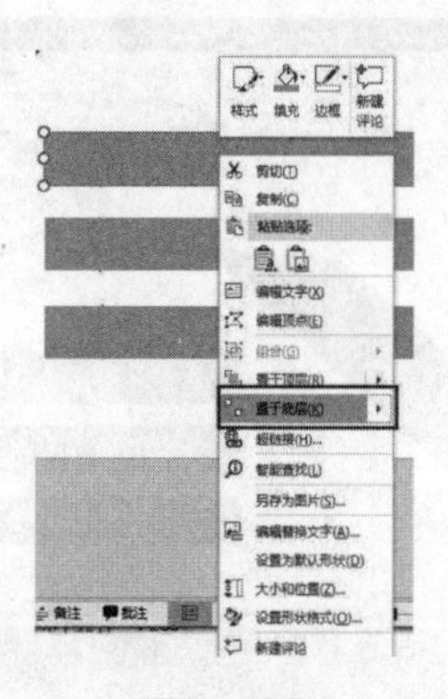

图4-179

调整形状的大小与对齐格式。选择3个菱形，单击“绘图工具—格式”选项卡“排列”组中的“对齐”下拉按钮，选择下拉列表中的“纵向分布”选项，如图4-180所示。

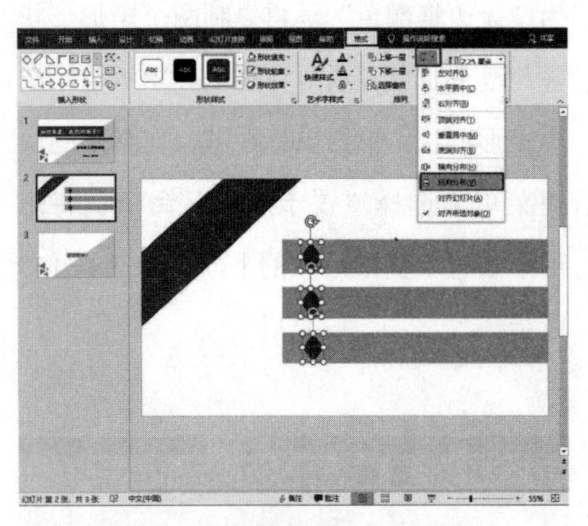

图4-180

对齐菱形后，在菱形格中分别输入3个编号，因为演示文稿有3项内容。单击“插入”选项卡中的“文本框”下拉按钮，在弹出的下拉列表中选择“绘制横排文本框”选项，在矩形文本框中输入目录的内容并调整格式，如图4-181所示。

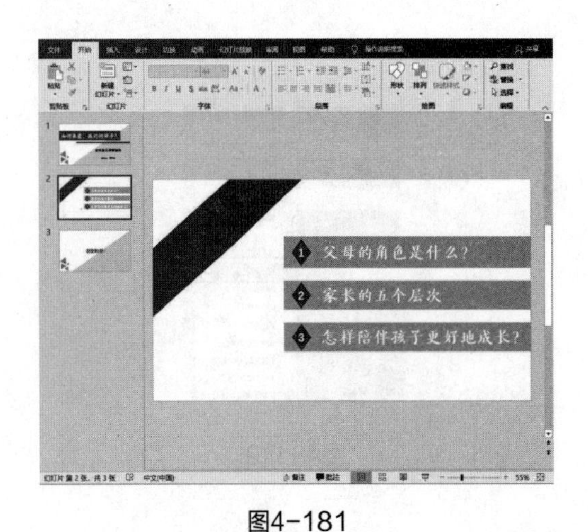

图4-181

输入“目录”二字，调整其位置并设置字体格式，此时便完成了目录幻灯片的制作，如图4-182所示。

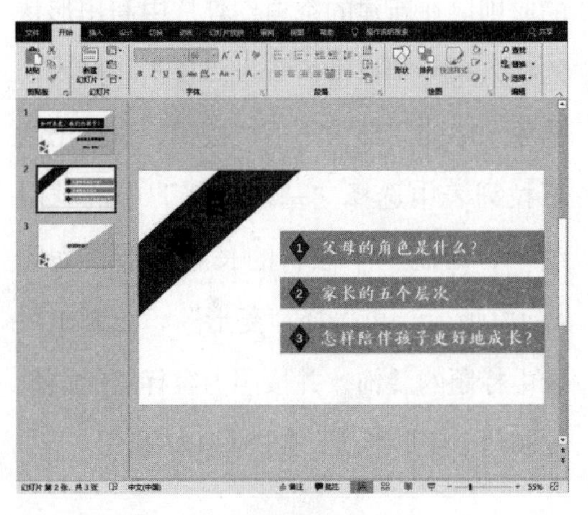

图4-182

在制作完目录的幻灯片后，就可以开始制作内容页幻灯片了。因为内容页在演示文稿中所占的比重较大，所以建议大家用同一种元素来设计内容页幻灯片。倘若内容页较多，则可以在制作完一个内容页后进行复制。

同之前的操作一样，利用插入形状与图形的形式设计内容页背景，保证整体风格的统一性，如图4-183所示。

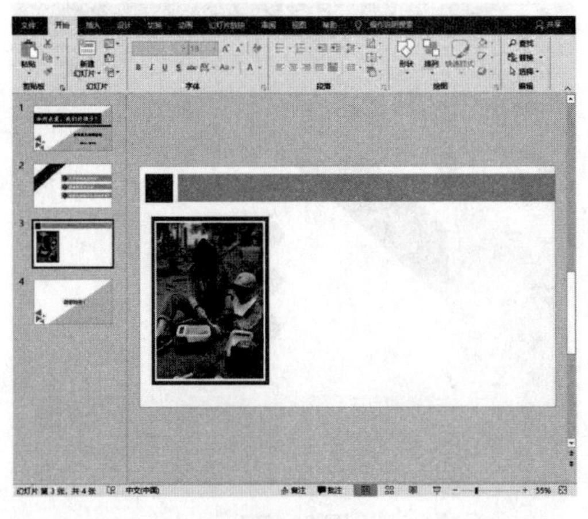

图4-183

编辑内容页文本。复制两个内容页，在风格统一的背景下进行文本填充。在编辑文本时小标题要与目录中的小标题保持统一，字体选择“方正风雅宋”，字号大小设为“44”。内文的字体也要保持统一，字号大小设为“28”，并将图形或文字进行对齐的格式处理，进而完成内容页的编辑，如图4-184至图4-186所示。

很多培训类演示文稿都有总结页，一般我们会根据封面的背景风格来设计总结页幻灯片的背景。复制封面，并对其进行小调整，如添加一个细细的矩形形状，将宽的矩形形状下移到中间位置，输入文本内容，即可完成总结页幻灯片的制作，如图4-187所示。

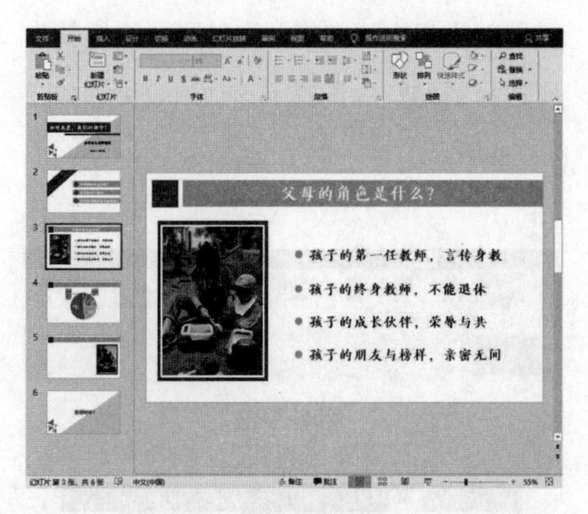

图4-184

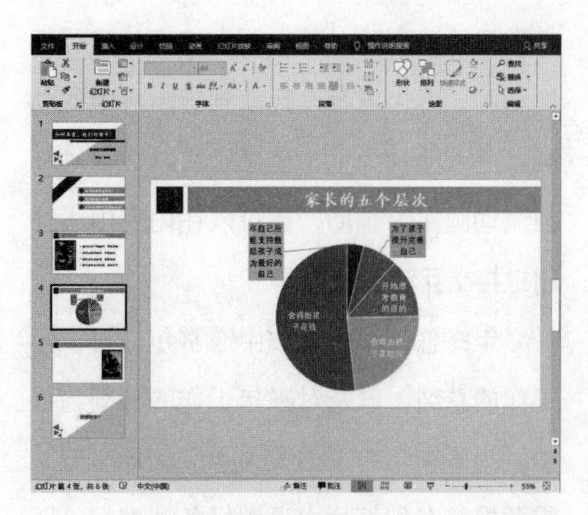

图4-185

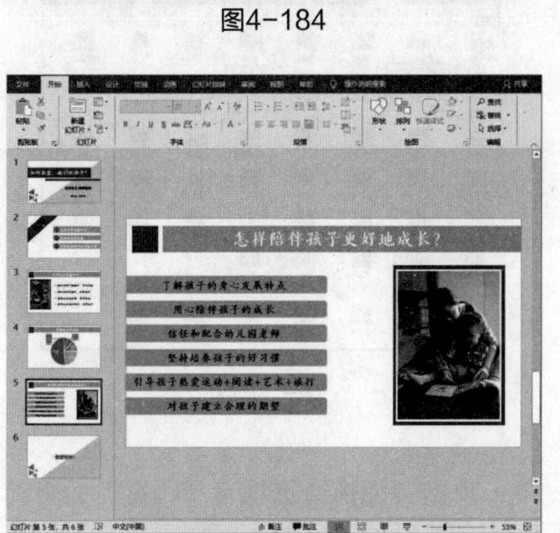

图4-186

图4-187

4.8 幻灯片的动画设计与放映——制作年终总结演示文稿

在年终的时候，很多单位、部门及个人都要进行总结汇报，为了增强展示效果，通常要为演示文稿设置动画效果，包括切换动画和内容动画，设置了动画效果的幻灯片下方会带有星形符号。在为演示文稿设计动画时，首先要为幻灯片设计切换动画，再为内容设计动画。内容中的动画以进入动画为主，也可以将路径动画和强调动画作为辅助，还可以在内容中添加超链接交互动画。

年终总结演示文稿中通常包含对去年工作的总结，以及对来年工作的计划与展望。为了在年终总结大会上完美地呈现，需要提前在幻灯片中设置好备注内容，防止在关键时刻忘词。当添加备注后，还要知道如何正确地放映备注。此外，还要明白如何放映有动画效果的演示文稿。具体的制作流程及思路如下。

（1）设置切换动画。

（2）设置内容动画。

（3）设置交互动画。

（4）预演幻灯片。

（5）放映幻灯片。

4.8.1 设置切换动画

通常我们从第二张幻灯片开始设置切换动画，但是根据个人喜好，也可以从第一张幻灯片开始就设置。选择要设置的幻灯片，单击“切换”选项卡“切换到此幻灯片”组中的“其他”按钮，如图4-188所示，在弹出的下拉列表中，选择“细微”效果组中的“揭开”动画，这样就为所选择的幻灯片设置了该动画效果，如图4-189所示。

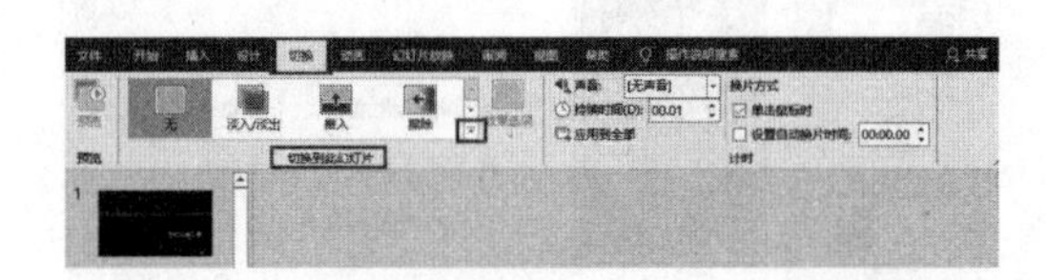

图4-188

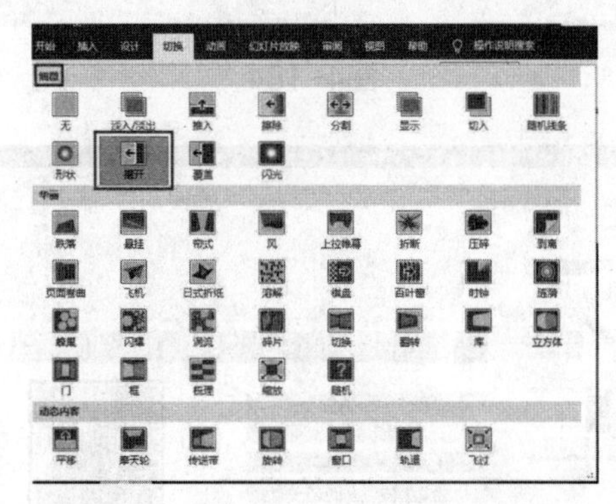

图4-189

单击“切换”选项卡“预览”组中的“预览”按钮，预览切换动画的效果，如图4-190所示。

按照同样的方法，依次为其余幻灯片设置切换动画。

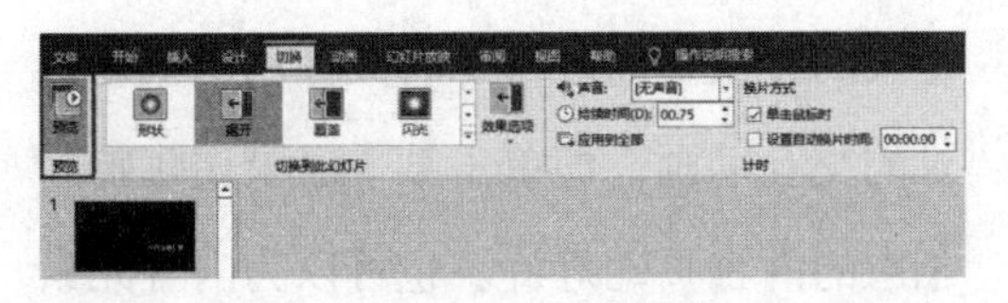
图4-190

4.8.2 设置内容动画

1. 设置进入动画

切换到要为其设置内容动画的一张幻灯片，选中背景图片，单击“动画”选项卡“动画”组中的“其他”按钮，打开动画列表，如图4-191所示，选择自己喜欢的进入动画效果。但是我们发现动画列表中显示的动画并不是很多，如果想浏览更多的动画效果样式，则可以直接选择下方的“更多进入效果”选项，查看更多的动画效果并选择适合的，如图4-192所示。在弹出的“更多进入效果”对话框中单击“温和”效果组中的“翻转式由远及近”动画，单击“确定”按钮，如图4-193所示。

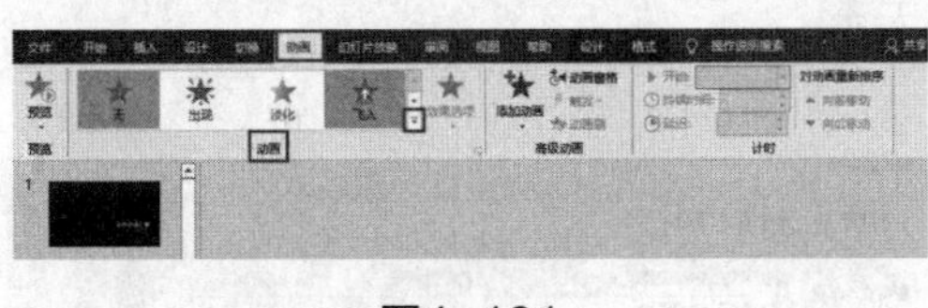
图4-191

按照同样的方法，依次为其余幻灯片设置进入动画。

2. 设置强调动画

强调动画就是通过放大、缩小、闪烁、陀螺旋等方式突出显示对象和组合的一种动画。

比如，选中第三张幻灯片中的文字文本框，单击“动画”选项卡中的“添加动画”下拉按钮，在弹出的下拉列表中选择“强调”效果组中的“跷跷板”动画，如图4-194所示。

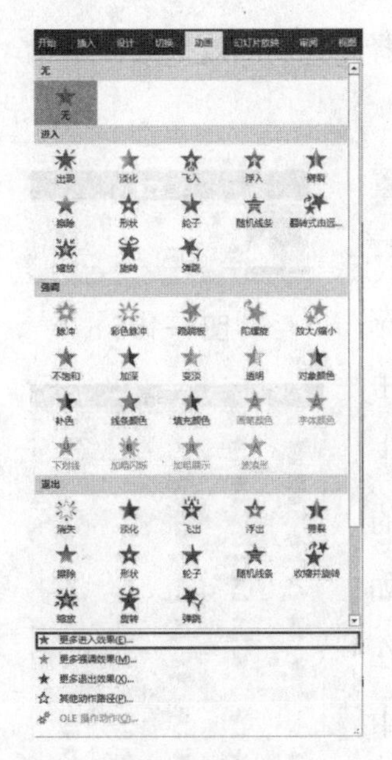
图4-192　图4-193

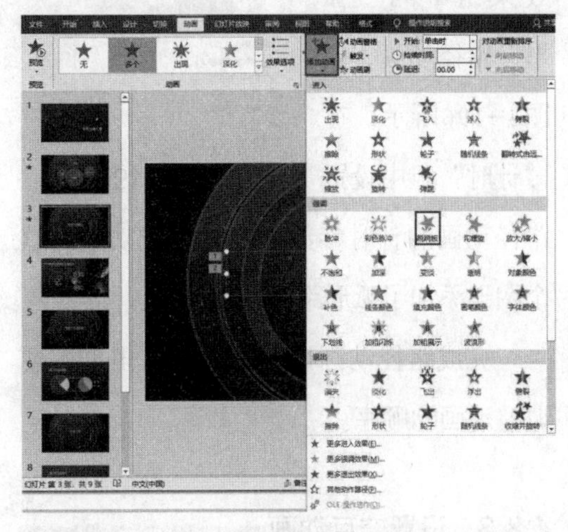
图4-194

还可以设置强调动画的声音，主要是为了引起观众注意，增加强调的效果。

3. **设置路径动画**

路径动画是让对象按照绘制的路径运动的一种高级动画效果，可以实现幻灯片中内容元素的运动效果。路径动画的添加方式与进入动画和强调动画的添加方式一样，只需要选择路径动画效果进行添加即可。

选择要设置路径动画的幻灯片，选中幻灯片左下角的图形，单击“动画”选项卡“动画”组中的“其他”按钮，如图4-195所示。在打开的动画列表中选择“动作路径”效果组中的“弧形”路径动画，如图4-196所示。在“计时”组中设置路径动画的计时参数，此时便成功地为这个图形添加了弧形路径动画效果。

图4-195

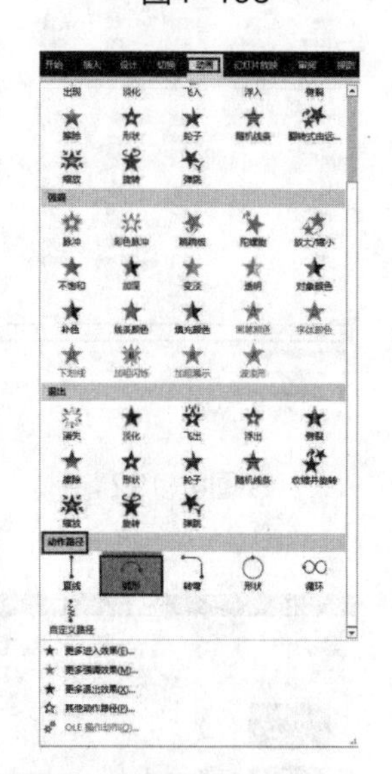

图4-196

完成路径动画设置后，可以根据需要调整动画的顺序。

4.8.3 设置交互动画

为演示文稿设置交互动画一般使用超链接的方法，而最常见的交互动画就是目录的交互动画，即单击某个目录便跳转到相应的内容页幻灯片。也可以为内容元素添加交互动画，如单击某处文字便出现相应的图片展示。

为目录添加内容页链接的方法是选中目录，设置超链接。切换到目录页幻灯片，用鼠标右键单击第一个目录的文本框，在弹出的快捷菜单中选择“超链接”命令，如图4-197所示。

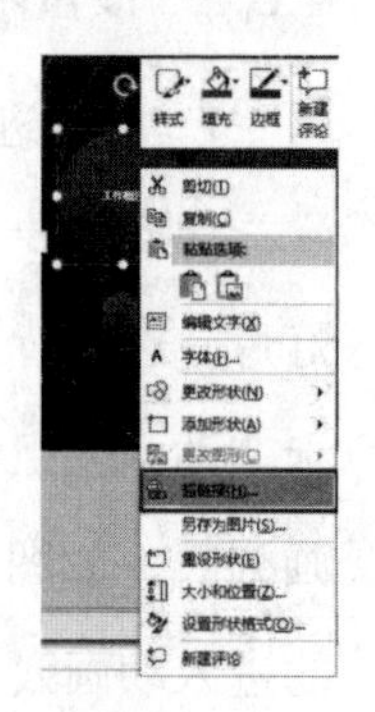

图4-197

在弹出的“插入超链接”对话框中，选择“本文档中的位置”选项，选择“3.年度工作概述”并单击“确定”按钮，如图4-198所示，此时就将该目录成功地链接到第三张幻灯片上。也就是说，第三张幻灯片就是我们选择链接的幻灯片，它与第一个目录成功地建立了交互关系。

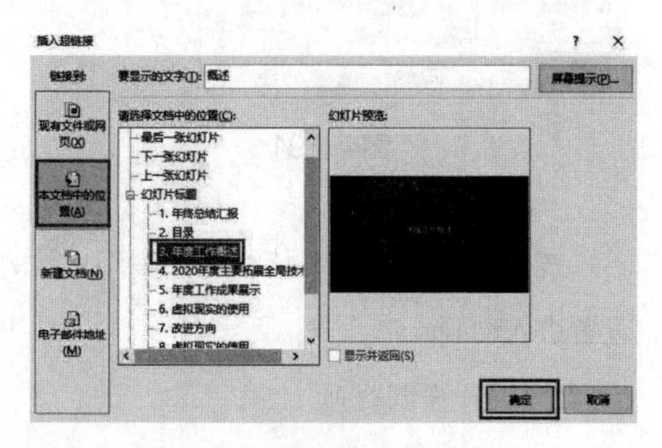

图4-198

按照相同的方法设置第二个和第三

个目录的链接。完成目录链接设置后，按下“F5”键进入放映设置。在放映目录页时，只需将鼠标指针放在已经设置好的超链接文本框上，当鼠标指针变成手指形状时单击，就可以直接切换到相应的幻灯片页面。

除了可以为目录设置交互动画，还可以为幻灯片中的文本框、图像、图形等内容元素设置交互动画，让这些元素在被单击时出现链接内容。

切换幻灯片，用鼠标右键单击页面中的图形，在弹出的快捷菜单中选择“超链接”命令。在弹出的“插入超链接”对话框中，选择“现有文件或网页”选项，单击“浏览文件”按钮，如图4-199所示。

图4-199

在打开的“链接到文件”窗口中，选择所需的素材图片，单击“确定”按钮。返回“插入超链接”对话框，单击“确定”按钮，确定选择的图片。

完成内容元素的超链接设置后，在放映演示文稿时，将鼠标指针放到设置了超链接的内容上，单击该内容，就会弹出已被链接的图片。

超链接设置不仅可以链接图片，还可以链接音频和视频。为了保证链接后的内容可以准确无误地打开，最好将文件打包保存，避免换一台电脑放映时，超链接打开失败。

选择“文件”→“导出”命令，选择“将演示文稿打包成CD”选项，单击“打包成CD”按钮，如图4-200所示。在弹出的“打包成CD”对话框中，输入文件的名称，单击“复制到文件夹”按钮，如图4-201所示。在弹出的“复制到文件夹”对话框中单击“确定”按钮即可，如图4-202所示。

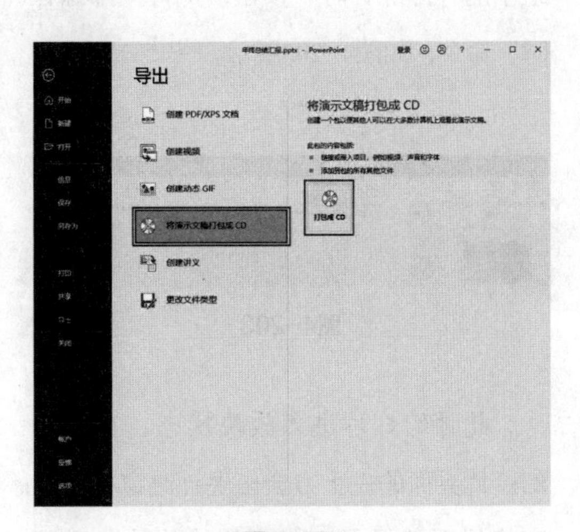

图4-200

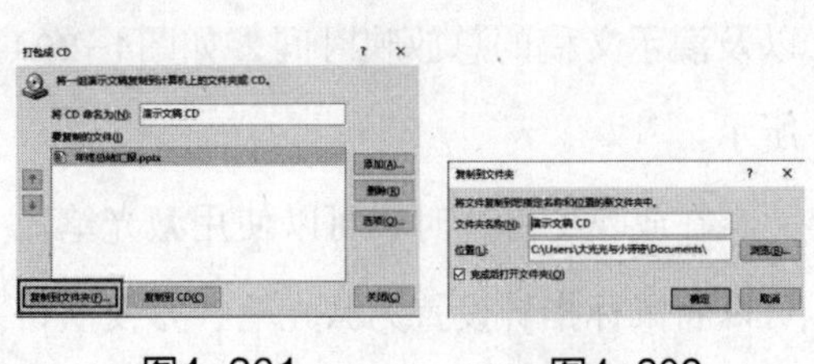

图4-201　图4-202

含有超链接的文件在打包时会弹出一个提示框，单击“是”按钮，表示要打包超链接文件。打包成功的文件包含了超链接文件，在将打包文件复制到其他电脑放映时也不用担心因链接文件的路径失效而影响放映效果。

4.8.4 预演幻灯片

当我们完成演示文稿的制作后，可以放映幻灯片，让制作完成的幻灯片自动放映，也可以设置幻灯片的排练计时，将幻灯片放映过程的时间长短及操作步骤录制下来，以便回放、分析演示中的不足之处，加以改进。

单击“幻灯片放映”选项卡“设置”组中的“排练计时”按钮，执行“排练计时”命令，如图4-203所示。

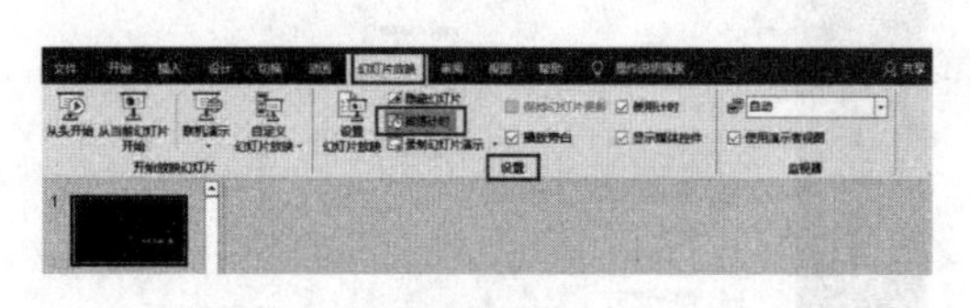

图4-203

此时幻灯片进入放映状态，在整个幻灯片界面的左上方会出现计时窗格，在窗格里面记录了每张幻灯片的放映时间以及演示文稿的总放映时间，如图4-204所示。

在放映幻灯片时，可以使用激光笔。可以将鼠标指针设置为激光笔，方便演讲者演示时指向重要内容。单击界面下方的笔状按钮，在弹出的列表中单击“激光笔”图标，如图4-205所示。

图4-204

图4-205　图4-206

如果想要在正在录制的幻灯片界面中圈画重点内容，就可以将鼠标指针变成荧光笔。单击笔状按钮，在弹出的列表中单击“荧光笔”图标即可。当鼠标指针变成荧光笔后，按住鼠标左键不放，同时拖动鼠标，即可圈画重点内容。

对于重点内容，还可以使用放大镜功能将其放大放映。单击界面下方的“放大镜”图标，即可激活放大镜功能，如图4-206所示。

使用放大镜功能时，将鼠标指针放到需要放大的内容区域并单击，如图4-207所示，被选中的区域就会放大显示，如图4-208所示。单击鼠标右键便可以退出放大区域。

图4-207

图4-208

当幻灯片放映完成后，会自动弹出提示框，询问是否保留在幻灯片中使用荧光笔绘制的注释，单击“保留”按钮。在保留注释后，还会自动弹出一个提示框，询问是否保留新的幻灯片计时，单击“是”按钮即可，如图4-209所示。

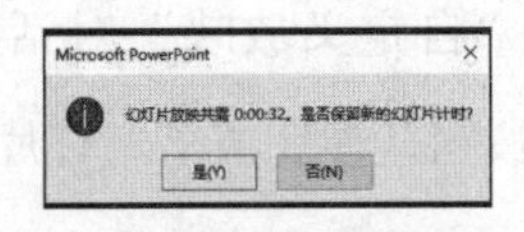

图4-209

在保留新的幻灯片计时后，便结束了幻灯片的放映。单击“视图”选项卡中的“幻灯片浏览”按钮，就可以看到在每张幻灯片下方都记录了放映时长，如图4-210所示。若有使用荧光笔绘制圈画过的页面，也能看见荧光笔圈画过的痕迹。

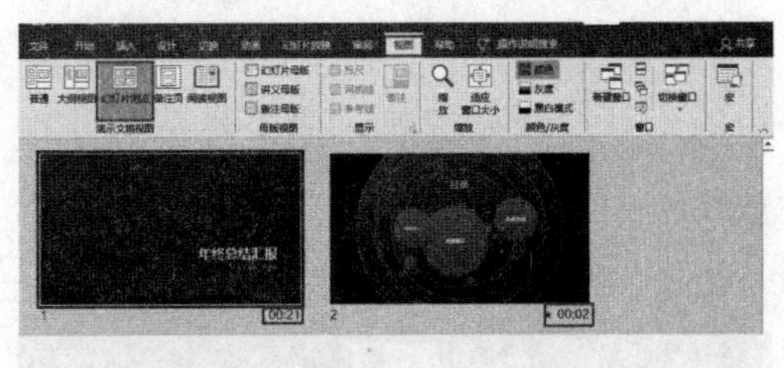

图4-210

4.8.5 放映幻灯片

1. 幻灯片放映设置

一般在制作完幻灯片后，便可以直接放映幻灯片了。放映幻灯片时，可以自由选择从哪张幻灯片开始放映，也可以自由选择放映内容，并可调整幻灯片的放映顺序。

（1）从头开始放映幻灯片。在放映幻灯片时可以直接从头开始放映。单击“幻灯片放映”选项卡“开始放映幻灯片”组中的“从头开始”按钮，如图4-211所示，就可以从头开始放映幻灯片，也就是从第一张幻灯片开始放映，直到最后一张幻灯片结束。

图4-211

（2）从当前幻灯片开始放映。在放映幻灯片时，切换到需要开始放映的幻灯片，单击“幻灯片放映”选项卡“开始放映幻灯片”组中的“从当前幻灯片开始”按钮，如图4-212所示，就可以从当前选中的幻灯片开始放映，而不是从头开始放映。

图4-212

（3）自定义幻灯片放映。放映幻灯片还可以选择自定义放映模式。单击“幻灯片放映”选项卡“开始放映幻灯片”组中的“自定义幻灯片放映”下拉按钮，在弹出的下拉列表中选择“自定义放映”选项，如图4-213所示，在弹出的“自定义放映”对话框中单击“新建”按钮，如图4-214所示，添加要放映的幻灯片。

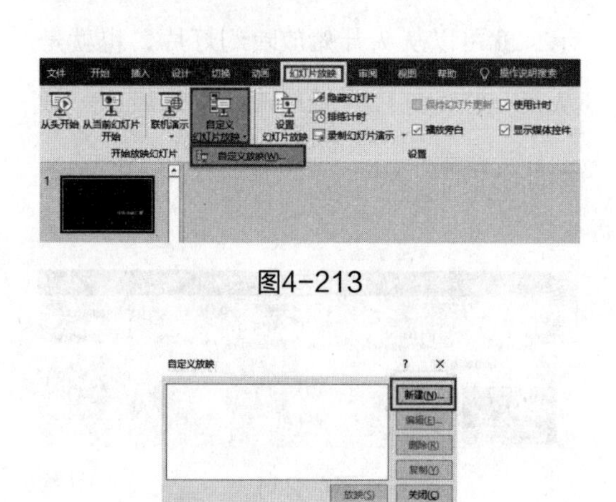

图4-213

图4-214

在弹出的“定义自定义放映”对话框中输入幻灯片放映名称，选中要放映的幻灯片，单击“添加”按钮，再单击“确定”按钮，就能确定要放映的自定义幻灯片，如图4-215所示。

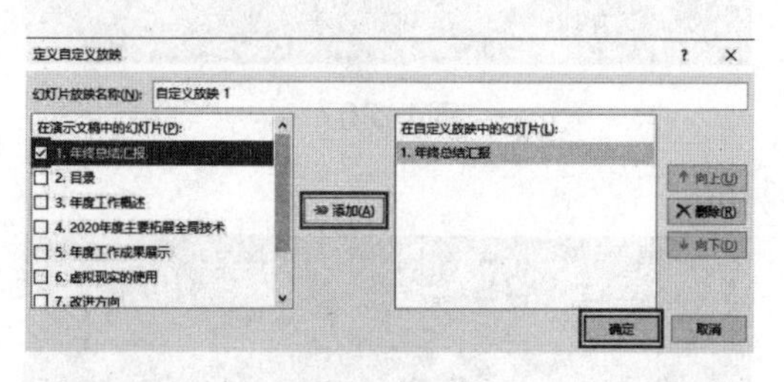

图4-215

如果觉得幻灯片的放映顺序需要调整，就选中这张幻灯片，单击“向上”或“向下”按钮；如果觉得某张幻灯片不需要放映，就可以直接单击“删除”按钮来删除这张幻灯片，如图4-216所示。

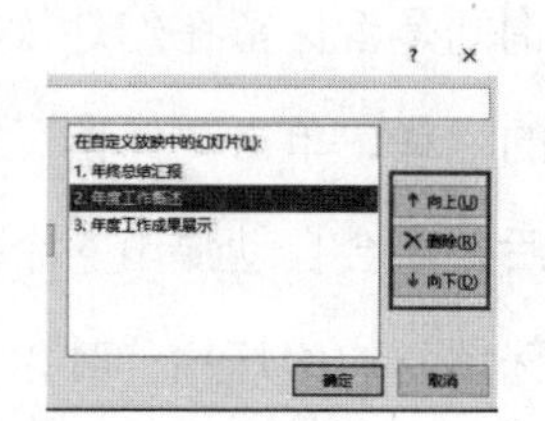

图4-216

返回“自定义放映”对话框，单击“关闭”按钮，便完成了幻灯片的自定义放映设置。当我们再次选择自定义放映方式时，只要单击“自定义幻灯片放映”下拉按钮，在弹出的下拉列表中选择已设置的文件，即可按照自定义的方式放映幻灯片。

2. 幻灯片放映方式设置

幻灯片的放映有多种方式，并且可以

设置放映过程中的细节问题。

单击“幻灯片放映”选项卡“设置”组中的“设置幻灯片放映”按钮，如图4-217所示。在弹出的“设置放映方式”对话框中选择需要的放映方式，单击“确定”按钮，即可完成放映方式的设置，如图4-218所示。

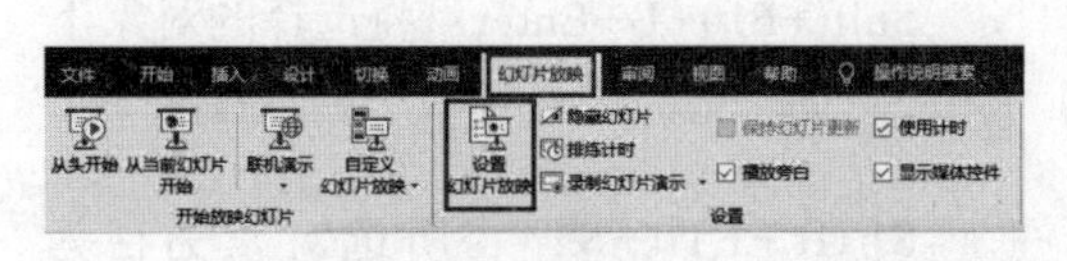

图4-217

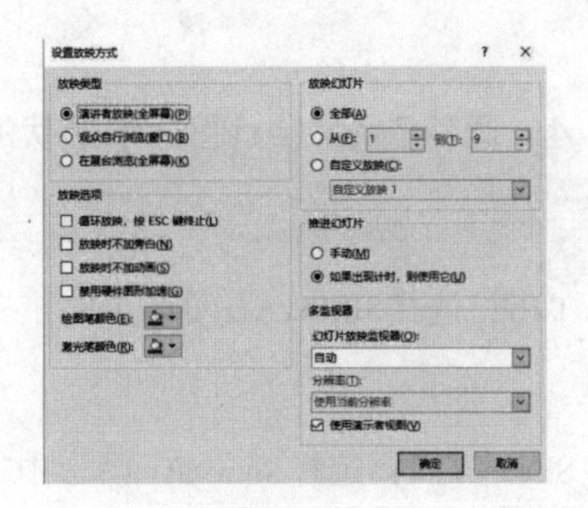

图4-218

3. 设置字体嵌入

文字字体的嵌入设置是非常重要的，因为在放映幻灯片时，可能出现幻灯片的字体异常情况。这很可能是在放映幻灯片的电脑没有安装幻灯片中使用的字体造成的。此时可以对幻灯片使用的字体进行设置，以保证放映时的效果。

单击界面左上角的“文件”菜单项，如图4-219所示。在弹出的“文件”对话框中，在左侧菜单选择中找到“选项”命令并点击，如图4-220所示。此时会弹出的“PowerPoint选项”对话框，切换到“保存”选项卡，勾选“将字体嵌入文件”复选框，再选择“仅嵌入演示文稿中使用的字符（适用于缩减文件）”单选按钮，单击“确定”按钮即可，如图4-221所示。

图4-219

图4-220

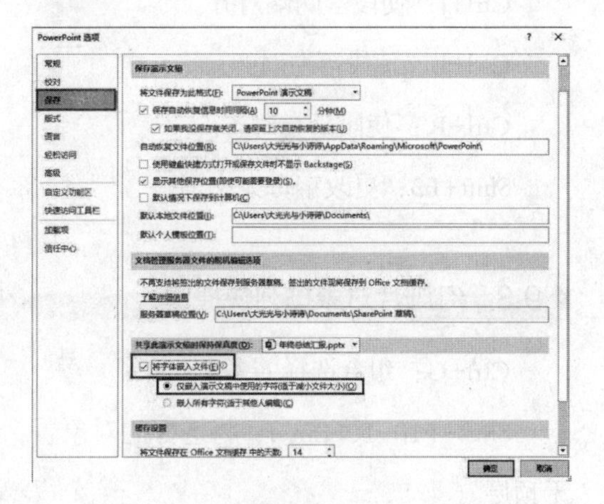

图4-221

4.9 PowerPoint常用操作快捷键

4.9.1 幻灯片操作快捷键

Enter或Ctrl+M：新建幻灯片。

Delete：删除选择的幻灯片。

Ctrl+D：复制选定的幻灯片。

Shift+F10+H：隐藏或取消隐藏幻灯片。

Shift+F10+A：新增幻灯片。

Shift+F10+S：发布幻灯片。

4.9.2 幻灯片编辑快捷键

Ctrl+T：可更改字体及字符格式。

Ctrl+B：应用粗体格式。

Ctrl+I：应用斜体格式。

Ctrl+U：应用下画线。

Ctrl+=：应用上标格式。

Ctrl+Shift++：应用下标格式。

Ctrl+E：居中对齐段落。

Ctrl+J：使段落两端对齐。

Ctrl+L：使段落左对齐。

Ctrl+R：使段落右对齐。

Shift+F3：更改字母大小写。

4.9.3 幻灯片对象排列快捷键

Ctrl+G：组合选择的多个对象。

Shift+F10+R+Enter：将选择的对象置于顶层。

Shift+F10+K+Enter：将选择的对象置于底层。

Shift+F10+F+Enter：将选择的对象上移一层。

Shift+F10+B+Enter：将选择的对象下移一层。

Shift+F10+S：将所选对象另存为图片。

4.9.4 调整SmartArt图形中形状的快捷键

Tab：选择SmartArt图形中的下一个元素。

Shift+Tab：选择SmartArt图形中的上一个元素。

↑：向上移动所选形状。

↓：向下移动所选形状。

←：向左移动所选形状。

→：向右移动所选形状。

F2：编辑所选形状中的文字。

Delete：删除所选的形状。

Ctrl+→：水平放大所选的形状。

Ctrl+←：水平缩小所选的形状。

Shift+↑：垂直放大所选的形状。

Shift+↓：垂直缩小所选的形状。

Alt+→：向右旋转所选的形状。

Alt+←：向左旋转所选的形状。

4.9.5 多媒体操作快捷键

Alt+Q：停止媒体播放。

Alt+P：在播放和暂停之间切换。

Alt+End：转到下一个书签。

Alt+Home：转到上一个书签。

Alt+↑：提高声音音量。

Alt+↓：降低声音音量。

Alt+U：静音。

4.9.6 幻灯片放映快捷键

F5：从头开始放映幻灯片。

Shift+F5：从当前幻灯片开始放映。

Ctrl+F5：联机演示幻灯片。

Esc：结束幻灯片放映。

第 5 章 Photoshop 的应用

第一部分 Photoshop入门

在日常工作中，我们经常会遇到简单的需临时处理图像的情况，所以，用Photoshop来处理一些简单的图像或者设计好看的海报或背景是当代职场人士必备的一项技能。

5.1 菜单栏简介

5.1.1 “文件”菜单

在Photoshop界面上方的菜单栏中，位于第一位的就是“文件”菜单，在这个菜单中有很多命令，最常用到的就是“新建”“打开”和“存储为”命令，如图5-1所示。接下来就围绕这3个常用命令进行详细介绍。

1. 新建图像文件

选择“文件”→“新建”命令，即可新建一个图像文件，如图5-2所示。也可以用快捷键“Ctrl+N”来实现。

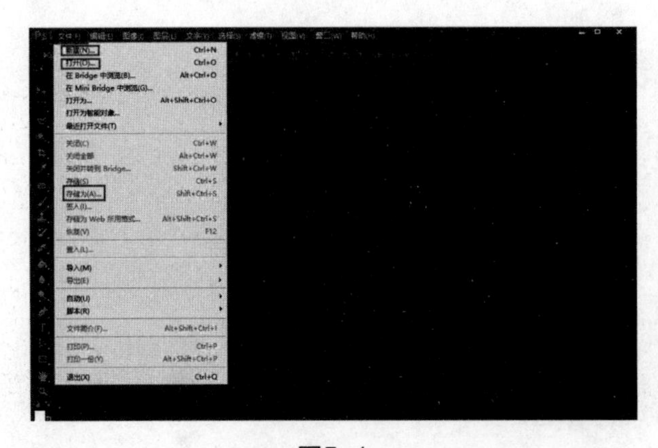

图5-1

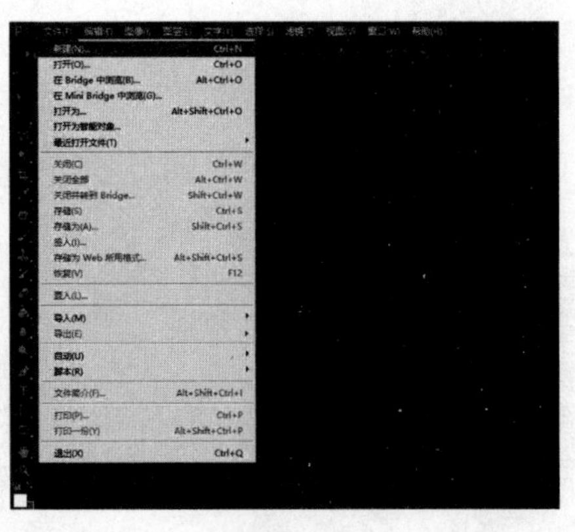

图5-2

在弹出的“新建”对话框中，设置图像的尺寸及分辨率等参数。为了确保文件输出清晰。一般将分辨率设置为300像素/英寸；为了保证打印色彩真实准确，在色彩“颜色模式”选择“CMYK颜色”，如图5-3所示。

同时，选择新建图像的背景颜色，并在对话框上方的“名称”文本框中填写新建图像的文件名，之后单击“确定”按钮完成新建图像文件的操作，如图5-4所示。

2. 打开图像文件

当我们需要修改指定图像时，会在Photoshop中直接利用打开图像文件功能将图像导入。选择“文件”→“打开”命令，就能将图像文件导入Photoshop中进行编辑，如图5-5所示。另外，在Photoshop中可以打开和导入多种文件格式的图像。在“文件”菜单中选择“在Bridge中浏览”“打开为”或“导入”命令，直接在灰色界面上双击，或者使用快捷键“Ctrl+O”，都可以打开图像文件，如图5-6所示。

3. 保存图像文件

在完成图像的设计后，就可以选择“文件”→“存储为”命令将其保存，如图5-7所示。无论之前的图像是哪种格式的，当我们选择“存储为”命令存储图像时，都可以将图像存储为你想要的格式。

在“存储为”对话框中的“文件名”文本框中填写存储文件的名称，在“格式”下拉列表中选择需要保存的图像文件格式，然后设置文件存储的位置，之后单击“保存”按钮，如图5-8所示，完成图像文件的保存操作。

我们通常会选择“JPG格式”存储图像文件。如果图像将用于网页，就选择“存储为Web所用格式”命令。之后会弹出“存储为Web所用格式”对话框，可选择“原稿”“优化”“双联”“四联”这4项中的一项，一般选择“优化”，之后便可以存储图像文件了。

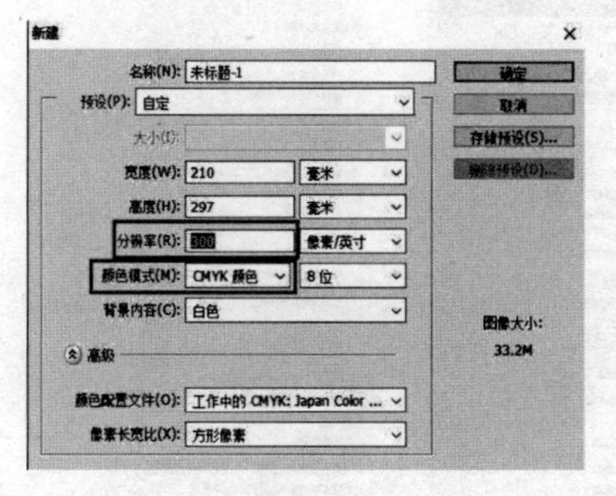

图5-3

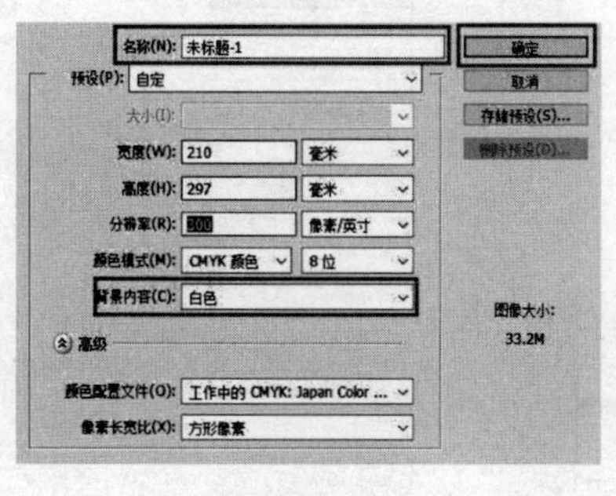

图5-4

图5-5

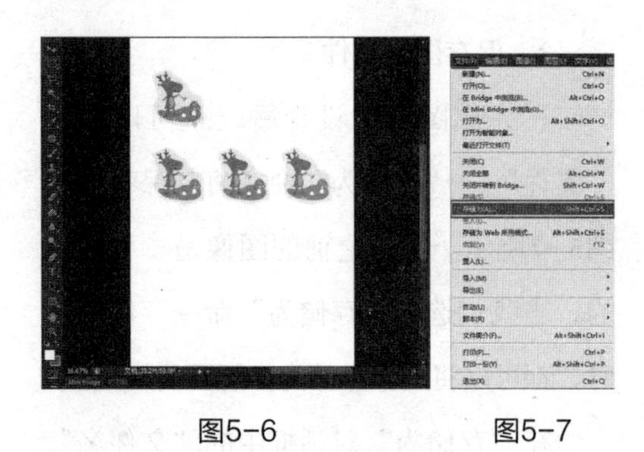

图5-6　　图5-7

5.1.2 “编辑”菜单

在“编辑”菜单中会经常用到“拷贝”“粘贴”及“剪切”等命令，下面进行介绍。

1. 拷贝与粘贴

一般“拷贝”与“粘贴”这两个命令是组合使用的，完成将一张图片变成多张图片的操作。

选中要复制的图像，先选择“编辑”→“拷贝”命令进行复制，再选择“编辑”→“粘贴”命令进行粘贴，如图5-9和图5-10所示。

另外，直接使用快捷键能快速地复制选定的图片。选定图片，然后先按“Ctrl+C”快捷键进行复制，再按“Ctrl+V”快捷键进行粘贴，想复制几张图片就按几次“Ctrl+V”快捷键即可。在进行复制和粘贴操作时不会影响原图片的完整度。

2. 剪切

当需要将图像中的某个图案移动到另一个地方时，就要用到“剪切”命令。首先确定将要剪切的选区，然后选择“编辑”→“剪切”命令，如图5-11所示，最后选择“编辑”→“粘贴”命令将已经剪切的图案粘贴到需要的画面中。另外，还可以选择先利用“剪切”命令的快捷键“Ctrl+X”剪切图案，再利用“粘贴”命令的快捷键“Ctrl+V”将已剪切的图案粘贴到需要的画面中。

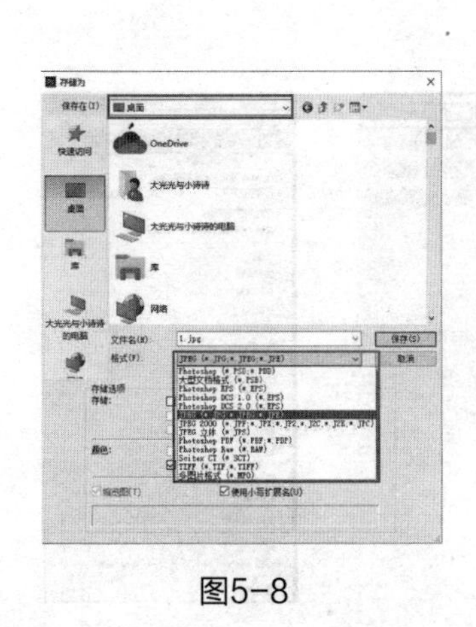

图5-8　　图5-9

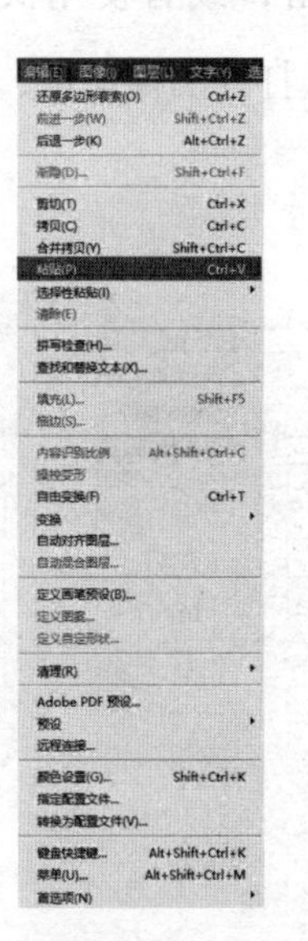

图5-10

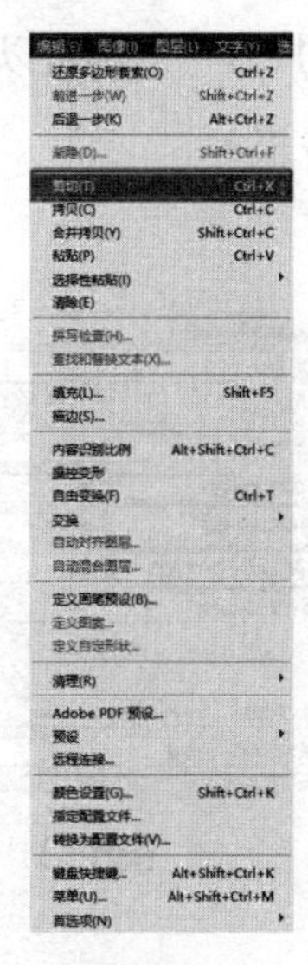

图5-11

5.1.3 “图像”菜单

“图像”菜单中的命令主要用于对图片进行调整与修改，如调整图片的大小、颜色、色彩饱和度等。我们常用的“图像”菜单中的命令有“模式”“调整”“图像大小”“画布大小”“裁切”等。

1. 模式

“模式”命令包含很多子命令，主要是围绕颜色模式的命令。如果将图像转换为位图模式，那么图像就会减少到只有两种颜色，这样会大大简化图像中的颜色信息并缩减文件的大小。一般在新建图像时选择“CMYK颜色”模式，这样就能保证图像输出和打印时的色彩保真度，如图5-12所示。

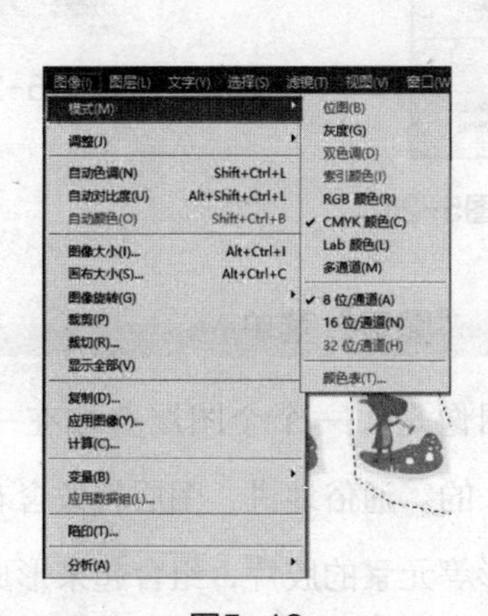

图5-12

首先介绍一下“模式”命令中的“灰度”模式。在图像中有不同级别的灰度，因为每个像素都有一个由白到黑的亮度值，通常亮度值是0%时为纯白色，100%时为纯黑色。

然后介绍一下“RGB颜色”模式。“RGB颜色”是用R（红色）、G（绿色）、B（蓝色）3种颜色创建的。

最后介绍一下“CMYK颜色”模式。“CMYK颜色”是用C（青色）、M（洋红色）、Y（黄色）、K（黑色）4种颜色创建的。

2. 调整

在对作品中的图像色彩进行调整时，会用到“图像”菜单中的“调整”命令，如图5-13所示。可调整图像的“亮度/对比度”“色阶”“曲线”“色相/饱和度”等，可以在执行每条命令后弹出的对话框中进行调整，如图5-14至图5-16所示。

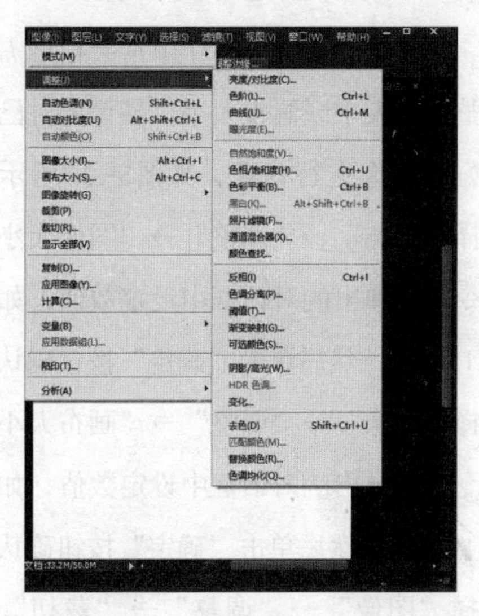

图5-13

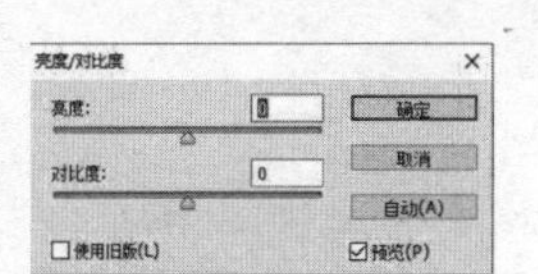

图5-14

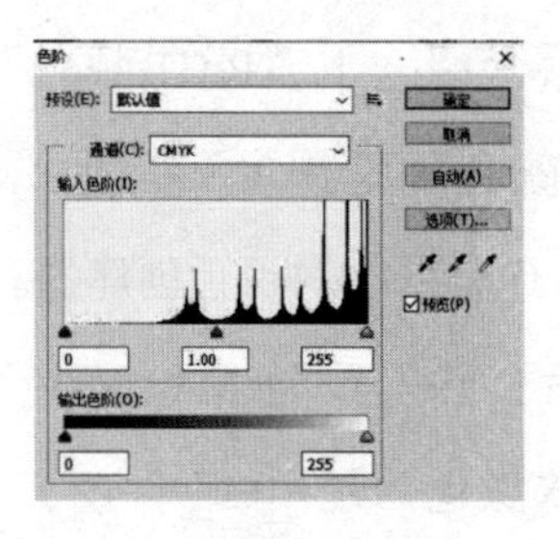

图5-15

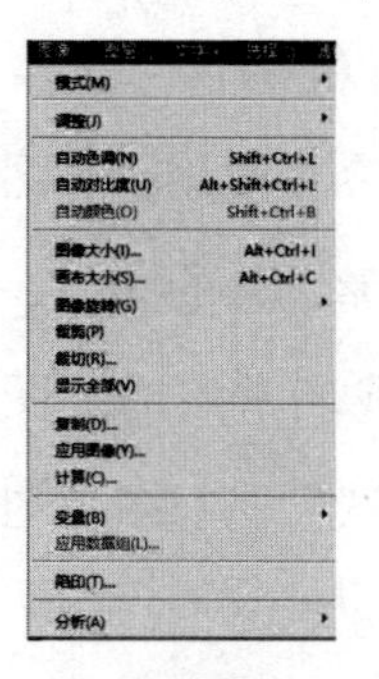

图5-17

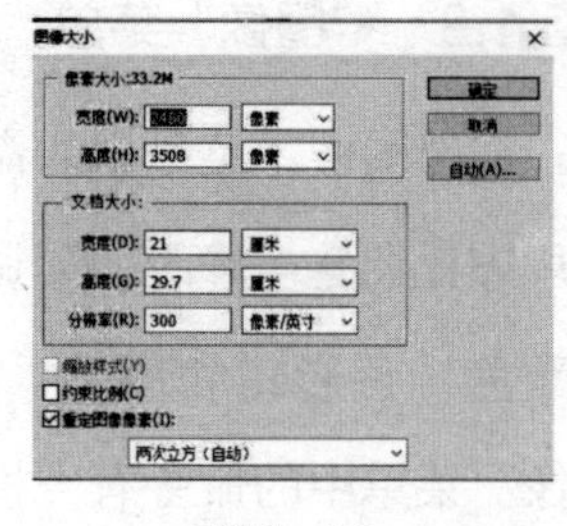

图5-18

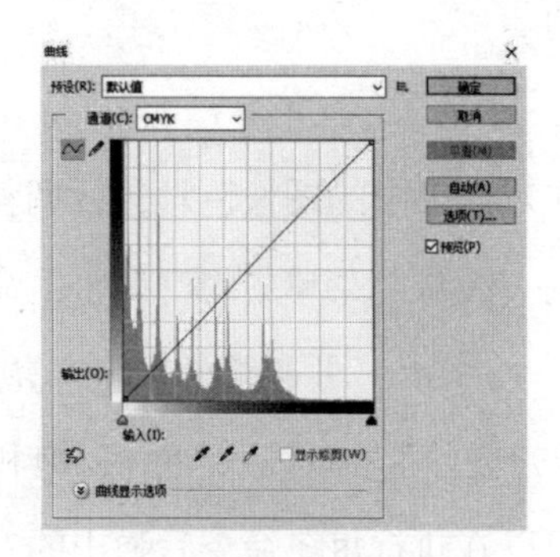

图5-16

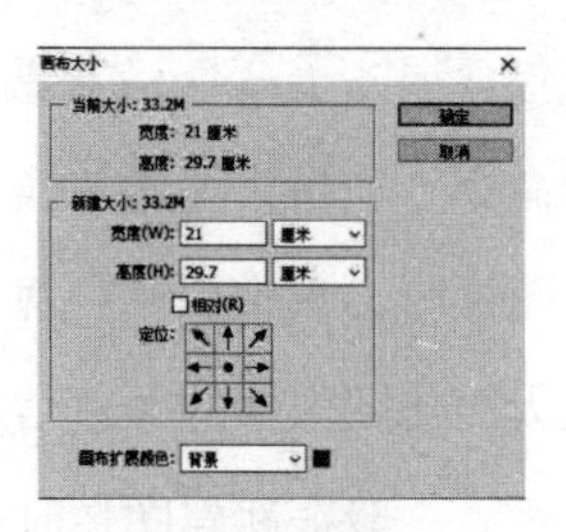

图5-19

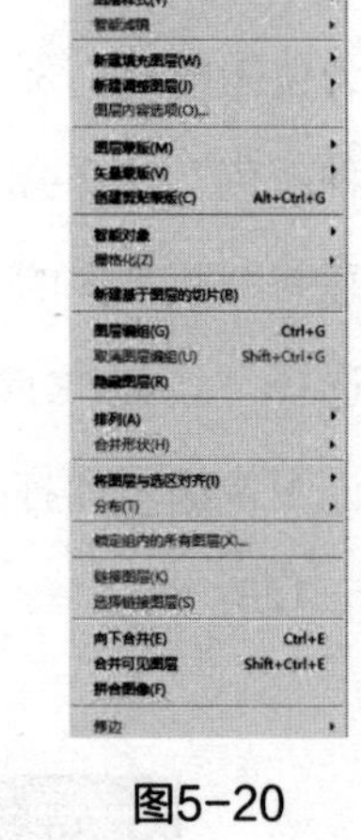

图5-20

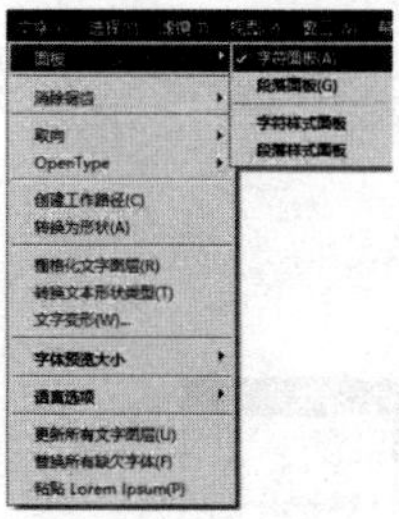

图5-21

3. 图像大小、画布大小及裁切

在图像的设计与制作中常会根据需要调整图像大小或画布大小，甚至要对已设定好的图像进行裁切，如图5-17所示。选择“图像”→“调整”→“图像大小”命令，在弹出的对话框中设定数值，如图5-18所示，然后单击“确定”按钮确认。选择“图像”→“调整”→“画布大小”命令，在弹出的对话框中设定数值，如图5-19所示，然后单击“确定”按钮确认。选择“图像”→“调整”→“裁切”命令，对图像进行裁切操作。

5.1.4 “图层”菜单

图像是由一个个图层叠加在一起呈现出来的。通俗地讲，图层就像含有文字或图形等元素的胶片，组合起来形成的图像就是最终的设计效果。通过图层可以将页面上的元素精确定位，每个图层都可以单独进行调整，并且在图层中可以加入文本、图片、表格、插件，也可以嵌套图层，如图5-20所示。

5.1.5 “文字”菜单

“文字”菜单中的命令都是专门用来调整文字的工具。选择“文字”→“面板”命令，在级联菜单中可以选择“字符面板”命令来调节已输入的字符大小、字体等，也可以选择“段落面板”命令来调节已输入的字符段落等，如图5-21所示。

5.1.6 “选择”菜单

“选择”菜单中的命令用于图像图层的选择，如图5-22所示。

5.1.7 “滤镜”菜单

在设计图像时，可以通过添加滤镜来达到理想效果。可以直接在“滤镜”中选择所需要的滤镜来对图像进行调整，如图5-23所示。

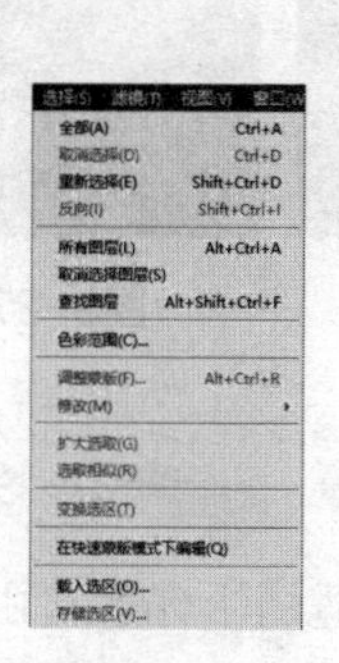

图5-22

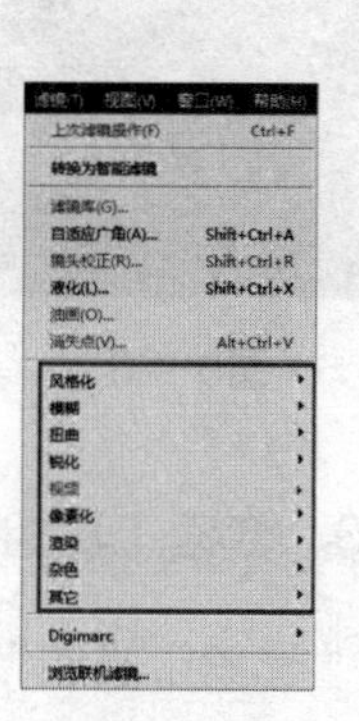

图5-23

5.1.8 “窗口”菜单

为了在设计时操作更方便，可以在“窗口”菜单中找到需要呈现的窗口，然后打开这些窗口，这样会使设计过程更加流畅，如图5-24和图5-25所示。

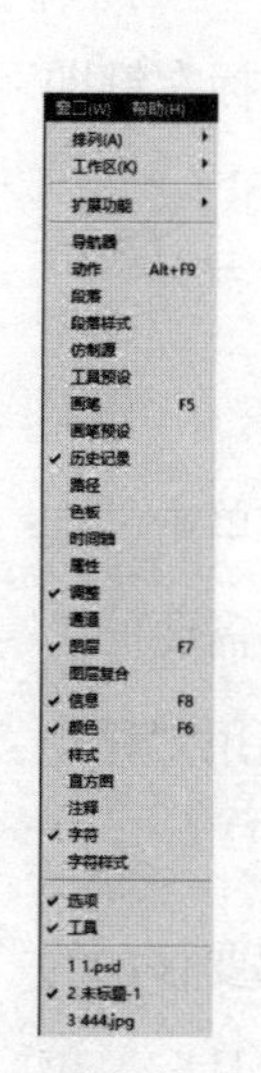

图5-24

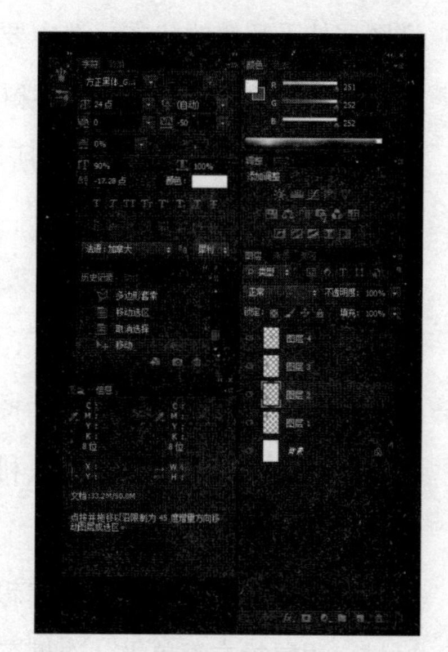

图5-25

5.2 工具组介绍

5.2.1 移动工具组

在Photoshop中打开一张图片，同时保证图层处于解锁的状态。选中要移动的图层，单击“移动工具”，按住鼠标左键即可随便移动该图像，如图5-26所示。

5.2.2 选框工具组

在图层处于解锁的状态下，单击“选框工具”，可以直接拖动鼠标将需要的区域选中。选中该区域后，可以利用“移动工具”对图像位置进行调整。

“选框工具”用于选择你想要移动的区域。用鼠标右键单击“选框工具”，可以看到其中还有很多选框工具可供选择，如图5-27所示。接下来将介绍“矩形选框工具”“椭圆选框工具”“单行选框工具”和“单列选框工具”这4个工具是如何使用的。

首先介绍“矩形选框工具”。该工具通常在“选框工具”下处于默认选择状态，可以针对图像选择一个矩形区域。该工具也是最常用的一个选框工具。

接下来介绍“椭圆选框工具”。该工具可以针对图像选择一个椭圆形或圆形区域。在正常情况下，“椭圆选框工具”的默认选区是椭圆形的，并不是正圆形的，可以使用“Shift+Alt”快捷键让选区变为正圆形。

然后介绍“单行选框工具”。该工具可以针对图像在水平方向选择一行像素，在处理比较细微的地方时会选用它。

最后介绍“单列选框工具”。该工具可以针对图像在垂直方向选择一列像素，在处理比较细微的地方时会选用。

图5-26

图5-27

5.2.3 套索工具组

“套索工具组”适用于你想自由选择的区域，其中包括“套索工具”“多边形套索工具”和“磁性套索工具”，如图5-28所示。

“套索工具”是一个可以自由选区的工具，可以用于任何想要的图形，可按住鼠标左键不放并任意拖动来选择一个不规则的选区范围。

“多边形套索工具”能帮助我们选中那些不规则的图形。当我们遇到轮廓整齐的不规则图形时，便可以使用“多边形套索工具”。选中图形中的某一点，在按住鼠标左键的同时沿着图形的边框进行多线选择，最终形成选择区域。“多边形套索工具”无法勾出弧线，所以当我们遇到没有圆弧的图形时可以用这个工具勾边。

“磁性套索工具”像有磁力一样，能帮助我们沿着图案的轮廓自动选择区域。在使用“磁性套索工具”时，不像“多边形套索工具”那样按住鼠标左键选择区域，而是直接通过移动鼠标来完成区域的选择。需要注意的是，该工具一般不用于颜色相近的图形选区工作，而用于颜色差别比较大的图形选区工作。

图5-28

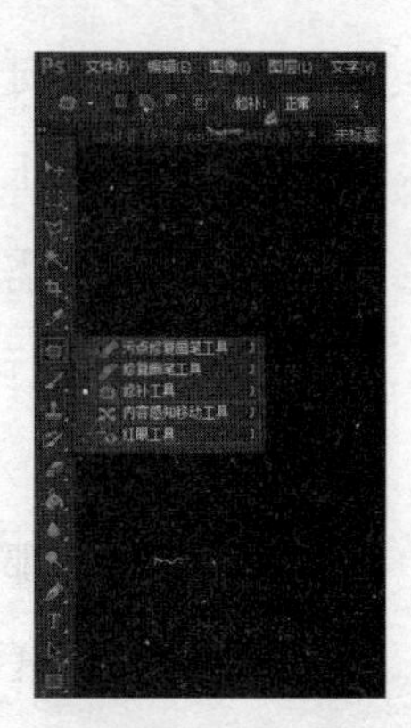

图5-29

5.2.4 修复工具组

“修复工具组”主要包括“污点修复画笔工具”“修复画笔工具”“修补工具”及“红眼工具”，都是针对图像的杂点进行修复操作的，如图5-29所示。

用鼠标右键单击“修复工具组”，选择“污点修复画笔工具”，可以快速移去图像中的污点和其他不理想部分，适用于去除图像中比较小的杂点或杂斑。在使用“污点修复画笔工具”时，先确定需要修复的图像位置，然后调整画笔的大小，移动鼠标，就会在确定需要修复的位置自动匹配。

使用“修复画笔工具”可以直接去除图像中的污迹、杂点，被修复的部分会自动与背景色融合。首先按住“Alt”键取样，然后用鼠标右键单击“修复工具组”，选择“修复画笔工具”，最后对选中的区域进行图案填充，这时填充的图案与背景色相融合。

如何将样本像素的纹理、光照和阴影与源像素进行匹配？首先用鼠标右键单击“修复工具组”，选择“修补工具”，然后选中将要修补的对象，并拖到用于修补的区域。在未选区时，先画好一个区域，再选择一个图案，这样在单击“使用图案”按钮后，就可以把图案填充到该区域当中。这样，该区域同样会与背景色产生一种融合的效果。

“红眼工具”主要用于去除照片中的红眼。在“修复工具组”中选择“红眼工具”，在眼睛发红的部分单击，就可以修复红眼。

5.2.5 画笔工具组

“画笔工具组”包含“画笔工具”和“铅笔工具”等四种工具，如图5-30所示，通常我们会选择“画笔工具，”这个工具就如同平时我们画画时所用的铅笔一样。选用后，在图像内按住鼠标左键不放并拖动，即可以画线。它与“喷枪”“画笔”的不同之处在于所画出的线条没有描边。我们可以在“画笔工具”右侧的图标中为其选择一个合适的笔头。

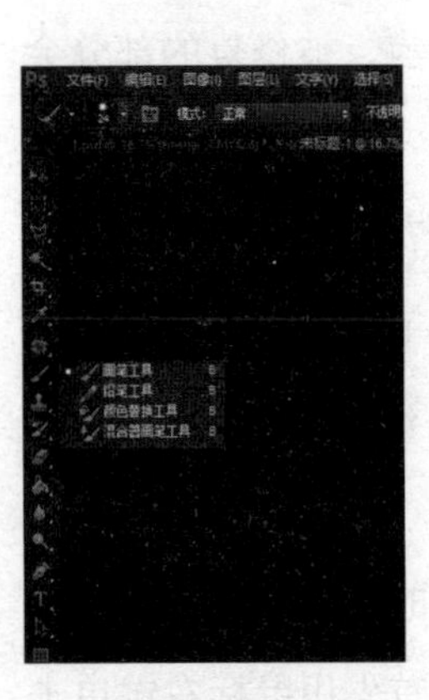

图5-30

图5-31

5.2.6 图章工具组

“图章工具组”是一组专门的修图工具，包括“仿制图章工具”和“图案图章工具”，如图5-31所示。一般来说，在需要消除人物脸部斑点、去除背景中不相干的杂物以及填补图片空缺等情况下，都会选择“图章工具组”。

如何使用“仿制图章工具”呢？首先用鼠标右键单击“图章工具组”，选中“仿制图章工具”，按住“Alt”键进行取样，然后在需要修复的地方单击进行涂抹即可。也可以在属性栏中调节笔触的混合模式、大小、流量等参数，以便更精确地修复污点。

用“图案图章工具”产生的效果有点儿类似于图案填充效果。在使用“图案图章工具”之前，需要定义一个我们想要的图案，并设置好图案的大小、颜色、透明度等相关属性，接下来就可以在画布上涂抹出我们想要的图案效果。

5.2.7 橡皮擦工具组

“橡皮擦工具组”主要用来擦除图像，主要包括“橡皮擦工具”“背景橡皮擦工具”及“魔术橡皮擦工具”，如图5-32所示。

“橡皮擦工具”是最基础的擦除工具，也是我们最常用的，在使用该工具时直接单击鼠标右键，在“橡皮擦工具组”中选中“橡皮擦工具”，将多余的图像擦除。还可以根据需求调节橡皮擦的大小。如果要对背景进行擦除，那么擦出来的就是背景色；同理，如果要对背景层以上的图层进行擦除，那么擦除的是这个图层的颜色，而会显示出下个图层的颜色。

“背景橡皮擦工具”也是一款我们熟知的擦除工具，主要用于图片的智能擦除。可以通过属性栏来设置相关的参数，从而擦除我们吸取的颜色范围图片。倘若我们选择属性栏中的“查找边缘”，此工具便可以自动识别物体的轮廓，进而快速完成抠图。

“魔术橡皮擦工具”就如同“魔棒工具”，不同的是，“魔棒工具”用于选取图片中颜色近似的色块，而“魔术橡皮擦工具”则用于擦除色块。首先在属性栏中设置相关的容差值，然后在相应的色块上单击便可以将其擦除，使用方法非常简单。

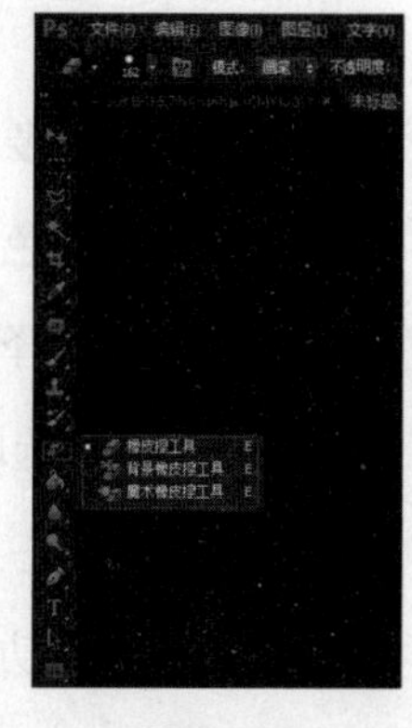

图5-32

5.2.8 渐变工具组

“渐变工具组”包括“渐变工具”和“油漆桶工具”，是用于填充颜色的一组工具，如图5-33所示。

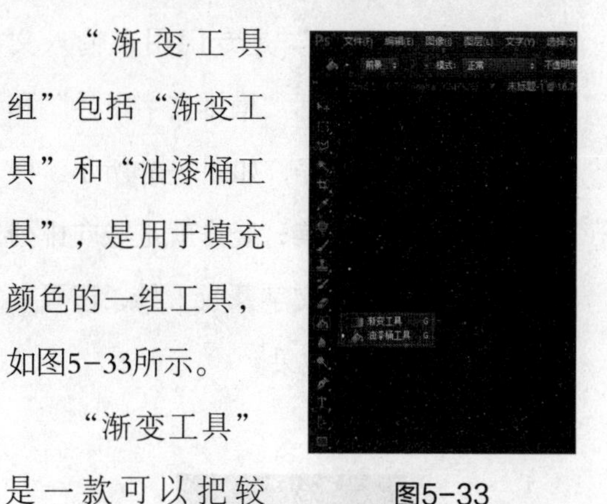

图5-33

“渐变工具”是一款可以把较多的颜色混合在一起，使邻近的颜色形成自然过渡的工具。这款工具使用起来并不难，用鼠标右键单击“渐变工具组”，选择“渐变工具”，在属性栏中设置如线性、放射、角度、对称、菱形等渐变方式，然后选择起点，按住鼠标左键并拖动到终点，松开鼠标左键即可拉出想要的渐变色。

“油漆桶工具”主要用于填充颜色，它的使用方法与“魔棒工具”相似。使用“油漆桶工具”填充的是前景色，填充的范围由“容差”值决定，“容差”值越大，填充的范围也越大。

5.2.9 模糊工具组

“模糊工具组”是一组既可以使图像局部或模糊或清晰，又可以使图像的颜色边缘不硬化的工具，其中包括“模糊工具”“锐化工具”及“涂抹工具”，如图5-34所示。

图5-34

“模糊工具”主要用于对图像局部进行模糊处理。用鼠标右键单击“模糊工具组”，选择“模糊工具”，按住鼠标左键不断拖动，可令将颜色之间比较生硬的地方变得柔和，也可令颜色过渡更加自然。

“锐化工具”的功能恰好与“模糊工具”的功能相反，它是使图像更加清晰操作的工具。用鼠标右键单击“模糊工具组”，选择“锐化工具”，按住鼠标左键不断拖动即可。“锐化工具”是在其作用的范围内将全部图像清晰化，但如果锐化过度，则会导致图像中的每种组成颜色都显示出来。还要注意的是，如果想令使用过“模糊工具”处理过的图像复原，选择“锐化工具”是没有用的，因为使用“模糊工具”操作时，图像中的颜色组成已经发生了改变。

“模糊工具组”中的“涂抹工具”与“模糊工具”和“锐化工具”都不相同，“涂抹工具”可以将颜色抹开，一般在颜色间的边界生硬或颜色之间衔接不好的情况下使用这个工具。有时也会将这个工具用于修复图像的操作中。在“模糊工具组”中选择“涂抹工具”，按住鼠标左键不断拖动即可操作。可以在右边画笔处选择一个合适的笔头来改变涂抹的范围大小。

5.2.10 减淡工具组

“减淡工具组”包括“减淡工具”“加深工具”和“海绵工具”，主要用于对图像的颜色进行加深或减淡，如图5-35所示。

图5-35

“减淡工具”也是一种加亮工具，主要通过对图像的加光处理进而减淡图像的颜色。用鼠标右键单击“减淡工具组”，选择“减淡工具”，根据需要调整的范围来选取笔头的大小。

“加深工具”与“减淡工具”的功能是相反的，它主要通过使图像变暗的处理来加深图像的颜色。用鼠标右键单击“减淡工具组”，选择“加深工具”，根据需要调整的范围来选取笔头的大小。

“海绵工具”综合了“减淡工具”和“加深工具”的功能，可以对图像的颜色进行加深或减淡。无论是加深还是减淡，都是在加强或减少颜色的对比度，而具体的强烈程度要在右上角的选项中进行设置。可以选择适合的笔头并调整画笔大小。

5.2.11 文字工具组

“文字工具组”是专门用来输入文字的工具，其中包括“横排文字工具”和“竖排文字工具”等，如图5-36所示。横排就是横向排列文字，竖排就是竖向排列文字。运用其中的文字蒙版工具，还可以给文字创造不同的效果。

图5-36

5.3 图层的基本操作

5.3.1 新建图层

在实际的操作中，经常需要创建新图层来满足设计的需要。单击“图层”面板中的“创建新的图层”按钮，新建一个空白图层，这个新建的图层会自动依照创建的次序命名，第一个被创建的图层就被命名为“图层1”，如图5-37所示。

图5-37

5.3.2 删除图层

对于没用的图层，可以直接将它删除。先选中要删除的图层，然后单击鼠标右键，在弹出的快捷菜单中选择“删除图层”命令，即可删除图层，如图5-38所示。也可以直接单击“图层”面板下方的“删除图层”按钮，完成对选中图层的删除操作，如图5-39所示。

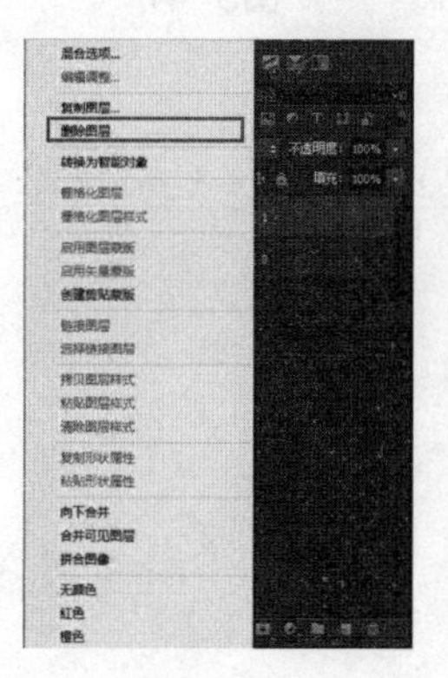

图5-38

图5-39

5.3.3 复制图层

复制图层是较为常用的操作。先选中“图层1”，再按住鼠标左键将“图层1”的缩览图拖动至“创建新的图层”按钮上，如图5-40所示。当我们释放鼠标左键后，“图层1”就被复制出来了，被复制出来的图层名为“图层1副本”，它位于“图层1”的上方，两个图层中的内容是一样的，如图5-41所示。

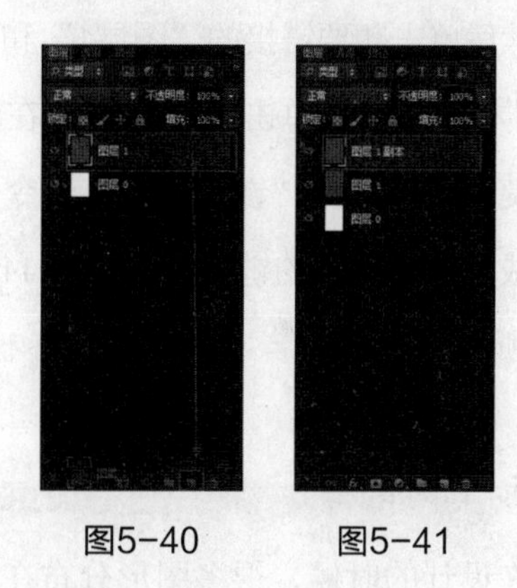

图5-40 图5-41

5.3.4 调整图层顺序

当我们制作的文档中包含很多图层时，可能需要调整图层的顺序。按住鼠标左键将某个图层向上或向下拖动，直到拖到另一个图层的上面或下面，松开鼠标左键后就完成了图层顺序的调整，如图5-42和图5-43所示。

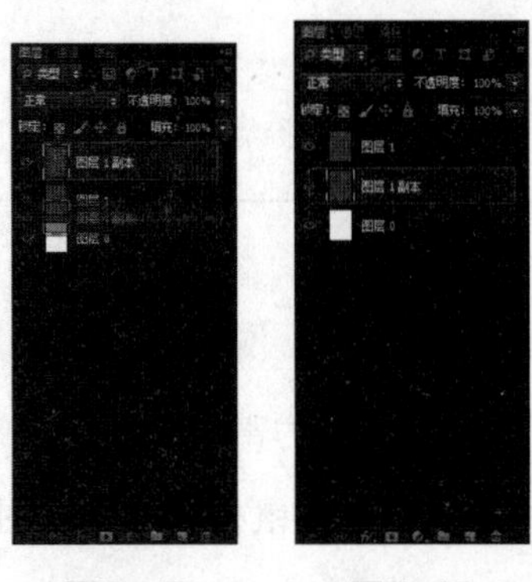

图5-42　　图5-43

5.3.5 链接图层

在我们制作文档时常常需要链接图层。链接图层就是把多个图层关联到一起，以便对已链接的图层进行整体移动、复制、剪切等操作。首先按住“Ctrl”键，然后单击想要链接的“图层1”和“图层1副本”，随后单击鼠标右键，在弹出的快捷菜单中选择“链接图层”命令，即可完成这两个图层的链接，如图5-44至图5-46所示。

5.3.6 合并图层

在设计的时候，很多图形分布在多个图层上，如果确定不会再对这些图形进行修改，就可以将它们合并在一起，便于图像管理。首先按住“Ctrl”键，然后单击想要合并的“图层1”和“图层1副本”，之后单击鼠标右键，在弹出的快捷菜单中选择“合并图层”“合并可见图层”或“拼合图像”命令，即可完成这两个图层的合并，如图5-47所示。

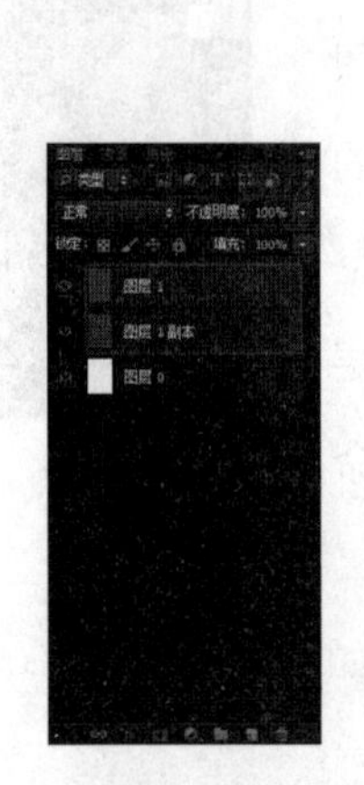

图5-44　　图5-45

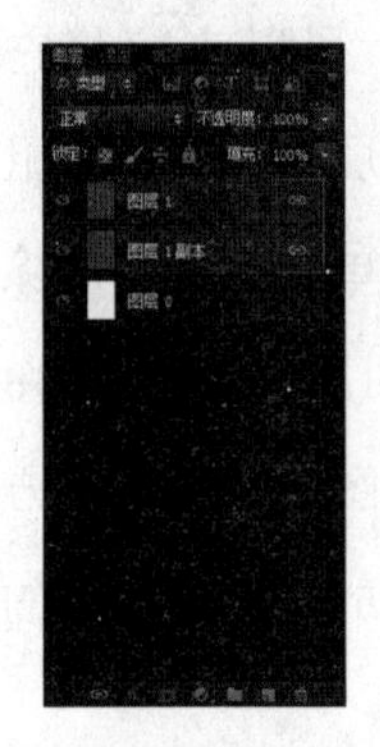

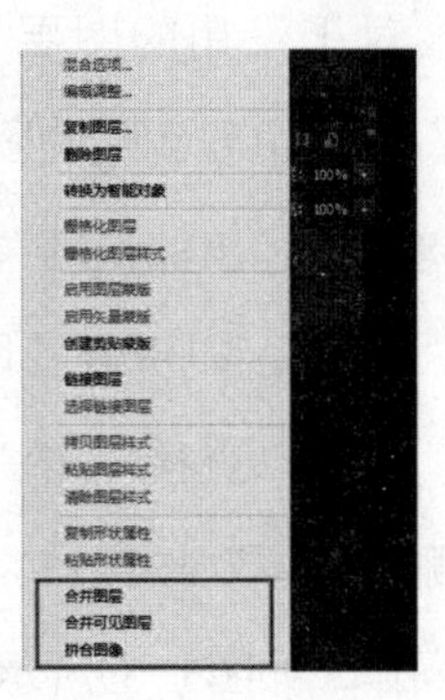

图5-46　　图5-47

5.4 路径的创建

5.4.1 钢笔工具的使用

“钢笔工具组”包括“钢笔工具”“自由钢笔工具”“添加锚点工具”“删除锚点工具”和“转换点工具”，如图5-48所示。“钢笔工具”属于矢量绘图工具，它可以轻松地勾画出平滑的曲线。使用“钢笔工具”画出来的矢量图形被称为路径，路径是矢量的，它可以是起点与终点汇合的封闭状态，也可以是不封闭的状态。使用“钢笔工具”可以灵活地绘制出复杂的路径。

图5-48

5.4.2 添加和删除锚点

使用“添加锚点工具”可以在已完成的路径中添加锚点，从而更便于修改路径。操作方法很简单，直接在路径上单击一下就可以了。如果我们感觉添加的锚点不合适，还可以利用“删除锚点工具”，直接在路径中单击一下想删除的锚点即可。

5.4.3 路径选择工具

使用“路径选择工具”可以直接在我们已建立的路径上进行选择或移动，还可以框选一组路径后进行移动。可以按住“Alt”键复制路径，还可以在路径上单击鼠标右键，进行删除锚点、增加锚点、转为选区、描边路径等操作。

5.5 设计名片

在企业推广、商务活动、自我介绍等重要的人际交往场合基本少不了名片出厂。名片一般会显示姓名、公司名称、联系方式、地址等重要信息。美观的名片往往令人印象深刻。为了让名片看起来更加精美，我们使用Photoshop来设计名片的背景、字体及装饰元素。设计名片的流程和思路如下。

（1）新建文件。

（2）设置图层。

（3）编辑文字。

5.5.1 新建文件

在设计名片时，首先要新建文件，设置名片的尺寸。选择“文件”→“新建”命令，如图5-49所示，在弹出的“新建”对话框中，将“名称”设置为“名片”，将“宽度”设置为160毫米，“高度”设置为100毫米，“分辨率”设置为300像素/英寸，“颜色模式”设置为“CMYK颜色”，“背景内容”为“白色”，然后单击“确定”按钮，即可新建一个文件，如图5-50所示。

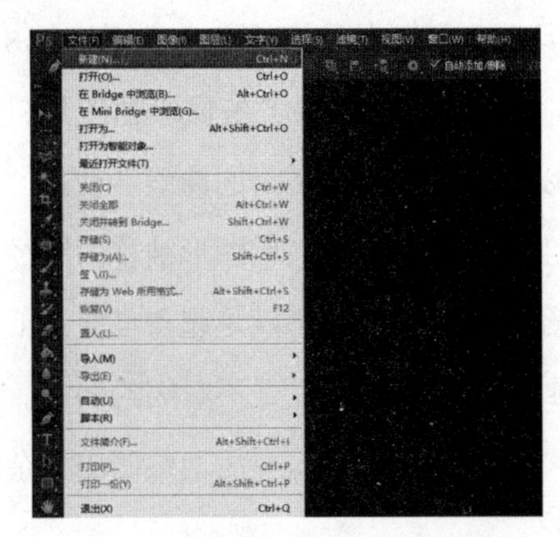

图5-49

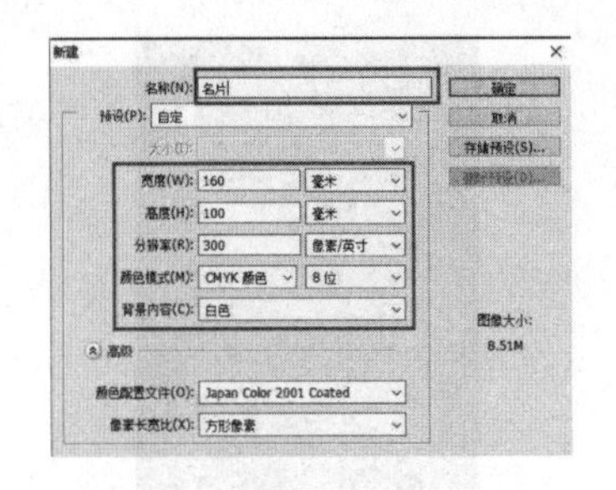

图5-50

5.5.2 设置图层

在“图层”面板中新建一个图层，并双击此图层，将其更名为“底图”，如图5-51所示。选择“渐变工具组”中的“渐变工具”，单击鼠标右键，在弹出的快捷菜单中单击渐变色条，如图5-52所示，在弹出的“渐变编辑器”对话框中设置渐变色的色标数值，如图5-53所示。

在图层中按住鼠标左键，由左侧向右侧移动，绘制出渐变色，如图5-54所示。

选择“文件”→“打开”命令添加元素，将选择的元素拖到刚刚建好的文件中进行背景装饰，如图5-55所示。

一般来说，选择的元素不一定完全适合，需要对元素进行加工、处理。为了使添加的元素色彩与底图颜色一致，需选中“装饰”图层，在菜单栏中选择“图像”→“调整”→“去色”命令，将“装饰”图层的图案颜色去掉，就能达到与底图颜色一致的效果了，如图5-56所示。

画面颜色统一后，将元素中多余的部分去掉，保留需要的部分，然后做最后的装饰即可，根据整体的画面再调整装饰素材的透明度与填充度，使装饰元素与整体画面保持和谐状态，如图5-57所示。

图5-51　图5-52　图5-53　图5-54

图5-55　图5-56　图5-57

5.5.3　编辑文字

当我们完成所有的图层设置后，就可以编辑文字了。在编辑文字的同时也要遵循文字与背景及装饰元素协调统一的原则。

选择“文字工具组”中的“横排文字工具”，在图像中输入文字，并设置文字的字体、字号，如图5-58所示。

图5-58

填充完整的文字信息，并为主要文字“诗玉文创丨 商业合作丨 联系我们”添加图层样式，突显字体效果。双击文字，在“图层样式”对话框中，选择“外发光”样式，设置“混合模式”为“滤色”，发光颜色为白色，调整“不透明度”等相关参数，单击“确定”按钮，如图5-59所示。添加图层样式后的效果如图5-60所示。

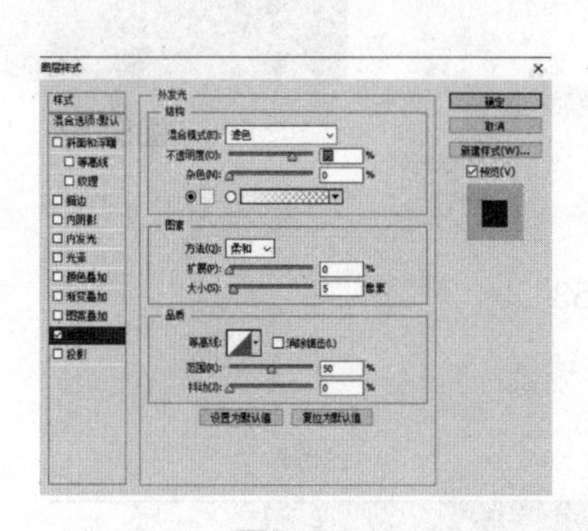

图5-59

图5-60

当名片设计完成后，可以合并图层。首先按住“Ctrl”键，然后依次单击制作的图层，之后单击鼠标右键，在弹出的快捷菜单中选择“合并图层”命令即可。如果需要添加滤镜，则可以在“滤镜”菜单中选择喜欢的滤镜。

5.6 设计包装

包装设计不仅包括对包装外形的设计，还包括对包装外表的设计，本节主要讲解对包装外表的设计。设计包装的流程和思路如下。

（1）创建包装图层。

（2）编辑包装文字。

（3）编辑图片素材。

5.6.1 创建包装图层

在设计包装时，首先要新建文件，设置包装的尺寸。选择“文件”→“新建”命令，在弹出的“新建”对话框中，设置“名称”为“包装”，“宽度”为100毫米，“高度”为100毫米，“分辨率”为300像素/英寸，“颜色模式”为“CMYK颜色”，“背景内容”为“白色”，单击“确定”按钮即完成了新建文件，如图5-61所示。

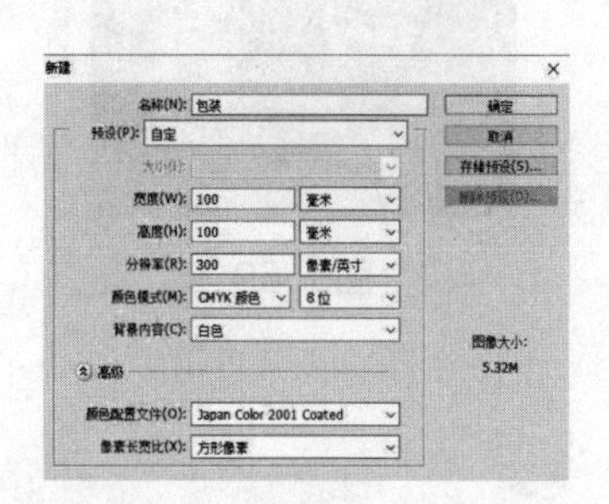

图5-61

图5-62

选择“油漆桶工具”，将当前背景填充为“灰色”，如图5-62所示。选择“文件”→“打开”命令，选择要用的模板图片，并将图片直接拖入我们创建好的文件中，如图5-63所示。

图5-63

5.6.2 编辑包装文字

选择“横排文字工具”，并在图像中输入需要的文字，如图5-64所示。

选择文字图层，选择“编辑”→“自由变换”命令，当文字处于自由变换状态时，单击鼠标右键，在弹出的快捷菜单中选择“变形”命令，如图5-65所示。在变形框内部调整扭曲的程度，如图5-66所示。在图片处于“变形”变换的状态下，我们可以根据透视，拖动节点，调整对象的扭曲程度，使其与包装透视统一即可，如图5-67所示。

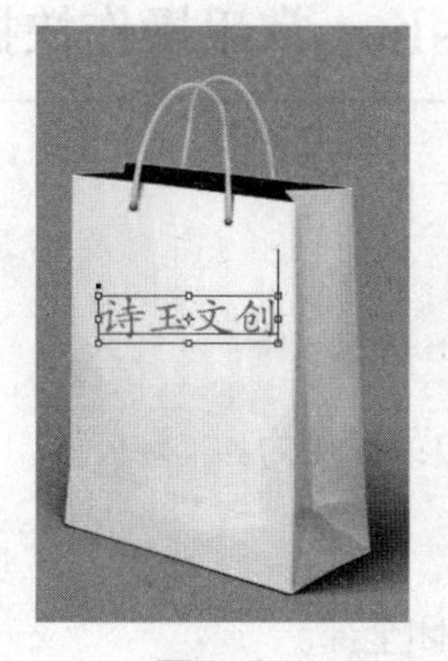

图5-64

图5-65

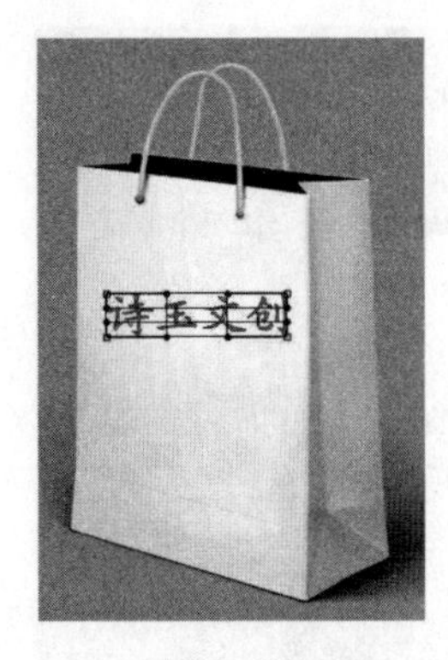

图5-66

图5-67

5.6.3 编辑图片素材

图片素材的编辑与文字的编辑操作相似。首先，选择“文件”→“打开”命令打开图片素材，并将图片直接拖入包装模板中，放在文字的下方，如图5-68所示。其次，选择图片素材所在的图层，选择“编辑”→“自由变换”命令。当图片处于自动变换状态时，单击鼠标右键，在弹出的快捷菜单中选择“变形”命令。在图片处于“变形”变换的状态下，我们可以根据透视，拖动节点，调整对象的扭曲程度，使其与包装透视统一即可，如图5-69所示。

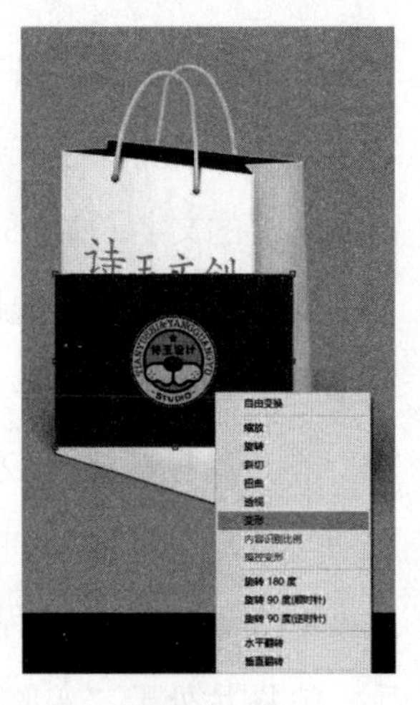

图5-68

图5-69

5.7 Photoshop常用操作快捷键

Ctrl+N：新建。

Ctrl+O：打开。

Alt+Shift+Ctrl+O：打开为。

Ctrl+W：关闭。

Alt+Ctrl+W：关闭全部。

Ctrl+S：存储。

Shift+Ctrl+S：存储为。

F12：恢复。

Ctrl+P：打印。

Ctrl+Q：退出。

Ctrl+Z：还原/重做。

Shift+Ctrl+Z：前进一步。

Alt+Ctrl+Z：后退一步。

Ctrl+C：复制。

Ctrl+V：粘贴。

Ctrl+X：剪切。

Shift+F5：填充。

Ctrl+T：自由变换。

Shift+Ctrl+K：颜色设置。

Alt+Shift+Ctrl+M：菜单。

Ctrl+K：首选项。

Ctrl+L：色阶。

Ctrl+M：曲线。

Ctrl+U：色相/饱和度。

Ctrl+B：色彩平衡。

Alt+Shift+Ctrl+B：黑白。

Ctrl+I：反相。

Shift+Ctrl+U：去色。

Shift+Ctrl+L：自动色调。

Shift+Ctrl+B：自动颜色。

Alt+Shift+Ctrl+L：自动对比度。

Alt+Ctrl+I：图像大小。

Alt+Ctrl+C：画布大小。

Shift+Ctrl+N：新建图层。

Ctrl+J：新建通过复制的图层。

Shift+Ctrl+J：新建通过剪切的图层。

Ctrl+G：图层编组。

Shift+Ctrl+G：取消图层编组。

Shift+Ctrl+]：置为顶层。

Shift+Ctrl+[：置为底层。

Ctrl+]：前移一层。

Ctrl+[：后移一层。

Ctrl+E：合并图层。

Shift+Ctrl+E：合并可见图层。

Ctrl+A：全部选取。

Ctrl+D：取消选择。

Shift+Ctrl+D：重新选择。

Shift+Ctrl+I：反向。

Alt+Ctrl+A：所有图层。

Alt+Ctrl+R：调整边缘。

Shift+F6：羽化。

Shift+Ctrl+X：液化。

Ctrl++：放大。

Ctrl+-：缩小。

Ctrl+0：按屏幕大小缩放。

Ctrl+R：标尺。

Shift+Ctrl+；：对齐。

Ctrl+；：显示参考线。

Alt+Ctrl+；：锁定参考线。

F1：Photoshop帮助。

F5：打开“画笔”面板。

F6：打开“颜色”面板。

F7：打开“图层”面板。

F8：打开“信息”面板。

F9：打开“动作”面板。

第6章 手机移动办公软件概述

目前我们已经进入了智能时代，随着智能科技的发展，手机不再只是普通的通信工具，而是许多人形影不离的办公伙伴。具有丰富功能的手机不仅能提高我们的工作效率，还能帮助我们管理人脉，进而加强我们与他人在业务方面的联系。此外，我们还可以通过手机更快、更便捷地处理办公中的邮件，甚至召集或参加紧急会议，进而更高效地完成工作。

6.1 文件的处理

通常我们已经习惯用电脑处理文档，但是，如果我们在没有电脑的情况下仍需处理一些文件，那么可以通过网络将文件传到手机里，并且通过手机来处理这些文件。

6.1.1 用手机轻松打开Office文档

在工作中我们最常使用的就是Office文档，但是手机本身是无法打开Office文档的，这就需要借助软件来打开这些文档。可以下载WPS Office软件，这样就可以轻松地通过该软件打开Word、Excel和PPT文档进行处理了。

如何安装WPS Office手机办公软件？如果你的手机是iOS系统的，那么需要在“App Store”里搜索“WPS Office”进行下载并打开；如果你的手机是安卓系统的，以华为手机为例，则需要在“应用市场”里搜索“WPS Office”进行下载并打开，如图6-1所示。

6.1.2 在手机上打开压缩文件

如果我们要编辑压缩文件包内的文件，就需要对压缩文件进行解压。在一般情况下，我们的手机里很可能没有压缩程序，这就需要下载并安装压缩程序。

如何安装压缩程序呢？如果你的手机是iOS系统的，那么需要在“App Store”里搜索“zip”进行下载并打开；如果你的手机是安卓系统的，以华为手机为例，则需要在“应用市场”里搜索“zip” 进行下载并打开，如图6-2所示。

图6-1　　图6-2

6.1.3　通过网络同步传送文件

当我们在外办公时，常会遇到将图片或文档传送到云盘或利用微信进行文件同步传送的情况。

当文件小于100MB时，通常会利用微信来进行文件的传送。首先在“应用市场”或者“App Store”里下载“微信”，并进行安装，如图6-3所示。然后打开微信，找到“文件传输助手”，将需要传递的图片或文档利用“文件传输助手”传送到微信中，如图6-4所示。最后通过微信电脑端登录，找到“文件传输助手”进行下载即可，如图6-5所示。

图6-3

还可以通过百度网盘来实现手机文件的传送。首先在“应用市场”或者“App Store”里下载“百度网盘”，并进行安装，如图6-6所示。然后打开百度网盘，进行图片或视频的添加。如果遇到文档类的文件，则可以直接在打开的应用中单击“拷贝到‘百度网盘’”按钮，上传文件。最后在电脑端登录百度网盘账号，找到通过手机上传的文件并对文件进行下载。百度网盘的存储空间比较大，深受广大职场人士喜爱。

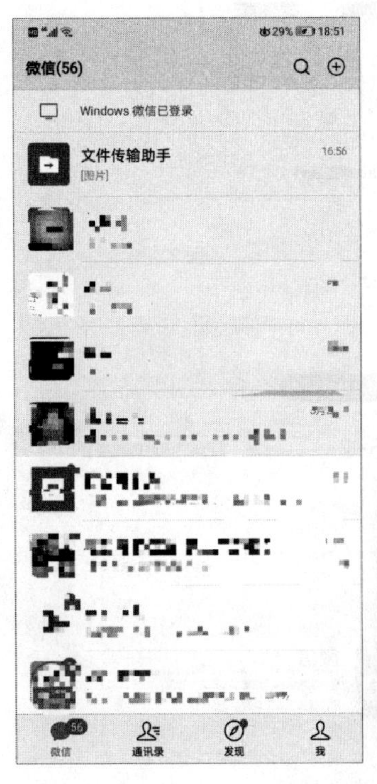

图6-4

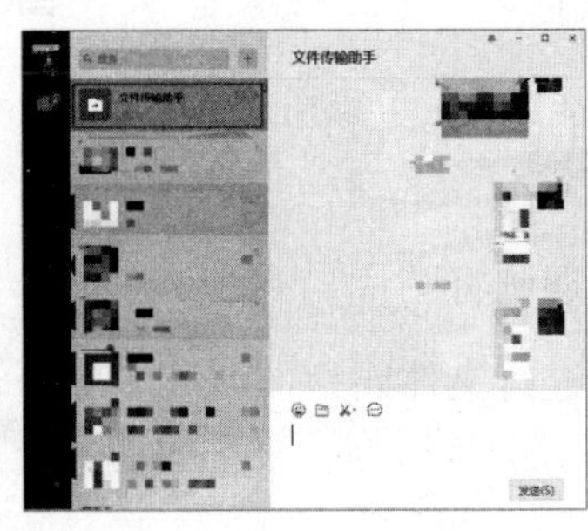

图6-5

图6-6

6.2 邮件的处理

以前我们在电脑端处理邮件，如今可以在室外随时随地地处理邮件。

首先，在手机上下载常用的邮箱软件，在这里以QQ邮箱为例。在“应用市场”或者“App Store”里下载“QQ邮箱”，并进行安装，如图6-7所示。

其次，打开“QQ邮箱”软件，会看见“我的收件箱”“我的应用”和“文件夹”三大项，如图6-8所示。“我的收件箱”包含了收件箱、星标邮件和附件收藏；“我的应用”包含了通讯录、文件中转站、日历、记事本、贺卡、每日悦读、企业微信及更多应用；

“文件夹”包含了群邮件、草稿箱、已发送、已删除、垃圾箱。我们可以根据需要进行文件的处理。一般我们会在“收件箱”里查看收到的文件，并进行文件的处理。

我们不仅能随时随地地接收邮件，还能随时随地地发送邮件。进入“QQ邮箱”，点击右上角的“+”按钮，单击“写邮件”（见图6-9），填写“收件人”信息，再编辑主题，如果上传图片或视频就单击第一个“添加图片”按钮，如果上传文件就单击第二个“添加附件”按钮，如图6-10所示。在编辑完邮件信息后，点击“发送”按钮即可完成邮件的发送。

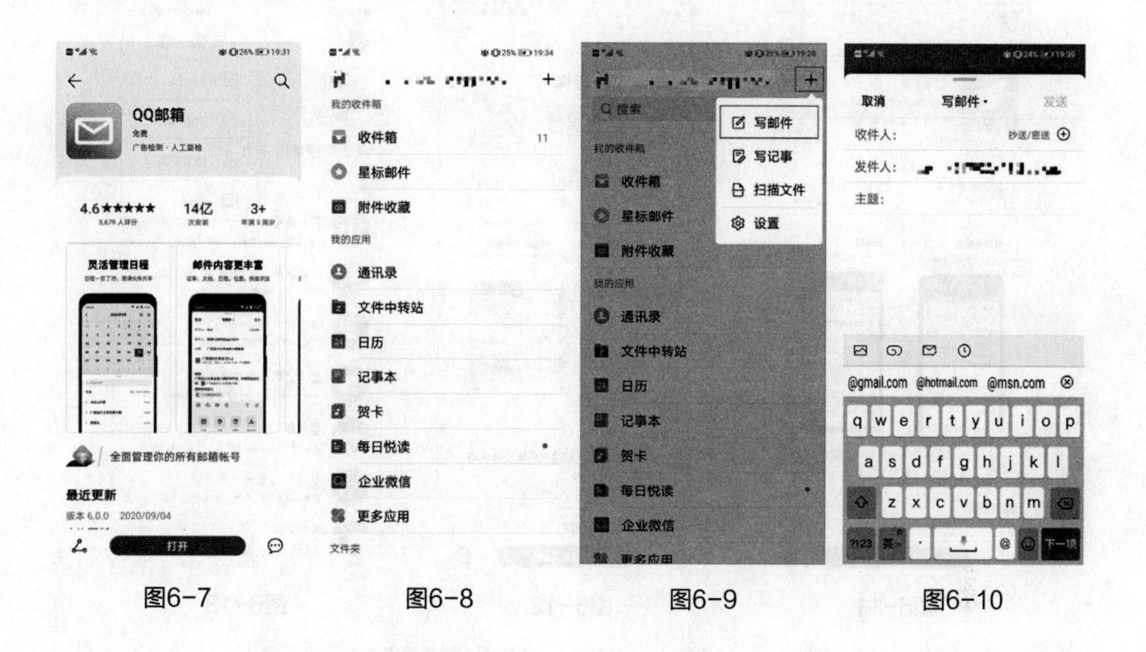

图6-7　　图6-8　　图6-9　　图6-10

6.3 视频会议的处理

有时候我们需要立刻召开会议来处理一些非常紧急的事情，但是，很可能出现重要参会人因为在外地，在短时间内无法立刻到达会议现场的情况，这时如果利用视频软件召开线上会议，就会高效地解决很多问题。

现在用得较多的会议软件是“钉钉”和“企业微信”。首先在“应用市场”或者“App Store”里下载“钉钉”或“企业微信”，并进行安装，如图6-11和图6-12所示。这两款软件的共同特点是先组建工作群，再发起视频会议。

以“钉钉”为例，打开“钉钉”软件，单击右上角的“+”按钮，在列表中单击“发起群聊”，如图6-13所示。选择“选人建群”，单击“创建”按钮，如图6-14所示。我们可以在“钉钉好友”或“手机通讯录”里选择添加的人，也可以发起“面对面建群”。当我们成功建群后，在聊天界面中找到“视频会议”并点击即可开始我们的视频会议，还可以通过群传递文件或图片等信息，如图6-15所示。

除了本书介绍的这些常用的高效办公软件，我们还可以利用手机对自己的时间进行管理。总之，新型的高效办公模式来袭，我们要想适应社会的发展，必然要熟悉并掌握移动办公软件。

图6-11

企业微信
腾讯微信团队出品，免费注册使用
福利
安装 (155.7 MB)
图6-12

图6-13

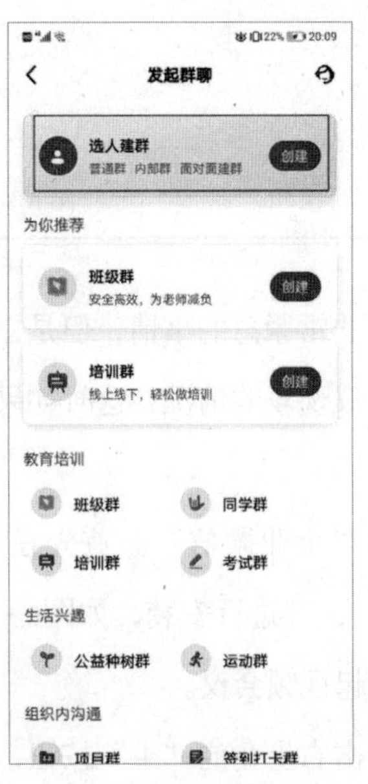

图6-14

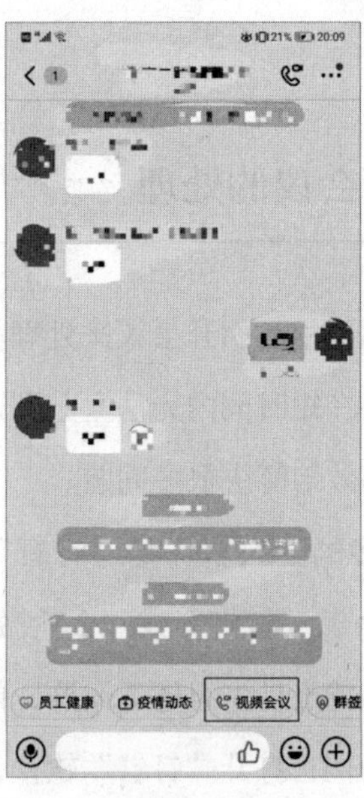

图6-15